图书在版编目（CIP）数据

综合布线与网络工程/黄河主编.—北京:中国建筑
工业出版社，2004
高等职业学校建筑电气专业指导委员会规划推荐教材
ISBN 978-7-112-06206-5

Ⅰ.综... Ⅱ.黄... Ⅲ.智能建筑—计算机网络—
布线—高等学校：技术学校—教材 Ⅳ.TU855

中国版本图书馆 CIP 数据核字（2003）第 126961 号

高等职业学校建筑电气专业指导委员会规划推荐教材
综合布线与网络工程
主编 黄 河 副主编 张毅敏
主审 韩永学

*

中国建筑工业出版社出版、发行（北京西郊百万庄）
各地新华书店、建筑书店经销
北京同文印刷有限责任公司印刷

*

开本：787×1092 毫米 1/16 印张：15¼ 字数：372 千字
2004 年 3 月第一版 2017 年 8 月第八次印刷
定价：24.00 元
ISBN 978-7-112-06206-5
(20320)

高等职业学校建筑电气专业指导委员会规划推荐教材

综合布线与网络工程

主编 黄 河 副主编 张毅敏
主审 韩永学

中国建筑工业出版社

本书是建设部高等职业学校建筑电气专业指导委员会规划的"建筑电气工程技术"专业教材之一。全书共分六章。主要内容包括：计算机通信基础；网络体系结构和网络协议；宽带网技术；计算机网络技术；工业控制网；有线电视网；综合布线系统基本构成及要求；综合布线工程设计；综合布线施工技术；综合布线应用设计举例。

本书也可以供从事建筑设备、电气设备、建筑智能化设备、综合布线工作的专业技术人员学习参考。

*　　*　　*

责任编辑：田启铭　姚荣华
责任设计：孙　梅
责任校对：黄　燕

前　　言

近 20 年以来，随着计算机控制技术的发展与信息革命浪潮的推进，深刻地改变了人们的工作方式及生活方式。对于建筑领域来说，早在 20 世纪 80 年代就已经提出了智能化建筑的概念，它是对科技发展的高度集成和应用。

当今大凡冠以智能化建筑的建筑物，无不是先进信息技术和先进控制技术的综合应用。而构筑这一系列先进技术的基础平台则是合理先进的综合布线系统。综合布线技术在我国起步较晚，但发展速度很快。培养高素质综合布线专业设计、管理、安装和施工人才，是适应我国建筑产业发展的大事。

本教材的编写立足于理论和实践相结合的方法，重点突出的介绍了综合布线技术发展、组成以及设计施工等。同时，本教材利用了一定的篇幅，介绍了网络技术的基本概念和技术组成，并突出介绍了智能楼宇中常见的信息网络技术。

作为高职高专规划教材，我们力求在教材内容的编排上，摈弃高深的理论阐述，突出通俗化和图解化，并大量介绍了工程实例。全书约为 60 学时，具体教学中可根据实际需要对部分章节进行调整。

本书由广东建设职业技术学院黄河任主编，张毅敏任副主编，各章编写者为：

第一、四、六章，由广东建设职业技术学院黄河编写；

第二、三章，由广东建设职业技术学院刘光辉编写；

第五章，由广东建设职业技术学院张毅敏编写。

全书由黑龙江建筑职业技术学院韩永学老师（副教授）主审。本书编写过程中，得到了广东建设职业技术学院、沈阳建工学院职业技术学院、黑龙江建筑职业技术学院等单位领导和同事的大力支持和关心，在此表示衷心的感谢。

本书编写过程中，采纳和引用了附录 C 所列同行的资料和成果，在此谨向这些著作的作者致以深切的谢意。

由于编写者水平有限和时间仓促，书中难免有错漏之处，敬请广大读者和同行批评指正。

目　　录

第一章　综合布线概述 ·· 1

　　第一节　综合布线的概念 ·· 1

　　　　一、综合布线的发展过程 ·· 1

　　　　二、综合布线的特点 ·· 2

　　　　三、综合布线的结构 ·· 3

　　第二节　综合布线标准 ·· 3

　　第三节　综合布线产品 ·· 4

　　第四节　综合布线适用范围及发展前景 ·· 4

　　第五节　智能住宅综合布线 ·· 5

第二章　信息通信技术概论 ·· 8

　　第一节　通讯基础 ·· 8

　　　　一、基本概念 ·· 8

　　　　二、通信方式 ··· 10

　　　　三、通信交换技术 ··· 11

　　　　四、信号的基带传输与多路复用技术 ······································ 13

　　　　五、数据编码 ··· 15

　　　　六、通信网络的拓扑结构 ··· 18

　　第二节　计算机通信 ·· 22

　　　　一、计算机网络分类 ··· 22

　　　　二、计算机网络的拓扑结构 ··· 23

　　　　三、常见的几种局域网 ··· 24

　　第三节　网络体系结构和网络协议 ·· 28

　　　　一、组成计算机网络的两级结构 ··· 28

　　　　二、计算机网络体系结构 ··· 29

　　　　三、ISO/OSI 网络体系结构 ··· 30

　　　　四、几种常见的网络协议 ··· 32

　　第四节　宽带网技术 ·· 33

　　　　一、综合业务数字网（ISDN） ·· 33

　　　　二、高比特率数字用户线（HDSL） ·· 35

　　　　三、不对称数字用户线（ADSL） ·· 37

　　　　四、光纤接入网（OAN） ··· 39

　　第五节　数据通讯传输技术指标 ··· 45

　　　　一、相关概念 ··· 45

二、速率 ……………………………………………………………… 46

三、误码率 …………………………………………………………… 46

第三章 通信网络与网络工程 ………………………………………… 48

第一节 计算机网络技术 ……………………………………………… 48

一、计算机网络的分类 ……………………………………………… 48

二、计算机网络的硬件组成 ………………………………………… 48

三、局域网举例 ……………………………………………………… 58

第二节 无线局域网 …………………………………………………… 66

一、IEEE802.11协议体系结构 ……………………………………… 67

二、无线网络的组成 ………………………………………………… 68

三、无线局域网互联结构 …………………………………………… 70

第三节 工业控制网 …………………………………………………… 71

一、工业控制网的技术特点 ………………………………………… 72

二、现场总线技术 …………………………………………………… 72

三、LonWorks智能楼宇自动化系统的设计和实施 ………………… 75

第四节 有线电视 ……………………………………………………… 77

一、有线电视的概念 ………………………………………………… 77

二、有线电视系统的基本组成 ……………………………………… 78

三、有线电视系统的主要部件及设备 ……………………………… 79

第五节 视频监控系统 ………………………………………………… 87

一、视频监控系统的组成及其原理 ………………………………… 88

二、系统主要设备 …………………………………………………… 88

三、视频监控系统的控制 …………………………………………… 91

第六节 电话通讯系统 ………………………………………………… 94

一、电话交换 ………………………………………………………… 95

二、电话网的组成 …………………………………………………… 96

三、用户交换机与公共电话网的连接 ……………………………… 97

四、数字程控交换机 ………………………………………………… 99

五、电话通信线路 …………………………………………………… 101

第四章 综合布线工程设计 …………………………………………… 104

第一节 综合布线工程概述 …………………………………………… 104

一、基本概念 ………………………………………………………… 104

二、综合布线工程设计要求 ………………………………………… 104

第二节 综合布线系统基本构成及要求 ……………………………… 105

一、综合布线系统的基本构成 ……………………………………… 105

二、工作区子系统的设计 …………………………………………… 112

三、水平子系统的设计 ……………………………………………… 114

四、干线子系统的设计 ……………………………………………… 118

五、设备间子系统的设计 …………………………………………… 120

六、管理间子系统的设计 ·· 124

七、建筑群干线子系统 ·· 129

八、电气保护 ·· 134

第五章　综合布线施工技术 ·· 145

第一节　综合布线施工基础 ·· 145

一、施工前期准备 ·· 145

二、金属线槽敷设 ·· 147

三、PVC塑料管的敷设 ·· 149

四、塑料槽的敷设 ·· 149

五、布线施工常用工具 ·· 149

六、布线备件 ·· 152

七、综合布线常用的线缆 ·· 153

第二节　铜缆布线施工技术 ·· 158

一、线缆的牵引准备 ·· 159

二、牵引"4对"线缆 ·· 159

三、建筑物主干线电缆施工 ·· 160

四、建筑群间电缆布线施工 ·· 161

五、建筑物内水平布线施工 ·· 162

六、铜缆连接施工 ·· 163

七、信息插座端接 ·· 169

第三节　光缆传输通道施工技术 ·· 172

一、光缆传输通道施工基础知识 ·· 172

二、光缆布线施工 ·· 173

三、光纤连接施工技术 ·· 176

第四节　电缆传输通道的测试 ·· 181

一、电缆传输通道测试概述 ·· 181

二、电缆传输链路的验证测试 ·· 182

三、电缆传输通道的认证测试 ·· 183

四、光纤传输通道测试 ·· 186

五、光纤测试仪的组成和使用 ·· 188

六、用938系列光纤测试仪来进行光纤路径测试的步骤 ···················· 190

第六章　综合布线设计应用举例 ·· 193

第一节　住宅小区综合布线系统 ·· 193

一、多层住宅综合布线系统 ·· 193

二、高层住宅综合布线系统 ·· 198

第二节　家居综合布线系统 ·· 208

一、家居布线等级 ·· 208

二、分界点 ·· 209

三、辅助分离信息插座 ·· 209

　　四、辅助分离缆线 ……………………………………………………………… 209

　　五、家居布线系统的配线箱 DD ………………………………………………… 209

　　六、家居布线系统的设计 ………………………………………………………… 214

　第三节　综合布线设计应用实例 ………………………………………………… 224

　　一、某金融大厦综合布线系统设计 ……………………………………………… 224

　　二、某商业大楼结构化综合布线系统设计 ……………………………………… 225

　　三、某教学大楼综合布线系统设计 ……………………………………………… 228

　　四、某住宅的家居综合布线系统设计 …………………………………………… 229

附录 …………………………………………………………………………………… 231

　附录 A　规范及标准 ……………………………………………………………… 231

　附录 B　常用的综合布线网站 …………………………………………………… 233

　附录 C　主要参考文献 …………………………………………………………… 235

第一章 综 合 布 线 概 述

建筑物综合布线系统（Premises Distribution System，PDS）的兴起与发展，是在计算机技术和通信技术发展的基础上，结合现代化智能建筑设计的需要，满足楼宇内信息社会化、多元化、全球化的需要，同时也是办公自动化发展的结果。是现代建筑技术与信息技术相结合的产物。

当今社会，一个现代化楼宇中，除了具有电话、传真等现代化通讯手段，以及空调、消防、供电、照明等基本设备以外，还需要具备先进的计算机网络系统，先进的办公自动化设备，先进的自动监控系统等。计算机网络系统、电话传真系统、自动控制监控系统以及办公自动化系统等，构成了楼宇内复杂信息网络系统，架构这样复杂网络系统的基础就是复杂的信息布线系统。

第一节 综合布线的概念

综合布线是一个模块化、灵活性极高的建筑物内或建筑群之间的信息传输通道，是智能建筑的"信息高速公路"。它既能使语音、数据、图像设备和交换设备与其他信息管理系统彼此相连，也能使这些设备与外部通信网络相连。它包括建筑物内部和外部网络或电信线路的连线点以及应用于设备之间的所有线缆和相关的连接部件。

综合布线由不同系列和规格的部件组成，其中包括：传输介质和连接硬件（如配线架、连接器、插座、适配器）以及电气保护设备等。这些部件可用来构建各种子系统，它们都有各自的具体用途，不仅易于实施，而且能随需求的变化而平稳升级。

一个设计良好的综合布线系统对其服务的设备应具有一定的独立性，并能互连许多不同应用系统的设备。

一、综合布线的发展过程

为了能够简化信息系统布线，最大可能的兼容更多的信息需求，以及能够使信息布线可以方便得以重构，国外在 20 世纪 80 年代提出了建筑物综合布线系统的概念。1985年，美国电话电报公司（AT&T）的贝尔实验室首先推出了综合布线系统，并于 1986 年通过了美国电子工业协会（EIA）和通信工业协会（TIA）的认证。于是，综合布线系统很快得到世界的广泛认同并在全球范围内推广。此后，世界上其他著名的通信与网络公司，加拿大的北方电讯（Nortel）公司（如今的 NORDX 公司），法国的阿尔卡特 Alcatel公司，POUYET 公司，美国的安普 AMP 公司、西蒙 Siemon 公司、朗讯 Lecent 公司，德国的科隆 KRONE 公司，澳大利亚 CLIPSAL 公司，日本的 3M 公司等也都相继推出了各自的综合布线产品。

综合布线系统应该说是跨学科跨行业的系统工程，作为信息产业体现在以下几个方面：

（1）楼宇自动化系统（BA）；

（2）通信自动化系统（CA）；

（3）办公自动化系统（OA）；

（4）计算机网络系统（CN）。

随着 Internet 网络和信息高速公路的发展，各国的政府机关、大公司也都针对自己楼宇的特点，进行综合布线，以适应新的需要。

智能化大厦、智能化小区已成为新世纪的开发热点。理想的布线系统表现为：支持语音应用、数据传输、影像影视，而且最终能支持综合性的应用。由于综合性的语音和数据传输的网络布线系统选用的线材，传输介质是多样的（屏蔽、非屏蔽双绞线、光缆等），一般单位可根据自己的特点，选择布线结构和线材。

二、综合布线的特点

综合布线与传统的布线相比较，有许多的优越性，是传统布线无法比拟的。综合布线特点表现为它的兼容性、开放性、灵活性、可靠性和先进性。而且，综合布线方法给设计、施工和维护带来了很大的方便。

1. 兼容性

综合布线的首要特点是它的兼容性。所谓兼容性是指它是完全独立的，与应用系统相对无关，可以适用于多种应用系统。

过去，为一座大楼或一个建筑群内的语音或数据线路布线时，往往是采用不同厂家生产的电缆线、连接件。例如用户交换机通常采用双绞线，而计算机通信采用粗同轴电缆或细同轴电缆，他们的电缆不同，连接器件和连接方法也不同，彼此互不兼容。

综合布线将语音、数据与监控设备的信号线经过统一的规划和设计，采用相同的传输介质、信息插座、交连设备、适配器等，把这些不同的信号综合到一套标准的布线中。由此可见，综合布线可以兼容多种不同的信号传输要求。

使用中，用户可不用定义某个工作区的信息插座的具体应用，只把某种终端设备（如个人计算机、电话、视频终端设备等）插入这个信息插座，然后在管理间和设备间的交连设备上作相应的跳线操作，该终端设备就被接入到各自的系统中了。

2. 开放性

对于传统的布线方式，只要用户选定了某种设备，也就是选定了与之相适应的布线方式和传输介质。如果更换另一台设备，那么原来的布线就要全部更换。可以想象，对于一个已经完工的建筑物，这种变化是十分困难的。

综合布线由于采用开放式体系结构，符合多种国际上现行的标准，因此它几乎对所有著名厂商的产品都是开放的。

3. 灵活性

传统的布线方式是封闭的。其体系结构固定不变。若要迁移设备或更新设备会相当困难，甚至不可能。综合布线采用标准的传输线缆和相关的连接硬件，模块化设计，因此所有的通道都是通用的。每条通道可以支持终端，如以太网工作站及令牌网工作站。所有设备的开通及更改均不需改变布线，仅仅增减相应的应用设备以及在配线架上进行必要的跳线管理即可。另外，组网也可灵活多样，甚至同一工作区中可以存在多台不同种类的终端设备，如以太网工作站和令牌网工作站共存。为用户组织信息提供了灵活性选择条件。

4. 可靠性

传统的布线方式由于各个应用系统互不兼容,因而在一个建筑物中往往存在多种布线方案。因此,各类信息传输的可靠性要由所选用的布线可靠性来保证,各应用系统布线不当会造成交叉干扰。

综合布线采用高品质的材料和组合件构成一套高标准的信息传输通道。所有线缆和相关连接件组成的传输通道在设计施工当中都有一套严格的执行标准。每条通道都要采用专用仪器进行测试,以保证其电气性能。应用系统全部采用点到点连接,任何一条传输链路故障均不影响其他链路的正常运行,为链路的运行维护和故障检修提供了方便,从而保障了应用系统的可靠运行。同时,各系统采用相同的传输介质,因而互为备用,提高了备用冗余。

5. 先进性

当今社会信息产业飞速发展,特别是多媒体技术使信息和语音传输界限被打破。因此现在建筑物如若采用传统布线方式,就无法满足目前的信息传输需要,更不能满足今后信息技术的发展。

综合布线采用光纤与双绞电缆混合的布线方式,较为理想的构成一套完整的布线系统。所有布线均采用世界上最新的通信标准,传输链路按八芯双绞电缆配置。5 类双绞电缆的数据最大传输速率可达 155Mbps。为满足特殊用户需要,也可以将光纤引到工作区桌面。干线布线中,一般情况下,语音使用电缆,数据使用光缆。为同时传输多路实时多媒体信息提供足够的裕量。

三、综合布线的结构

作为综合布线系统,目前被划分为 6 个子系统,他们是:

(1) 工作区子系统;

(2) 水平干线子系统;

(3) 管理间子系统;

(4) 垂直干线子系统;

(5) 楼宇(建筑群)子系统;

(6) 设备间子系统。

综合布线系统是将各种不同组成部分构成一个有机的整体,采取模块化结构设计,层次分明,功能强大。

第二节 综合布线标准

综合布线起源于美国,综合布线标准也起源于美国。美国国家标准协会制定的《商业建筑物电信布线标准》(ANSI/TIA/EIA 568A)和《商业建筑物电信布线路径及空间距标准》(ANSI/TIA/EIA 569)是综合布线工程的纲领性奠基文件。是由美国国家标准协会于1985 年开始,经过 6 年的努力,于 1991 年形成第一版 ANSI/TIA/EIA 568 标准。它将电话语音和计算机结合在一起进行布线,从而出现了综合布线的概念。后经过改进于 1995 年10 月正式将 ANSI/TIA/EIA 568 修订为 ANSI/TIA/EIA 568A。

国际标准化组织/国际电工技术委员会(ISO/IEC)也于 1988 年开始,在美国国家标准协会制定的有关综合布线标准的基础上修改、制定，并于 1995 年 7 月正式公布《信息技术—用户建筑物综合布线》(ISO/IEC 11801：1995（E）)标准，该标准作为国际布线标准，供各个国家使用。随后，英国、法国、德国等国联合于 1995 年 7 月制定发布了欧洲综合布线标准（EN 50173），供欧洲国家使用。

目前，已经公开发布的综合布线设计、施工、材料、测试标准（规范）主要有：

国际布线标准《信息技术—用户建筑物综合布线》(ISO/IEC 11801：1995（E）)

美国国家标准协会《商业建筑物电信布线标准》(ANSI/TIA/EIA 568A)

欧洲标准《建筑物布线标准》(EN 50173)

美国国家标准协会《商业建筑物电信布线路径及空间距标准》(ANSI/TIA/EIA 569A)

美国国家标准协会《非屏蔽双绞线布线系统传输性能现场测试规范》(TIA/EIA TSB-67)

美国国家标准协会《集中式光缆布线准则》(TIA/EIA TSB-72)

美国国家标准协会《大开间办公环境的附加水平布线惯例》(TIA/EIA TSB-75)

欧洲标准 EN 50167，EN 50168，EN 50169 分别为水平配线电缆、跳线和终端连接电缆以及垂直配线电缆标准。

中国工程建设标准化协会《建筑与建筑群综合布线系统工程设计规范》(CECE 72：97)

中国工程建设标准化协会《建筑与建筑群综合布线系统工程施工和验收规范》(CECE 89：97)

中国邮电部《大楼通信综合布线系统》(YD/T 926.1—1997)

第三节　综合布线产品

进行一项综合布线工程，科学而规范的设计、精心而标准的施工以及选择优质的布线材料和产品，都是优质完成综合布线工程的要素。

综合布线起源于美国，所以美国也是综合布线产品的主要生产国。美国的朗讯科技公司进入我国市场较早，其产品性能良好，且品种齐全，因此在我国市场占有率较高。

目前，我国广泛采用的综合布线产品生产商还有：美国西蒙（SIEMON）公司的 SCS；加拿大北方电讯（Nortel）公司（如今的 NORDX 公司）的 IBDN；美国安普（AMP）公司的开放布线系统 OWS 等。这些产品都具有设计指南、验收方法以及质量保证体系。我国的综合布线产品发展起步较晚，但发展速度很快。国内的 TCL、中国普天等都已经具备了全线的综合布线产品研发和生产能力。

第四节　综合布线适用范围及发展前景

综合布线采用模块化设计和分层星形拓扑结构。它能够适应于任何建筑物的布线要求，但建筑物的跨距不得超过 3000m，面积不超过 100 万 m^2。

综合布线原则上可以支持语音、数据和视频等各种应用。综合布线按应用场合分，除建筑与建筑群综合布线系统（PDS）外，还有建筑物自动化系统（BAS）和工业自动化系统（IAS）两种综合布线。它们的原理和设计方法基本相同，差别在于建筑与建筑群综合布线（PDS）以商务环境和办公自动化环境为主，信息主要由语音和计算机数据构成；而建筑物自动化系统（BAS）综合布线主要以大楼环境控制和管理为主；工业自动化系统（IAS）综合布线则主要以传输各类特殊信息和适应快速变化的工业通信为主。

综合布线的应用和发展，与综合布线所要承载的信息流技术的发展密不可分。依据信息通信的模型，信息传输网络由传输介质、传输设备、传输协议和应用软件等组成。综合布线属于传输介质，在整个信息传输网络中担负最基础的角色。

所以可以说，信息传输网络技术的发展决定了综合布线技术的发展。综合布线的应用目的是尽可能的容纳多种不同信息传输的要求，并能够尽可能的兼顾到信息传输技术的发展需求。事实上，完全做到这些是不可能的。所以在综合布线设计中需要掌握综合布线的设计出发点和设计原则，充分考虑当前信息传输的需要和技术发展，兼顾到今后一段时期内信息增长的需求和技术的发展需要，做出合理而经济的综合布线设计。

总而言之，由于技术上原因，或者由于行业管理上的原因，综合布线都不是万能的。但相信，随着网络技术及信息技术的发展，综合布线技术同样会发展的越来越完善，应用的领域也会越来越宽。

第五节　智能住宅综合布线

随着计算机网络的发展及因特网的不断普及，家用电子产品、家庭保安监控产品、家庭智能化产品的完善，信息技术正快速走向智能住宅小区（SmartHome）。

智能住宅将家庭中各种与信息相关的通信设备，如计算机、电话、家用电器和家庭保安等装置通过家庭总线技术连接到一个管理中心进行集中或异地的监视、控制和家庭事务性管理，同时能与住宅外部世界联系，并保持这些家庭设施与住宅环境的和谐与协调，从而给住户提供一个安全、高效、舒适、方便，适应当今高科技发展需求的人性化住宅。

智能住宅的兴起，使智能住宅所依赖的网络基础设施——综合布线系统也变得越来越关键。智能住宅综合布线是整个住宅智能系统的基础部分，也是伴随着住宅小区土建同时建设的。由于它是最底层的物理基础，其他智能系统都建立在这一系统之上，布线系统的质量直接影响住宅中智能系统的运行，所以选择一个好的智能住宅布线系统非常重要。

智能住宅高科技应用的基础是宽带通信网。随着应用系统的发展及新应用的出现，对通信带宽的要求也越来越高，传统的布线将无法满足这些应用的需要。而日后新增或改造这些线路除了消耗人力物力外，还会影响家庭美观及家庭正常生活。这就需要专门针对智能住宅小区建设的同时，建设其综合布线系统——智能住宅布线系统。从本质上来说，智能住宅布线系统涉及到视频、语音、数据和监控信号及控制传输信号的传输，从传输介质来说，智能住宅布线包括非屏蔽双绞线（UTP）、75Ω同轴线缆和光缆等。智能住宅住户端设备包括计算机、通信设备、智能控制器、各种仪表（水表、电表、煤气表和热量表）和探测器（红外线探测器、煤气探测器、烟雾探测器和紧急按钮），所有相关数据通过智能住宅布线系统进行统一传输。

智能住宅布线系统作为各种功能应用的传输基础媒介，同时也是将各功能子系统进行综合维护、统一管理的媒介及中心。智能住宅综合布线为小区网络及布线管理中心、楼宇自控系统（BAS）、保安监控及巡更系统（SAS)、门禁及消费一卡通系统、停车场自动管理系统、因特网、ISDN电话、IP电话、数字传真等通信系统（TCS）提供一个性能优良的系统平台。

通过智能综合布线系统与各种信息终端来互相"感知"并传递各个功能系统的信息，经过计算机处理后做出相应的对策，使住宅具有某种程度的"智能"。

在世界范围内的电信业的重新调整，使电信供应商、有线电视运营商及其他新兴企业能参与家庭业务的竞争。随着数字广播卫星和电信供应商支持视频服务，有线电视（CATV）运营商将面临一个崭新的竞争时代。同时，每个家庭对PC的需求达到了创纪录的数字，并且在短期内会继续发展，他们将花费更多的金钱购买PC，而不是购买电视或录像机，从而使PC成为家庭中的必需品。现今，在美国有40%的家庭拥有一台PC，而在未来两年估计将有60%的家庭拥有一台PC。因特网和WWW上的Web网站服务器数量也在不断递增，家庭对因特网服务、家庭娱乐、互动电视的应用及带宽将有更大的要求。因此，服务供应商需要进行大量投资，以提供高速的线路和多媒体产品，从而满足不同家庭的需求。

速度与带宽对因特网服务或其他通信是非常重要的。例如，当今大多数用户在家里使用28.8kbps的调制解调器来访问因特网。但新的技术可提供一个更高的带宽，使访问速度比28.8kbps的调制解调器快350倍，比ISDN的速度快80倍。

以下是一个采用目前及将来的技术进行数据传送的传输时间的例子。很明显，目前的模拟调制解调器的速度和家庭内的布线不能充分满足需求，见表1-1。根据因特网的应用，住所需有更高的速度以减少传送时间。家庭布线应能满足现在或未来的需要，提供适合的速度来配合不同的需要。

数据传送的传输时间　　　　　　　　　　　　　　　表1-1

	调制解调器 14.4kbits/s	ISDN 64kbits/s	ADSL 1.5Mbits/s	电缆调制解调器 4Mbits/s	VDSL 52Mbits/s
简单图像（2MB） 15s播放	23ms	36s	1.3s	0.5s	0.04s
长动画或影像（1GB） 2h播放	20h	4.3h	11ms	4ms	0.3ms

居住在一个智能家庭内的人，都希望拥有一个安全、便利、舒适、节能、娱乐性的环境特别是当外出工作时，为了个人发展与教育的功能，需要拥有一个集成的音频/视频、计算、通信、自动化/控制/安全技术功能，以及将所有不同的设备应用和功能互联于一个单一的布线中，使生活更为便利和灵活。家庭自动化和网络是当今的新兴技术，它需要在新的建筑中安装新型及标准化的高带宽的布线系统。

在北美，每年兴建住宅超过130万个。这些住宅采用了当今新兴的布线系统，从而可以保证适应当前和未来不断发展的新技术和应用要求。如果，你正在购买或建造一所房子或别墅，你必须考虑需要何种类型的布线，因为它和这栋房子的管道系统是一样重要的。

在数年后，没有家庭布线和网络及一定程度自动化的房子就如现在没有PC的房子那样过时。因为，采用星型配置的先进布线系统可以支持以下服务：话音、数据、娱乐、保安、远程医疗、音频、视频以及控制等。未来在大多数的房子/别墅里，你会发现这种更加轻松、更加有序、更加高效的生活方式。

复 习 思 考 题

1. 简述为什么要采用综合布线系统。
2. 综合布线的特点有哪些？
3. 为什么说综合布线具有兼容性好的特点？
4. 综合布线开放性指的是什么？
5. 我国制定了哪些关于综合布线的标准（规范）？

第二章　信息通信技术概论

进入经济全球化、社会信息化的今天，通信显得如此重要，以至到了与人们密不可分的地步。人们运用各种通信手段传送语音、文字、图像等信息，为生产、生活、娱乐服务。目前，不仅人与人之间要进行通信，而且人与机器之间以及机器与机器之间也要进行通信。

第一节　通　讯　基　础

一、基本概念

（一）模拟数据、数字数据与模拟信号、数字信号

随着信息技术的发展，数据这个词汇的含义已非常广泛。数据分为模拟数据与数字数据，凡在时间和幅度上是连续取值的为模拟数据，如温度的高低，声音的强弱，一幅图像内容的演进等都是连续变化的模拟数据；凡在时间和幅度上是离散取值的为数字数据，如经过路口的汽车数的多少，足球、篮球赛的进球数目都是数字数据，计算机内部所传达的二进制数字序列也是离散的数字数据。

数据信息一般均用信号进行传输，例如电信号、光信号等。信号是数据的具体表示形式，它和数据有一定的关系。信号又分为模拟信号和数字信号，凡表示数据的信号在时间上和幅度上是连续变化的则为模拟信号，如电话系统中的话音信号、电视系统中的图像信号等为模拟信号；凡表示数据的信号在时间上和幅度上是离散变化的则为数字信号，如军舰上信号兵打的"灯语"信号、计算机内部所传送的代表"0"和"1"的电脉冲信号等为数字信号。

（二）模拟通信、数字通信、数据通信

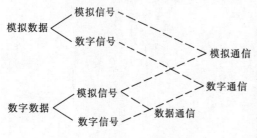

图 2-1　数据的 4 种传输方式

模拟数据可以用模拟信号传输，也可以用数字信号传输；同样，数字数据可以用数字信号传输，也可以用模拟信号传输，这样就有 4 种传输方式，如图 2-1 所示。

（1）模拟信号传输模拟数据。例如声音在普通电话系统中的传输。人的语音为连续变化的模拟数据，电话线中所传输的是模拟信号。

（2）模拟信号传输数字数据。最典型例子就是目前通过电话系统实现两台计算机之间的通信。例如 Internet 网中计算机之间的通信，计算机只能发送和接收数字数据，但我们可用某种设备（Modem）将数据变成模拟信号在电话系统中传输。

（3）数字信号传输数字数据。最简单的例子就是将计算机通过接口直接相连。例如计

算机局域网中一般均采用这种形式，这时，计算机发送和接收的是数字数据，传输线中传输的是脉冲数字信号。

（4）数字信号传输模拟数据。例如数字电话系统以及目前广泛使用的数字移动电话系统，还有正努力推广应用的高清晰度数字电视系统等，这些系统将声音、图像等模拟数据变成数字信号进行传输。

以上前两种传输方式中，无论是模拟数据还是数字数据，均是用模拟信号来传输，这种传输方式就称为模拟通信，相应的传输系统就称为模拟通信系统。后两种传输方式中，无论是模拟数据还是数字数据均是用数字信号来传输，这种传输方式称为数字通信，相应的传输系统就称为数字通信系统。因为数字信号比模拟信号设备成本低廉，而且容易集成化和微型化，所以数字通信显示出强大的生命力，大有取代模拟通信之势。目前电话、电视、广播音响、雷达等纷纷向数字化方向发展。

以上第二、三种方式中，无论是用模拟信号还是数字信号，传输的均为数字数据，这种传输方式习惯上称为数字通信，相应的传输系统就称为数字通信系统。例如计算机网络中的计算机是数字设备，它们发送和接收的均是数字数据，但在传输线路上传输时，既可用数字信号也可用模拟信号。我们常接触的计算机局域网，传输路线上传输的一般是数字信号，而人们熟悉的 Internet 网，常常是利用普通电话网的传输线，线路上传输的就是模拟信号，所以，计算机网络中的计算机之间的通信是典型的数据通信，计算机网络系统是典型的数据通信系统。

（三）信道

通信的目的就是传递信息。通信系统中产生和发出信息的一端称为信源，接受信息的一端称为信宿，信源和信宿之间的通信道路称为信道。携带信息的信号通过信道从信源端传输到信宿端，通信系统的模型图如图 2-2 所示。信道是指信号的传输媒介，其中包括传输介质和相关的通信设备（如信号放大设备，信号处理设备等）。不同性质的信道对通信信号的传输质量和传输速率有不同的影响。另外，信号在传输过程中不可避免地受到外界各种各样干扰的侵袭，不同信道的抗干扰能力也有很大差别。

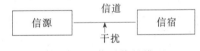

图 2-2　通信系统的模型

通信信道有各种不同的分类方法，按传输介质的视觉来分为有线信道和无线信道；按传输介质的物理性质来分，有线信道又可分为电缆信道和光缆信道等；按所传输信号的类型来分，又可分为模拟信道和数字信道等。大多数传输介质既能传输模拟信号也能传输数字信号，但信道中的通信设备一般则只能传输一种信号。

（四）信道通频带与信道带宽

信道的通频带是指信道的下限频率与上限频率所包含的频率范围，可简称为通带。例如，一条通信道路的下限频率是 45MHz，上限频率是 750MHz，则这条通信线路的通频带就是 45 ~ 750MHz。信道的上限频率与下限频率之差就是信道的通频带宽度，可简称为通带宽或带宽。上例中这条信道的带宽为 750MHz – 45MHz = 705MHz。信道通频带与信道带宽是衡量通信系统的两个重要指标，信道的容量、信道的最大传输速率和抗干扰性等均与其带宽密切相关。信道的带宽是由信道的物理性质决定的，不同的传输介质，其带宽大不一样，为增大信道的容量和提高其抗干扰性，应选用带宽宽、抗干扰性强的传输介质，如同轴电缆、高类别双绞线、光缆等。

二、通信方式

在这里对通信方式和传输方式不加严格的区分。

（一）单工、半双工、全双工通信

按信号在传输介质上的传输方向分类，有如下 3 种方式。

（1）单工通信。在通信上，信号只能朝一个方向传送，发送端不能接收，接收端不能发送。例如，无线电广播、建筑物内的公共广播、绝大多数的 CATV 系统、无线传呼等均为单工通信。

（2）半双工通信。在信道上，信号可以向两个方向的任一方向传送，但同一时刻只能朝一个方向传送，信道两端均可以发送或接收信号，但只能交替进行。例如对讲机就是按半双工通信方式工作的，因为在这种通信方式中要频繁调换信号的传输方向，所以效率较低，一般在要求不高的场合采用。

（3）全双工通信。在信道上，信号可以同时双向转送。例如，我们日常用的电话和无线移动电话等均为全双工通信，计算机网络中计算机之间的通信一般也为全双工通信方式。全双工通信效率高、控制简单，它相当于二路相向单工通信，它是一种最理想的通信方式，所以目前一般均推广采用全双工通信。

（二）并行传输与串行传输

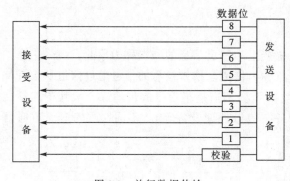

图 2-3 并行数据传输

这两种传输方式主要是针对数据通信而言的。例如，在计算机网络系统中传输二进制数据，串行传输时，一次只传输一个二进制位，从发送端到接收端只用一根传输线即可，这样，1 个字节（8 个二进制位）就要分 8 次传送；而并行传输时，一次可以传输 8 个二进制位，这样，1 个字节一次就可能传送完，但从发送端到接收端需要 8 根传输线，如图 2-3 所示。

并行传输比串行传输速度要快得多，但需增加传输设备，所以并行传输一般用在传输速度要求很高而且距离很短的情况，例如计算机内部的数据传输。计算机网络中计算机之间的数据通信几乎都采用串行传输方式，虽然串行传输的速度很慢，但传输设备成本低廉且传输线路连接安装简单。因为计算机内部大多数为并行操作，所以采用串行传输数据时，发送端要经过并一串转换装置将并行二进制数据位流转变为串行二进制位流，然后送到信道上传输。接收端再将收到的串行二进制位流经过串一并转换，重新变为并行二进制位流，这就是常说的并一串转换和串一并转换。图 2-4 所示为计算机网络中数据通信的示意图。

源端计算机内的发送设备将二进制数据的 8 位同时并行送给并串转换硬件，数据以串行逐位到达宿端计算机中；宿端计算机内的接收设备将收到的串行二进制位流送给串并转换硬件转换为 8 位二进制数据送入计算机内。

（三）异步方式传输和同步方式传输

这两种传输方式主要是针对数据通信而言的。以计算机网络系统为例，在数据通信过程中，发送端和接收端必须在时间上和速率上步调一致，才能保证传输的数据不出差错，从而准确地传送接收数据，这种统一收发动作的措施称为同步技术。常用的传输方式有两种：异步方式和同步方式。

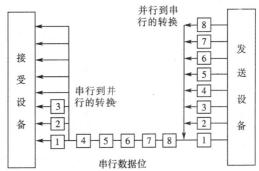

图 2-4　计算机网络中数据通信示意图

（1）异步方式传输。这种传输方式是以字节（8 位）为单位，在组成每个字节代码前后分别加上起止位，即把各个字节分开传输。当接收端收到起始位（一般是逻辑 0）后，启动内部时钟，就能按要求正确接收一个字节，当收到终止位（一般是逻辑 1）时，接收端确认 1 个字节传送结束。异步方式传输一般用于低速的终端设备。

（2）同步方式传输。同步方式传输采用的是按位同步技术，即位同步，这种方式的传输单位是一组数据或很多字符组成的一个数据块。发送端在发送数据的前面加上 2 个或 2 个标识的同步信号字符 SYN（ASCⅡ代码为 0010110），接收端如果检测出 2 个或 2 个以上的 SYN 字符，就确定进入填补状态，启动时钟，随后发送和接收端双方以同一频率工作（位同步），进行数据传输，直至出现一组数据传输完毕的控制字符为止。因为这种方式仅在一组数据的前后加入控制字符，所以传输效率高、速度快，多用在连续数据块的短距离高速传输中，如计算机磁盘文件的传输等。但这种方式的传输线路控制比较复杂，设备成本较高。

三、通信交换技术

一个通信网络是由许多节点互连而成，携带信息的信号在这样的网中传输就像火车在铁路中运行一样，火车要从甲地驶向乙地，需要经过许多中间转接节点（中转车站），这些中间转接节点并不关心火车装载的内容，而只是提供一个交换设备（搬道机），通过交换设备把火车从一条线换到另一条线路，最后才能到达目的地。通信网络中，中间转接节点转发信息的相关技术就是交换技术，转发信息的方式就是所谓的交换方式，最基本的交换方式有下面 3 种：

（一）电路交换

电路交换方式的工作原理是：当两个节点之间需要交换信息时，中间节点就在网络中寻找一条临时专用通路供收发两端通信。这条临时通路可能要经过若干个中间节点的转接，中间节点并不干预双方的通信内容。电话通信一般就是采用这种交换方式。电话交换示意图如图 2-5 所示。

电路交换的特点：

（1）建立电路连接需较长时间，而一旦连通，信道就为发收双方独占，所以信息传送速度快，无延迟，适用于实时信息传输。但又因为信道被收发双方独占，所以即使有空闲，其他发送端也不能利用，因而路线的利用率较低。

（2）在数据通信系统中采用这种方式，收发双方的数据传输速率必须相同，所使用的电码也必须相同，否则两端不能进行交换。

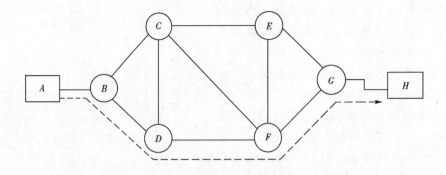

图 2-5　电路交换

（3）在收发两端接通后，传输代码的种类及格式不受中间节点限制，所以传输数据透明的。

（二）存贮转发交换

节点发送信息时，它先把要发送的信息组成一个数据块，然后再发送出去。这个数据块也称为报文，在报文中含有目标节点的地址。一个完整的报文在网络中一站一站地传送，报文经过的每个中间节点首先把整个报文接收下来，并且存贮在存贮器中，再查看报文的目标地址，然后根据网络中的线路转发到下一个节点，经过多次存贮转发，最后到达目标节点。所以，存贮转发交换也叫报文交换。在报文交换方式中，中间节点有存贮和交换功能，所以能改变数据传输速度。存贮转发交换示意图如图 2-6 所示。

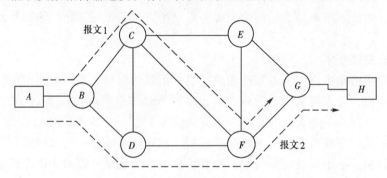

图 2-6　存贮转发交换

存贮转发交换的特点是：

（1）信道可以被许多报文同时共享，线路利用率高。

（2）因为中间节点能改变数据传输速率，所以两个数据传输速率不同或使用代码不同的节点也可以连接起来，进行数据交换。

（三）分组交换

分组交换也主要应用在数据通信中，它的工作原理是将发送端发送的数据块分割成许多固定长度较短的信息组，即分组信息，并给各个分组编号，再加上源和宿地址以及约定的头、尾信息，这个过程也叫信息的打包，然后将打包好的各个分组信息发送出去。每个分组在网络中的传输路径完全由网络当时的交通状况随机决定，各个分组信息到达目的地的先后可能和发送的顺序不一样，但是计算机能根据编号将分组进行重新排序，即可恢复到原来发送的信息。分组交换示意如图 2-7 所示。分组交换的特点是：

（1）各分组可通过不同中间节点、不同路线分别发送、传输，所以数据传输非常灵活，而且使总体数据传输速率得到了提高。

（2）因为将发送的数据分成了较短的信息组，所以每组转发延迟时间就很短，并且对中间节点存贮容量的要求就比较小。

（3）分组交换也意味着按分组纠错，如果检出错误，只需重发出错的分组即可，从而使通信的效率提高。

分组交换需要增加分组拆装等设备，成本相对提高。

计算机广域网络（如 Internet）一般都采用分组交换方式，并按交换的分组数收费，这样显得更加合理。

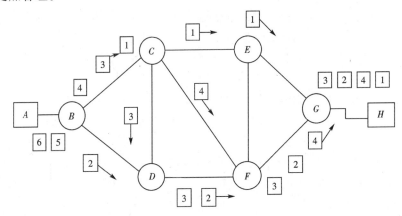

图 2-7　分组交换

四、信号的基带传输与多路复用技术

（一）信号的传输

1. 信号的基带传输

所谓基带是指基本频带，即原始电信号所占有的频率范围，这个原始电信号就称为基带信号（有时称基频信号）。例如，普通电话机输出的就是话音基带信号，它所占有的基本频带为 300Hz ~ 3.4kHz；电视摄像机输出的是视频基带信号，它所占有的基本频带为 25Hz ~ 6MHz；计算机输出的就是二进制数据基带信号，是代表"0"和"1"的跳变的数字信号，所以它所占有的基本频带非常宽。在信道中直接传输基带信号时，称为基带传输，基带传输包括模拟基带信号传输和数字基带信号传输。闭路电视系统中一般传输的就是视频基带信号，电话系统中普通话机到市话终端局交换机之间传输的就是话音基带信号，这两种情况都是属于模拟基带信号传输。而计算机局域网中一般都是将计算机通过接口与网络电缆线相连，所以网线中传输的是二进制基带信号，因此这种情况是属于数字基带信号传输。

2. 信号的频带传输

频带传输就是把基带数字信号经调制变换后，使调制后的信号是能在公共电话线上传输的模拟信号（音频信号），将模拟信号在模拟传输媒体中传送到接收端后，再将信号还原成原来的信号的传输。频带传输实际上是一种模拟传输。

3．信号的宽带传输

宽带是指比音频带更宽的频带，它包括大部分电磁波频谱。利用宽带进行传输称为宽带传输，这样的系统称为宽带传输系统。宽带传输系统属于模拟信号传输系统，其能够在同一信道上进行数字信息和模拟信息的服务，宽带传输系统可以容纳全部广播，并可进行高数据传输。

（二）多路复用技术

多路复用技术是指设法在一个单一信道上同时传输多路信号的技术，以挖掘信道的最大潜能，这样可以大大节省电缆数量，特别是远距离通信时更是如此。常用的多路复用技术有下面两种：

1．频分多路复用技术（FDM）

频分多路复用技术的原理是：把通信信道的通频带分割为互不重叠的频率段，每个频率段相当于一个子信道。利用载波调制技术，将不同的数据信号搬到各个子信道中传输，每个子信道只传一路信号，并且各个子信道完全独立，各个信道中传输的信号不会相互串扰，如图2-8所示。

电话通信系统中局间中继线上采用的载波通信，以及CATV系统中传输线上传输的电视信号等，均是运用的频分多路复用技术。现以电话载波中继通信为例，1对普通中继双绞线的通频带一般为6～200kHz，其带宽为194kHz，电话传输的是人的语音电信号，其频率主要是集中在300Hz～3.4kHz。电信号所占有的频率范围的上限和下限之差称为信号的频带宽度，简称频宽，所以话音信号的频宽为3.1kHz。若每个子信道带宽设计为4kHz，每个子信道间再留4.2kHz频宽的间隔，则可根据图2-8确定出1对双绞线可分割出的子信道数。假设将1对双绞线分割为 n 个子信道，则有：

图2-8　频分多路复用原理图

$$4n + 4.2（n-1）= 194$$

由此可得：

$$n = 24.17$$

所以，1对双绞线最多可分割成24个子信道，这样，1对双绞线上最多可同时传输24路电话信号。

又如，CATV系统中使用的射频同轴电缆的通频带一般为14～900MHz，其带宽为886MHz。目前根据国家标准都把每个子信道带宽设计为8MHz，并且每个子信道间不留间隔，则同样可以根据图2-8确定1条同轴电缆可分割出的子信道数为110个。由此可看出，同轴电缆线上最多可同时传输110套电视节目信号。但现在实际应用中，因为高频信号在同轴电缆中衰减太大，所以传输的电视信号频率一般均在750MHz以下，并且，在750MHz

通频带内，国家及行业标准中还规定了某些频率段是用于非电视广播业务，这样，实际可利用的子信道数为 79 个左右（请参阅 CATV 相关章节）。

2. 时分多路复用技术（TDM）

时分多路复用技术的原理是：将一个通信信道按时间段轮流使用，每一路信号每次占用一个时间段进行传输，各路信号在时间域上互不重叠，接收端根据约定的时间关系分段接收，即可恢复各路信号，如图 2-9 所示。

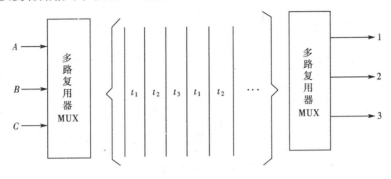

图 2-9　时分多路复用原理图

时分多路复用又可分为如下两种形式：

（1）同步时分多路复用（CTDM）。其原理是：按固定顺序把时间段循环轮流地分配给各路信号，接收端按相应的时间顺序轮流接收后恢复各路信号。这种方式的缺点是容易造成信道资源的浪费，因为即使有一路信号不发送，但它同样占用了时间段。

（2）异步时分多路复用（ATDM）。其原理是：发送端对各路进行扫描，只有当某路需要发送信号时，才给它分配一个时间段，若不需要就跨过。这样，因为各路信号不是以固定的时间段出现，所以，当信号到达接收端时，接收端就无法知道哪一个时间段的信号属于哪一路。因此，异步时分多路复用时，要把发送端各端的地址、接收端各路的地址等信息附加在信号上一同发送出去，接收端就可按地址分送各路信号。

在计算机局域网中，计算机与服务器以及计算机与计算机之间的通信一般均采用时分多路复用技术。

由以上所述可知，FDM 适用于传输模拟信号，TDM 适用于传输数字信号。TDM 在技术上比较复杂，但 TDM 传输数字信号抗干扰能力强，实现 TDM 的设备较简单，成本低廉，其中大多由同步开关、门电路等组成，易于集成化。目前，TDM 在数字通信系统中得到广泛采用。FDM 在技术上相对比较简单，实现 FDM 需要调制器、解调器和载波振荡器等设备，成本相对比较高。FDM 一般用于模拟通信系统中。有时把 TDM 和 FDM 结合起来使用，即在传输系统中，先利用 FDM 将一个单一信道分割为许多子信道，然后，再运用 TDM 把每个子信道继续进行分割。

五、数据编码

数据编码是实现数据通信最基本的一项工作，其目的是保证数据的可靠传输。

（一）数字数据的数字信号编码

数字数据的数字信号编码就是将二进制数字数据用两个电平来表示，形成矩形脉冲电信号，由矩形脉冲电信号组成的数字数据包括单极、双极性全宽码脉冲，单极、双极性归零脉冲。

1. 全宽单极码脉冲

全宽单极码脉冲是以无电压（无电流）表示 0，用正电压表示 1，两种信号波形是在一码元全部时间内发出或不发出电流，如图 2-10 所示，取样时间在每一码元时间的中间，判决门限为半幅度电平。当接收信号的值在 0 与 0.5 之间就判为"0"码，当接收信号的值在 0.5 与 1 之间就判为"1"码。

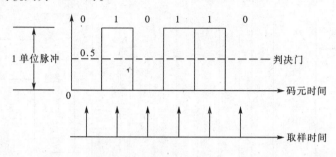

图 2-10　全宽单极码脉冲

2. 全宽双极码脉冲

全宽双极码脉冲是以负电压表示 0，用正电压表示 1，两种信号波形也是在一码元全部时间内发出或不发出电流，如图 2-11 所示。

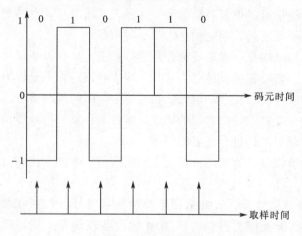

图 2-11　全宽双极码脉冲

取样时间在每一码元时间的中间，判决门限为零电平，当接收信号的值在 0 与 −1 之间就判为"0"码，当接收信号的值在 0 与 1 之间就判为"1"码。

3. 归零码脉冲

全宽码的信号波形是在一码元全部时间内发出或不发出电流，每一位码占全部码元宽度，如果重复发送连续同值码，相邻码元的信号波形没有变换，即电流的状态不发生变换，从而造成码元之间没有间隙，不易区分识别。归零码就是一码元的信号波形不占码元的全部时间，即在一码元时间内发出电流的时间短于一码元的时间宽度，发出的是窄脉冲。所以不论码元需要发出电流还是不需要发出电流，码元波形都"归零"，因此称这种信号编码为归零码，如图 2-12 所示。

4. 曼切斯特码

曼切斯特码的特点是把一码元一分为二，当在前半个码元时间里，电压为高电平，在一码元的时间中间发生电压跳变，使后半个码元时间的电压为零电平，此时接收信号的值就判为"1"；当码元前半个码元时间的电压为零电平，在一码元的时间中间发生电压跳变，使后半个码元时间的电压为高电平，此时接收信号的值就判为"0"，如图 2-13（b）

16

所示。

5．差分曼切斯特码

差分曼切斯特码的特点是其取值由每位开始的边界是否存在跳变而定，一位的开始有跳变代表"0"，没有跳变代表"1"，如图 2-13（c）所示。

（二）数字数据的模拟信号编码

计算机网络的远程通信通常采用频带传输。频带传输的基础是载波，它是频率恒定的连续模拟信号。因此，必须利用调制技术，把由计算机或计算机外部设备发出的基带脉冲信号调制成适合远距离线路传输的模拟信号。对数字数据的模拟信号进行调制有三种基本方法。

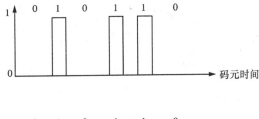

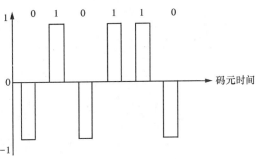

图 2-12　归零码脉冲

1．移幅键控法 ASK

移幅键控是把频率和相位定义为常量，振幅定义为变量，每个振幅值代表一种信息位，二进制中是指两个符号的振幅调制，如图 2-14 所示。

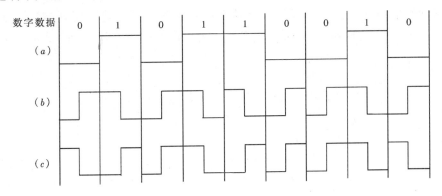

图 2-13　曼切斯特码、差分曼切斯特码

（a）全宽单极码脉冲；（b）曼彻斯特编码；（c）差分曼彻斯特编码

2．移频键控法 FSK

移频键控是把振幅和相位定义为常数，而用频率的变化代表数字脉冲的两种信息位，如图 2-14 所示。

3．移相键控法 PSK

移相键控是把振幅和频率定义为常数，而用所选用的正弦波的起始相位不同来表示信息位，如图 2-14 所示。

从理论上讲，移相键控方式有较强的抗干扰能力，也就是说，在同样误码率的情况下，它要求的信号噪声比最小，是目前采用最多的一种调制方式。

（三）模拟数据的数字信号编码

模拟数据的数字信号编码最典型的例子是 PCM 编码，PCM 是脉冲编码调制英文字头，

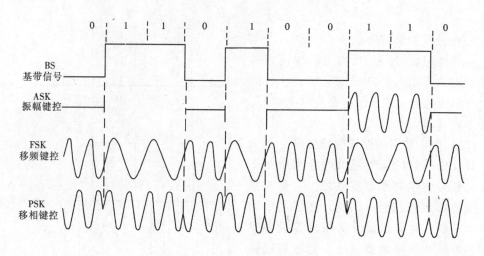

图 2-14　三种基本的调制方式

也称脉冲调制，这是一个模拟信号转变为二进制数码脉冲序列的过程。下面简单介绍一下 PCM 编码过程。

1．采样

每隔一定的时间对连续模拟信号采样，模拟信号就成为"离散"的模拟信号，这也成为一组序列。根据采样定理，采样间隔越大，采样频率 F 越小，则越难满足 $F \geqslant 2f_{max}$；若采样间隔越小，明显地容易满足采样定理，但过高的增加了信息的计算量，而且效果也不明显。

2．量化

这是一个分级过程，把采样所得到脉冲信号按量级比较，并且"取整"，这样脉冲序列就成为数字信号了。

3．编码

用以表示采样序列量化后的量化幅度，它用一定位数的二进制码表示。如果有 N 个量化级，那么，就应当有 $\log_2 N$ 位二进制数码。目前，在语音数字化脉冲调制系统中，通常分为 128 个量级，即用七位二进制数码表示。二进制码组称为码子，其位数称为字长。此过程由 A/D 转换器实现，在发送端，经过该过程，把模拟信号转换成二进制数码脉冲序列，然后发送到信道上进行传输。在接收端首先经 D/A 转换器译码，将二进制数码转换成代表原模拟信号的幅度不等的量化脉冲，然后经过低通滤波器就可以使幅度不同的量化脉冲恢复成原来的模拟信号。由于在量化中会产生量化误差，所以根据精度要求，适当增加字长即可满足信噪比要求。A/D、D/A 转换器的集成化部件和产品很多，可以根据要求适当选择。

以把波形按幅度划分为 8 个量化级为例，编码过程如图 2-15 所示。

六、通信网络的拓扑结构

（一）网络拓扑结构的概念

通信体间要进行通信，就需要用信道把处于不同位置的它们联系起来，由于通信体一般不是少数几个，而是成百上千，所以信道的连接方式就各式各样，形成的通信网络结构也是五花八门。设计一个好的网络结构，对于增强网络功能和提高效率，更充分地利用网

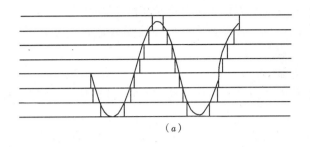

(a)

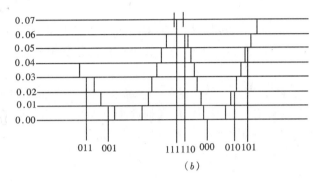

(b)

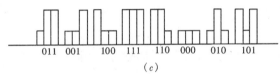

011 001 100 111 110 000 010 101

(c)

图 2-15 PCM 编码

(a) 信号的量化级;(b) 采样后脉冲幅度的量化;

(c) 按二进制格式的编码脉冲

络资源来说具有非常重要的作用。拓扑是研究与大小、长短无关的点线特征的方法。我们把计算机、集线器、电话机、交换机、电视机、混合器、分配器等设备与器件看作网络单元,又把网络单元定义为节点,那么两个节点之间的连线称为链路,网络节点和链路形成的几何图形就是网络的拓扑结构。

(二)通信网络拓扑结构的种类

通信网络的拓扑结构主要有以下几种:

1. 星型结构

星型结构如图 2-16(a)所示。星型结构是一种以中央节点为中心,把若干外围节点连接成辐射状的互连结构。中央节点是网络中惟一的转发节点,它接收外围节点的信息,然后再转发给外围的目的节点。中央节点具有中继交换和集中控制能力,结构中任何两个外围节点之间都没有直接通路,当某一外围节点欲与另一节点进行通信时,它必须首先向中央节点发送一个请求信号,中央节点接收后,便在这两点之间建立连接。一旦连接完成,则两点之间就像有一条专用通信线路一样。

星型结构的优点是:

(1)结构简单,网络扩展非常容易,要增加外围节点时,只需将其连接在中央节点上即可。

（2）网络重新配置灵活方便，容易维护管理，因为每个节点直接连到中央节点，因此容易控制和隔离故障，单个节点或线路出现故障只需将其从中央节点上取下即可，不会影响到整个网络。

星型结构的缺点是：

（1）因为每个外围节点都要和中央节点相连，所以需要的传输线缆数量多，线路利用率也较低。

（2）网络对中央节点的依赖性很高，如果中央节点发生故障，将会导致整个网络陷入停顿状态。

以电话交换机为中心的电话通信网络是星型网络的典型代表。因为星型结构在组网时有很大的灵活性和可扩展性，所以，目前的计算机局域网几乎都采用这种结构。

2. 树形结构

树形结构如图 2-16（b）所示。树形结构是分级结构，形状像一棵倒置的树，从根节点开始，向下分级，左右分支，在网络中的任何两个节点都不构成回路。若要实现双工功能，每一条通路都必须支持双向传输，当节点发送信号时，根节点接收信息，然后再重新广播式地发送到全网，需要信息的节点会自动识别接收。

树形结构的优点是：

（1）有很强的可扩展性，可以延伸出很多分支和子分支，新的节点和新的分支很容易加入网内。

（2）如果某一分支的节点或线路发生故障时，很容易将这个节点或分支和整个系统隔离开。

树形结构的缺点是：

（1）对根节点的依赖性很大，如果根节点出现故障，则全网不能正常工作。

（2）节点之间通信的路径很长，实现信号的双向传输也比较困难。

现在的有线电视（CATV）网络就是典型的树形结构，前端的混合器就是根节点（也可以把整个前端看作根节点）。但是目前的 CATV 系统一般均为单向（单工）系统，电视信号是由前端广播式地发送给全网，用户只能接收，而用户不能向前端或其他用户发送信息，CATV 的发展趋势是实现双向（双工）传输。

3. 总线型结构

总线型结构如图 2-16（c）所示，它采用单根传输线（总线），所有节点与总线相连，各节点发出的信息到达总线后向两端传输。如果一条总线太长，或者节点太多，可以将一条总线分为几段，在各段之间通过中继器连接。由于所有节点共享一条传输总线，所以一次只能由一个节点传送信号，否则总线上的信息会发生碰撞。

总线型结构的优点是：

（1）结构简单，所有节点均接到一个传输线上，线缆长度短，网络设备较少，成本相对较低。

（2）不仅安装、布线容易，而且可靠性较高，响应速度快。

总线型结构的缺点是：

（1）不易扩展。当需增加网络节点时，必须停止原有网络的运行。

（2）故障诊断困难。总线型结构虽然简单，但因为不是集中控制，所以故障检测需在网内各个点上进行；故障隔离也不容易，因为所有节点在同一条线路中通信，若线路出现故障，则会导致节点无法完成信息的发送和接收。

总线型结构一般适用于计算机局域网，它是局域网中用得最早的一种结构形式，目前已经很少使用。而总线型结构在现场总线技术中应用非常广泛。

4. 环形结构

环形结构如图 2-16（d）所示，网络上的节点被接成一个闭合的环路。单环路一般只支持单一方向的通信，所以任何两个节点的通信信息（包括回答信息）都要绕行环路一周才能实现相互通信。节点发出的信息包在环路上绕行，信息包中有目标节点的地址，当它经过每一个节点时，节点将其与本站地址进行核对，若不相同，则不予接收。当它经过目标节点时，核对相同，则目标节点将信息拷贝到缓冲存贮区予以接收，同时发出回答信息。为了提高通信速率，有的环形网络设置两条环路来实现双向通信，即双环结构，这样，每个节点可以选择最近距离，沿不同的环路与对方通信。但这种双环路结构不但需要增加有关设备，而且控制比较复杂，目前正在研究用单环路实现双向通信。

环形结构的优点是：

（1）环形网中任意两个节点传送信息的路径只有一条，而且方向固定，所以路径选择控制很简单。

（2）因为网络传输信息的延迟时间是固定的，所以易于实时控制。

环形结构的缺点是：

（1）由于信息是绕环通过节点，当节点较多时，影响传输效率，使网络响应时间变长。

（2）不易重新配置网络，因为环路封闭，要扩充比较麻烦，同样，要关掉一部分已接入网的站点也不容易。

（3）如果环中某一节点发生故障会导致整个系统失效；反之，当出现全网不能工作的时候，也难于诊断问题所在的部位，而需要对每个节点进行逐一检测。

环形结构适用于实时控制系统和自动化系统，也有少数计算机局域网采用这种结构。例如，目前在很多智能建筑中，采用以光纤作为传输介质的 FDDI 环形网作为主干网。

5. 网状结构

网状结构如图 2-16（e）所示。网状结构中节点之间有多条线路连接，由于各个节点通常和多个节点相连，所以各个节点都应具有路由选择和控制的功能。

网状结构的优点是：

具有较高的可靠性。因为网络中节点之间多条线路可供选择，所以当某一线路或节点有故障时，不会影响整个网络的工作。

网状结构的缺点是：

（1）由于各个节点都需要具备路由选择和控制的功能，因而网络控制比较复杂。

（2）网络中节点之间有多条线路连接，并需要较多的设备，所以成本较高。

网状拓扑结构一般用于计算机广域网和长途电话网。

因为在实际组建网络时，要考虑的因素很多，例如，网络系统的可靠性、可扩充性，还有网络的工作环境，覆盖范围和安全性，网络性能价格比，安装布线及管理维护的难易程度，以及网络的工作效率，实时性高低、节点位置的变动等诸多因素，所以在选择网络结构时，应充分利用不同结构的长处，针对不同情况选择不同的网络结构，最后把它们组合起来，这就成了第六种网络结构——混合型网络结构，如图 2-16（ f ）所示。

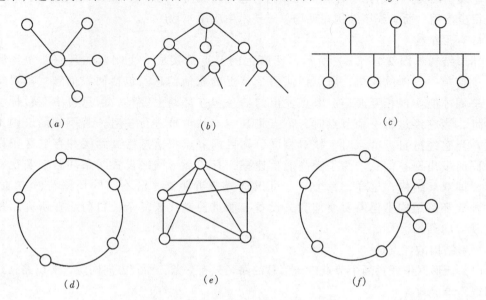

图 2-16　通信网络的主要拓扑结构
（ a ）星型网络结构；（ b ）树形网络结构；（ c ）总线型网络结构；
（ d ）环形网络结构；（ e ）网状网络结构；（ f ）环型和星型的混合结构

第二节　计算机通信

计算机网络为联网的计算机提供了强有力的通信手段。借助于通信媒介，计算机之间可以传递文件、电子邮件、发布新闻以及传输各种电子数据。因特网的主要功能就是数据通信。计算机通信借助于传统通信手段，但突破了传统通信的范畴，其传送的信号中，信息含量高。通信方式也不再是对信号源进行简单的重复模拟，而是在对原信号作了各种加工（例如，压缩和加密）后进行的，因而通信的效率高，通信更加安全。所以，计算机网络是进行计算机通信的前提。

一、计算机网络分类

计算机网络常用的分类方法是按网络分布范围的大小分类，可分成局域网（LAN）、城域网（MAN）和广域网（WAN）；若按网络所用传输介质的特性分类，则可分为基带网和宽带网；而按传输技术来分类，又可分为广播式网络和点到点网络。

（一）局域网（LAN）

局域网（Local Area Network）是一种小范围的网络，一般在几千米以内，以一个单位或一个部门为限，如在一个建筑物、一个工厂、一个校园内等。这种网络可用多种介质通信，传输延迟低，出错率低，具有较高的传输速率，一般可达到 20Mbits/s，当今的高速局域网甚至可达到 1000 Mbits/s。各种校园网、企事业单位内的办公自动化网络，多为局域网。

（二）城域网（MAN）

城域网（Metropolitan Area Network）是较大范围内的一种网络，可以覆盖若干个公司或一个城市。采用的技术与局域网相似，可以支持数据和声音，传输媒体仅使用一条或两条电缆，由于使用广播式介质，将所有计算机连接在双总线上，因此网络设计简单。

（三）广域网（WAN）

广域网（Wide Area Network）不受地区的限制，可以覆盖全省、全国甚至横跨几大洲进行全球联网。这种网络依靠通信子网的信号传输。能实现大范围内的资源共享，通常采用电信部门提供的通信装置和传输介质，传输速率低，一般小于 0.1Mbits/s。

（四）基带网与宽带网

基带网是指网络所用传输介质的通频带完全用于一种信号的传输，"基带"的含义就是原始信号所有固有频率的范围。如以太网就属于基带网。

宽带网是指网络所用传输介质的通频带较宽，可达 300～400MHz，可以用频分多路复用技术，把通频带划分为多个信道，在同一根电缆上同时传送多个信号。如有线电视网就是宽带网。

（五）广播式网络与点到点网络

广播式网络仅有一条通信信道（线路），网上的所有计算机都共享这条信道。一台计算机在该信道上发布的分组信息可被其他所有机器接收和处理，若分组的信息中指明了惟一的目的机器地址，则只有该台机器进行接收和处理。局域网常采用广播方式。

点到点网络由一对对机器之间的多条连接构成。从源机器到目的机器，需要进行路线选择，可能经过多台中间机器才能到达。广域网络常采用点到点方式。

二、计算机网络的拓扑结构

计算机网络结构有多重含义，若指的是按什么形状将计算机连接起来，则称之为网络"拓扑结构"；若指的是用什么硬件组成一个网络，则称之为网络的"物理结构"；若考虑整个网络的分层原理和通信规则，又存在所谓"体系结构"。

网络拓扑是指网络的构型，即网络的"模样"，主要描述网络中各节点的物理关系和逻辑关系。因此网络拓扑又分为"物理拓扑"和"逻辑拓扑"，物理拓扑描述的是网络中各节点相对于其他节点的物理位置及整个网络形状；逻辑拓扑描述信息是如何在线路上控制和流动的，局域网中常说的"以太网"和"令牌环网"指的就是两种逻辑拓扑结构。网络物理拓扑结构（如图 2-17）常见的有以下几种：

（一）总线型

总线（Bus）型结构如图 2-17（a）所示，它的特点是在一条线路上连接了所有站点和其他共享设备，该线路成为总线。这种网络结构在局域网中用的最多。其优点是：线路结构简单，连接方便；容易扩网，当需要增加节点时，只要在总线上增加一个分支接头即可。缺点是：总线长度有限制，总线容易阻塞，故障诊断困难。

（二）星型和树形

星型（Star）结构如图 2-17（b）所示，每个节点均以一条单独线路与中心相连，形成辐射状网络构型。如一般的电话交换系统就是典型的星型拓扑。这种结构的优点是：结构简单容易建网，各节点间相互独立。缺点是：线路太多，如果中心机发生故障，全网停止工作。树形（Tree）结构如图2-17（c）所示，它是星型结构的变形，各节点发送的信息首先被根节点接收，然后以广播方式发送到全网，根节点起到中心的作用，该结构的优缺点与星型结构相似。

（三）环形

环形（Ring）结构如图2-17（d）所示，各节点经过环路接口连成环状构型，数据流在环路上单向流动，若要双向传输数据，则要使用双环结构。在这种结构当中，每个节点地位平等，传输速度快，适合组建光纤高速环形传输网络。

（四）网型

网型（Mesh）结构如图2-17（e）所示，每个节点至少有两条链路与其他节点相连，任何一条链路出故障时，数据报文可由其他链路传输，可靠性较高。在这种结构中，数据流动没有固定方向，网络控制较为松散。大型广域网均属于这种类型。

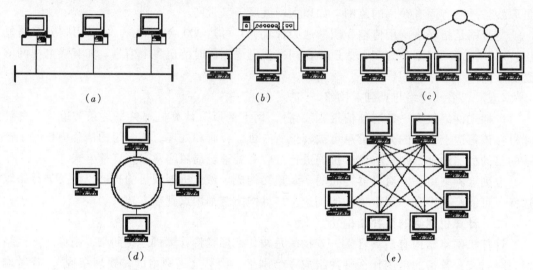

图 2-17　计算机网络的拓扑结构
（a）总线型；（b）星型；（c）树形；（d）环形；（e）网型

一个计算机网络采用哪种拓扑结构，应根据网络大小、性能要求和物理条件来确定，例如早期的局域网多采用同轴电缆总线拓扑结构，而随着硬件的发展，现在的办公局域网大多采用双绞线、光纤星型拓扑结构。

三、常见的几种局域网

（一）以太网

1. 以太网的工作原理

以太网的核心思想是使用共享的公共传输信道，采用典型的总线型拓扑结构，因此又叫总线网，以太网最初采用无源的介质（同轴电缆）作为总线传输的信息，目前以太网可使用不同的介质，传输速率可分为10Mbits/s、100Mbits/s、1000Mbits/s，国际电气和电子工程师学会（IEEE）为此制定了以太网系列的802.3标准。无论那种以太网，对传输介质——总线的使用均采用竞争型的介质访问控制协议，即CSMA/CD，CSMA/CD方法包括载波侦听多路访问、冲突检测及退避算法三个主要内容。

（1）载波侦听多路访问：

在以太网上，总线是一条共享通道，任何时候只允许一个信号在线路上传输。如果各节点随机的发送，必然会发生冲突，各种信号混在一起，成为无用信号。因此必须找到一种保证线路上只有一个信号传输的方法，载波侦听多路访问（CSMA）就是这样的一种方法。该方法的要点是：要发送数据的站点首先对总线进行监听，若发现总线空闲，该站就发送数据帧，否则，该站将按一定的算法等待一段时间再试。由于总线有一定长度，电信号在线路上传播速度有限，因此，一个站点监测到介质空闲，可能并非真正空闲，此时发送数据有可能出现冲突。另外多个站点同时发送数据也有相当概率，所以即使利用载波侦听方法，总线上发生冲突仍是不可避免的。

（2）冲突检测：

既然总线上发生冲突是不可避免的，就应想办法检测出冲突并尽量减少冲突的再次发生。冲突检测的基本方法是：站点一边发送信号，一边从共享介质上接收信号，将发出的信号与接收的信号按位比较，如果一致，说明没有冲突；否则，说明已发生冲突，一旦检出冲突，发送站点立即停止发送，同时向总线发送一串阻塞信号，通知各站点已发生冲突。站点停止发送后，应等待一个时间重新发送，重发时间的控制需要一个算法，以降低再次冲突的概率。

（3）退避算法：

最常用的计算重发时间间隔的算法是二进制指数算法。按此算法，站点每发生一次冲突，控制器延迟一个随机长度的间隔时间，站点等待的时间可能加倍，此算法使发生过多次冲突的帧成功发送的概率变小。故系统设置了最大重传次数，超过这个次数，系统报告超时错误，发送失败。

2．几种常见的以太网

（1）10Base-5。10Base-5是总线型同轴电缆以太网（或称标准以太网）的简略标识符。它是基于粗同轴电缆介质的原始以太网系统。目前由于10Base-T技术的广泛应用，在新建的局域网中，10Base-5很少被采用。

10Base-5的含义是："10"表示传输速率10Mbits/s；"Base"是Baseband（基带）的缩写，表示10Base-5使用基带传输技术；"5"指的是最大电缆段长度为500m。

（2）10Base-2。10Base-2是总线型细缆以太网的简略标识符。它是以太网支持的第二类传输介质，该规范于1985年公布。10Base-2使用50Ω细同轴电缆传输介质，组成总线型网。细同轴电缆系统不需要外部收发器和收发器电缆，减少网络开销，素有"廉价网"的美称，这也是它曾被广泛应用的原因之一。目前由于大部分新建局域网都使用10Base-T技术，所以安装细轴电缆的已不多见。

10Base-2中10Base的含义与10Base-5完全相同。"2"指的是最大电缆段的长度为185m。

（3）10Base-T和100Base-T。

1）10Base-T和100Base-T的主要特点：

10Base-T和100Base-T是目前应用最广的以太网，主要特点如下：

（A）传输介质：10Base-T为3类UTP双绞线；100Base-T为5类UTP双绞线。

（B）插头：RJ-45。

（C）最大传输距离：100m。

（D）信号频率范围：10～20MHz。

（E）典型产品：10Base-T 网卡和集线器。

（F）两个工作站之间最多允许 4 个中继器和 5 个电缆段，即 UTP 电缆的最大长度为 500m。

2）10Base-T 网卡：

（A）10Base-T 网卡分类。10Base-T 网卡按计算机类型可分为 16 位 ISA 总线网卡、32 位 EISA 总线网卡、32 位 PCI 总线网卡、MCA（微通道结构）网卡和 PCMCIA 网卡。

（B）10Base-T 网卡连接器。10Base-T 网卡连接器为 RJ-45，用于连接 UTP 双绞线。

（C）网卡与计算机之间的数据传送方式。网卡与计算机之间的数据传送方式主要有计算机总线、存储器直接存取（DMA）和共享内存等。

（D）典型 10Base-T 网卡产品

目前，生产 10Base-T 网卡的厂商很多，比较知名的有 3Com、Intel、Accton 和 D-Link 公司。

3）10Base-T 集线器：

集线器是局域网技术的核心，10Base-T 集线器是一个具有中继器功能的有源多口转发器，其原理是接收某一端口的信号，经过再生、整形的放大后再转发给其他端口。集线器的另一功能是网络故障自动隔离。目前，以集线器或交换机为中心的星型网络结构已成为工作组级局域网最流行的选择。

（二）千兆以太网

千兆以太网（Gigabit Ethernet）是提供 100Mbps 数据传输速率的以太网。GE 是对 10Mbps 和 100MbpsIEEE802.3 以太网非常成功地扩展，它和传统以太网使用相同的 IEEE802.3CSMAD/CD 协议、相同的帧格式和相同的帧大小（64～1518 字节）。千兆以太网与现有以太网完全兼容，仅仅是速度更快，它的传输速率达到 1Gbps。千兆以太网支持全双工操作，最高速率可以达到 2Gbps。

千兆以太网信号系统的基础是光纤信道，有关光纤技术的标准是由 ANSI 制定的，在 ANSIX.230-1994（FC-PH）文档中描述了这些标准。光纤信道标准定义了五层操作，千兆以太网使用 FC0 和 FC1 层，其中，FC0 层定义的是物理链路，FC1 层定义的是 8B/10B 编码方案的编码和解码操作。千兆以太网系统采用 8B/10B 编码方案，并以 1.25G 波特的速率在信道上发送信号，以达到 1Gbps 的传输速率。

千兆以太网的物理层标准规定了 4 种介质标准，短波长激光光纤系统标准 1000Base-SX，长波长激光光纤系统标准 1000Base-LX，铜线介质系统标准 1000Base-T，如图 2-18 所示。

（三）令牌环网与令牌总线网

1. 令牌环网

令牌环网使用一个标记（令牌）沿着环传播，当各站都没有数据发送时，令牌的形式为空令牌。某个站要发送帧时，需等待空令牌到达，然后将它改为忙令牌，紧跟在忙令牌后面，把数据发送到环道上。由于令牌是忙状态，其他站不能发送帧，只能等待。当发送的帧在环上循环一周回到发送站后，将该帧从环上移去，同时忙令牌被改为空令牌，传往后面的站，使其他站可以获得发送的许可权。

令牌环由于采用单方向传输，不存在碰撞问题，所以传输速率很高。

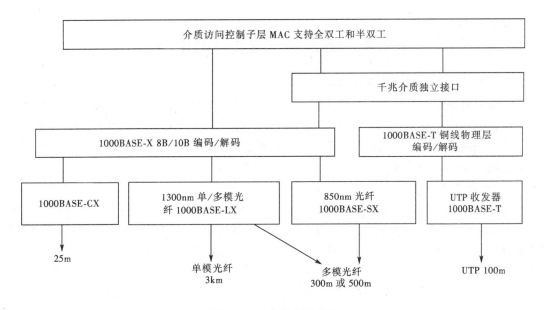

图 2-18　千兆以太网系统

2．令牌总线网

令牌总线网采用总线结构的物理布局，各站点共享传输介质，但数据的传输却采用令牌的方式，即每一个站点都赋予一个顺序的逻辑地址，所有的站点组成一个逻辑环，令牌信号在逻辑环间依次传递，站点只有取得令牌权才能向总线发送帧，而带有目的地址的令牌帧传输到总线上所有的站点，当目的站识别出符合它的地址，即把该令牌帧接收，由于只有收到令牌权的站点才能将信息帧送到总线上，因此，各站点不会去争用总线，不产生冲突，在负载较重时（即要求传送的站点较多时），具有较高的效率。

（四）ATM 网

ATM（Asynchronous Transfer Mode）意指异步传输模式，是为高速数据传输和通过公共网或专用网传输多种业务数据而设计的。它是一种以小的、固定长度的包为传输单位（cell-信元），面向连接的分组交换技术。

ATM 的基本思想是将数据分割成小的、固定长度的包，我们称之为信元，然后，以信元为基本单位，通过信元的交换机（ATM Switching）转发它们，实现信元交换。由于信元是固定长，且信头又很简单，所以 ATM 网络能够用硬件实现信元的快速转发和对时间延迟及抖动要求严格的业务类型的数据传输，并能充分利用物理层资源。

在 ATM 网络中，两个节点想进行通信对话时，首先要在它们之间建立连接，即建立一条虚拟通道。该连接一直保留到对话结束才关闭，对用户而言，这个连接一旦建立就是永久的，但实际不是。在 ATM 中建立连接意味着选择一条从源到目的地的路径，以便传输信元。因为通过 ATM 传输信息，必须建立连接，所以 ATM 是一种面向连接的技术。

ATM 网络的数据传输速率高，一般为 25Mbps～20Gbps，如 155.52Mbps（OC-3）、622.08Mbps（OC-12）。并且能够提供质量保证 QOS 服务，ATM 为不同的的业务类型分配不同等级的优先级，如为视频、声音等对时延敏感的业务分配高优先级和足够的带宽。ATM 网络具有很好的扩充能力，易升级，易延展。

第三节　网络体系结构和网络协议

一、组成计算机网络的两级结构

计算机网络是一个非常复杂的大系统，为了简化研究分析工作，根据通信和数据处理的功能，现在都把计算机网络设计成两级结构的形式，一级是资源子网，一级是通信子网。资源子网主要完成数据存贮、数据处理的功能，通信子网主要完成数据传输、数据交换的功能，如图 2-19 所示。

（一）资源子网

图 2-19 中的外层为资源子网，它主要由主计算机（H）、主计算机中的软件资源（如数据库和应用程序）和请求利用资源的用户终端（T）组成，它们称为访问节点，负责网络的数据处理工作，并向网络用户提供各种软、硬件资源和网络服务。

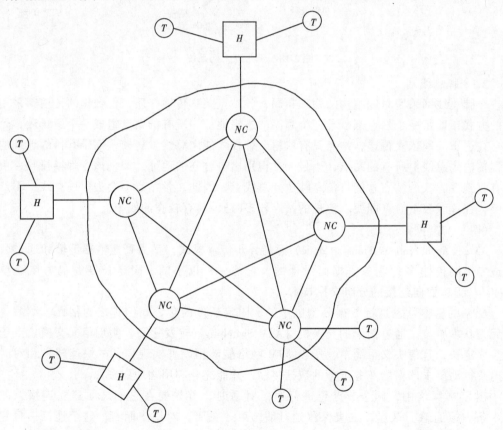

图 2-19　计算机网络的两级结构形式

（二）通信子网

图 2-19 中的内层为通信子网，它主要由转接节点（NC）和高速通信线路组成。转接节点（NC）是指通信控制处理机、集线器、集中器、终端控制器、交换机、路由器等设备，它们可连接一台或多台主计算机、一个或多个终端。通信子网承担网络的数据传输、交换、加工等通信业务工作，它们的任务是在访问节点之间传送信息。计算机网络的拓扑

结构就是指通信子网的拓扑结构。

为避免重复投资、重复建设，广域网通常利用现有的公用通信网作为通信子网。例如，Internet 网就利用了公用电话网作为自己的通信子网，从而把它的触角伸到了世界每一个角落。

二、计算机网络体系结构

（一）网络分层次体系结构的设计

建立计算机网络的目的是实现资源共享和信息交换，为达到这两个目的，网络中的节点计算机必然要进行通信。但网络中的通信工作是十分复杂的，它要涉及到收发两端一系列相互作用、相互影响的过程，如果在网络设计工作中，将它们作为一个整体处理，就会觉得顾此失彼、毫无头绪，并且，若今后要对某一部分进行改动，就会牵一发而动全身，所以这种办法是不可取的，也是行不通的。如果采用类似于软件开发技术中结构化、模块化的设计技术，将其化整为零，就可以使问题大大简化，这就是通过分层和分层协议相结合的办法来解决这个问题。也就是把网络中计算机之间通信的任务不交给单一的程序来完成，而用一组功能彼此相关的程序模块来实现，各个模块之间以层次结构进行组织，在两个对等层之间按规定的协议通信。在网络分层结构中，每个层次在逻辑上都是相对独立的，每一层都有具体的功能，层与层之间的功能有明显的界限，每两个相邻层是通过"接口"进行连接，低层通过接口向它的上一层提供服务，而上一层又在它下一层提供的服务的基础上实现更高一级的服务。对上一层来说，它不需要了解其下一层是如何实现这一服务的。

对结构化的网络协议，将层和协议的集合叫做网络体系结构。

（二）网络分层次结构的优点

（1）因为各层的功能相对独立，给修改和更新工作带来极大的便利。随着软硬件技术的不断发展，各层次的协议很容易改变，每个层次的内部结构可以重新设计，但这些并不影响相邻层次的接口和服务关系。

（2）由于各层次设计得相对简化，所以就可以采用最合适的软、硬件技术实现其功能。

（3）为满足一些特殊通信需要，一个层次中可以再划分出一些子层。当不需要某层的服务时，又可将该层旁路。

（4）易于维护。一个功能部件或接口上出现的问题不会影响整个网络系统，使查找故障的范围大大缩小。

（5）有利于促进网络标准化。因为各层的功能和提供的服务都有了明确的定义和说明，各厂商实现起来就有一个统一的标准，这样就为不同网络互联奠定了基础。

（三）关于网络协议的概念

上面讲过，在网络分层次结构中两个对等层之间是按规定的协议进行通信的，那么，什么是网络协议呢？

网络协议就是：两个通信体之间通信时，对所传送信息内容的表达方式、理解方式以及应答方式等双方必须共同遵守的约定，即两者互相都能接受的、能保证通信的一些规则的集合。它可以在物理线路的基础上，构成通信体间逻辑上的连接，实现计算机、终端或其他通信设备之间的信息交换。

网络协议由以下三部分组成：

（1）语法（Syntax）。定义数据格式、编码方式以及逻辑值 0 和 1 参考对应的信号电平。

（2）语义（Semantics）。定义信息流量、控制信号的种类以及应答方式。

（3）时序（Timing）。定义数据传输速率、连接匹配和实现顺序。

三、ISO/OSI 网络体系结构

（一）ISO/RM 参考模型

在计算机网络发展的初期，各类计算机厂商出于竞争的需要，纷纷提出自己的网络体系结构，并制定了自己网络标准和网络协议，而且不断发展和完善。例如，IBM 公司 1974 年首次提出的系统网络体系（SNA），美国 DEC 公司 1975 年提出的数字网络结构（DNA），以及国际电报电话咨询委员会（CCITT）1976 年公布的公共数据网 X.25 协议等。另外，日本、西欧的各大厂商也先后提出相应的网络体系结构。虽然这些厂商和组织提出的网络体系和协议均应用了分层次的网络体系结构，但是因为他们采取了各自为政的分层原则，运用了不同的分层原理，使这些网络体系结构有很大差异，各厂商按不同网络标准产生的网络产品很难互联。随着网络技术的快速发展和应用的广泛普及，人们迫切需要一种标准的网络体系结构，使各种网络产品统统标准化。为此，国际标准化组织（ISO）在博采众家之长的基础上于 1984 年颁布了"开放系统互联"（OSI）的参考模型，简称 ISO/RM 参考模型。该模型是一个分 7 层的网络体系结构，如图 2-20 所示。所谓开放系统互联（OSI）是指计算机在网络中的互连性、互通性和互操作性。ISO/RM 模型运用分层结构技术，把整个网络的通信功能划分为 7 层，由低到高分别是物理层、数据链路层、网络层、传输层、会话层、表示层和应用层。其中，物理层、数据链路层、网络层主要实现信息传输功能，属于通信子网范畴，底下两层协议一般由专门的通信芯片实现，可直接做在网卡上；而会话层、表示层和应用层主要实现与使用者对话以及运用程序的功能，所以属于资源子网范畴；传输层则起衔接上三层和下三层的作用。ISO/RM 模型的高层协议（包括传输层协议）基本由软件来实现，被网络操作系统所控制。两个节点间传送数据的大致过程是：首先从发送节点的高层向低层发送，每向下发送一层，就根据该层协议添加上该层报头，到达物理层后，通过物理通道再传送到接收节点的物理层，然后再从接收节点的物理层向上传送，每向上传送一层则去掉一个相应的报头。

（二）关于 OSI 协议的说明

ISO/RM 参考模型中各层的功能是通过符合协议的每一层软件和硬件来实现的。国际标准化组织（ISO）除了定义 ISO/RM 参考模型外，已开发了或正在开发实现这个 7 层次功能的各种协议和服务标准（通常和 CCITT 合作），这些协议和服务标准通称为"OSI 协议"。值得提出的是，OSI 协议中大部分物理层和数据链路层协议采用了现有的协议，而数据链路层以上的协议是 ISO 自己制定或在参考其他协议基础上制定的。ISO 研究开发 OSI 协议的目的同样是想制定出能适合所有网络的国际标准，然而，实现这一目标需要在各个国家和其他一些专业国际标准化组织以及各厂商中取得一致意见，而这是一个漫长的过程。

（三）ISO/RM 参考模型 7 层功能的概述

1. 物理层

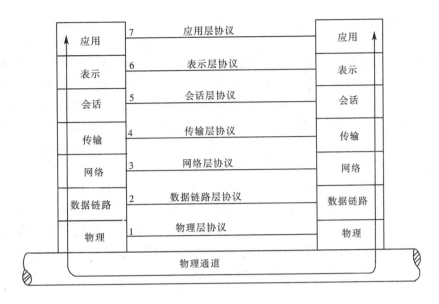

图 2-20 ISO/RM 参考模型

此层规定通信设备和传输介质的电气、机械特性，起到系统和传输介质之间物理衔接作用，实现收、发两端通信链路的建立、保持和拆除功能。物理层上执行的一些协议功能有：根据是全双工还是半双工通信方式，控制信道数据传输的方向，确定逻辑值"0"和"1"对应的电平值，确定以一个二进制位为单位进行传输，规定收、发双方的应答方式，以及连接器件的尺寸、插脚数目和每一根连线的用途等。物理层通常用的传输介质为双绞线、同轴电缆、光纤等。物理层采用了多种现成的标准和协议，其中包括 RS-232、RS-449、X.21、V.35 等。

2．数据链路层

此层的功能是，使节点之间的数据传输分帧进行，各帧按顺序传送。帧是一系列二进制位组成的信息单元，也称为数据包，数据分帧并给每帧加上一些控制位即称为数据打包。此层还能检测出传送的帧是否有误，并能对错误进行校正，从而提供一条可靠的数据传输链路，使网络层不必顾虑物理层的特性（实际传输介质）而正常工作。数据链路层也采用了当前流行的协议，其中包括 HDLC、LAP-B 以及 IEEE 802 的数据链路层协议。

3．网络层

此层负责把传输层送来的数据分组，并控制其传送，其中主要是进行路由选择。它可以根据网络的负载情况动态确定路径，它还要进行流量控制，防止网路阻塞。另外，此层还具备使网络互连的功能，当传送的数据分组跨越一个网络的边界进入另一个网络时，网络层能对两个不同网络中分组的长度、寻址方式等进行交换，使不同网络能够互联。常见网络层协议有 IP、IPX 等。可分为无连接（CONS）和面向连接（CNLS）两种。

4．传输层

传输层是整个协议层次中最核心的一层，它的作用是从会话层接收数据，然后再传给网络层，并用多路复用或分流的方式使数据传输高效地进行。传输层能提供一条可靠的、透明的数据传输路径，并能进行错误校正和流量控制，使会话层无需关心下面通信网络的工作细节。传输层常见的协议有 TCP、SPX 等。

5. 会话层

会话层利用传输层提供的端到端数据传输服务，具有实施服务请求者与服务提供者之间的通信，属于进程间通信范畴。此层还对数据传送进行控制和管理。例如，如果有许多节点同时进行传送与接收数据，则此时会话层就要决定各个节点何时接收、何时发送才不至于发生"撞车"，这叫会话管理服务。同时，此层还能将长的谈话内容（传输一个长的文件）分开，进行分段传输，哪一段出现错误，再重传此段，这叫对话服务。

6. 表示层

表示层的功能是解释数据的含意，使应用层能够读懂。因为每台计算机都有自己内部的数据表示方式，所以需要表示层通过转换来保证不同计算机能相互"理解"。表示层以下各层只关心如何可靠地传输数据，而表示层关心的是所传数据的表现方式以及它的语法和语义。例如，它可以完成不同计算机之间字符串，整数、浮点数的表示方式的转换，ASCII 等字符的编码方式出可在这层实现。加/解密、压缩/解压缩等也在这一层完成。

7. 应用层

应用层负责建立网络中应用程序操作系统间的联系，并且管理二者相互连接起来的应用系统以及系统使用的应用资源，提供直接面向网络最终用户的服务。这些服务有文件传输、访问管理、远程作业运行、电子邮件以及终端仿真（虚终端）等。对于局域来说，网络协议只包含物理层、数据链路层这两层，因为局域网不存在路由选择问题，所以，可不单独设置网络层，而把寻址、流控、排序、差错控制等功能放在数据链路层实现。

四、几种常见的网络协议

（一）TCP/IP 协议

虽然 ISO/RM 参考模型非常完美，但目前尚没有实用，现今广域网上最为流行的协议是 TCP/IP 协议。TCP/IP 协议是由美国国防部高级计划研究署（ARPA）于 20 世纪 60 年代开始研究并成功开发出来的，当时的开发目标是使异型计算机能在一个共同的环境中运行。今天，它不仅成为 Internet 的标准，而且几乎适用所有计算机，因此，TCP/IP 也被认为是"事实上的标准"。TCP/IP 是多台相同或不同类型的计算机进行信息交换的一组通信协议所组成的协议集，它已成为一种网络体系结构，而 TCP 和 IP 是其中两个最重要的协议。TCP（Transmission Control Protocal）是传输控制协议，它的作用是，确保所有传送某个计算机系统的数据能正确无误地到达该系统。IP（Internet Protocal）是网络间互联协议，它的作用是，制定所有在网络上流通的数据包标准，提供可靠的数据传输服务。现将 TCP/IP 协议和 ISO/RM 作一对照，以便更清楚地了解其网络协议的结构，见图 2-21。

为拓展应用着想，TCP/IP 还预留了多种程序级的网络开发接口，提供了不同层次、不同类型的网络服务功能，为网络应用技术的开发带来了极大的便利。

（二）IEEE 802 协议

IEEE 802 协议是国际电气电子工程师学会（IEEE）于 1982 年为局域网制定的有关标准，目前常用的微机局域网都实行这个协议标准。IEEE 802 参考模型仿效了 ISO/RM 模型，并以其为基础也设计为 7 层模型的形式，但它只定义了局域网对应 OSI 协议的最下面

应 用 层 Application	应 用 层 Process FTP SNTP TELNET
表 示 层 Presentation	
会 话 层 Session	
传 输 层 Transport	主要通讯层 TCP Host-To-Host
网 络 层 Network	网际层 Internet
数据链路层 Data link	网络界面层 Network Access
物 理 层 Physical	

图 2-21　TCP/IP 与 ISO/RM 的比较图

两层，即物理层各数据链路层，并将这两层进行了再分解，而第 3 层到第 7 层的结构基本未作变动，其功能留给网络厂商去作决定。IEEE 802 协议主要为局域网使用，例如，802.3 用于 Ethernet 网络（以太网），802.5 用于 Token Ring（令牌环网），802.6 用于城域网。

（三）IPX/SPX 协议

IPX/SPX 协议是在 Novell 中使用的协议。Netware 是美国专业网络公司 Novell 公司开发的一种用于 Novell 网的高性能网络操作系统。IPX 是网间分组交换协议，它的主要功能是在网络之间进行路由选择和转发数据分组，是工作站和文件服务器互相通信的协议，它对应 ISO/RM 中网络层。SPX 是顺序分组交换协议，它的功能是进行分组排序和重传，从而保证信息流按序、可靠地传输，它对应 ISO/RM 的传输层。

第四节　宽带网技术

一、综合业务数字网（ISDN）

由于数字技术的发展，使得话音和非话音业务等都能以数字方式统一起来，综合到一个数字网中传输、交换和处理。用户只要通过一个标准的的用户/网络接口即可接入被称作综合业务数字网（ISDN）的系统内，实现多种业务的通信，ISDN 网组成如图 2-22 所示。

ISDN 是以电话 IDN 的概念为基础发展而成的网络，它提供端对端的数字连接性，用来提供包括话音和非话音业务在内的多种业务，用户能够通过一组标准多用途的用户/网络接口接入到整个网络。

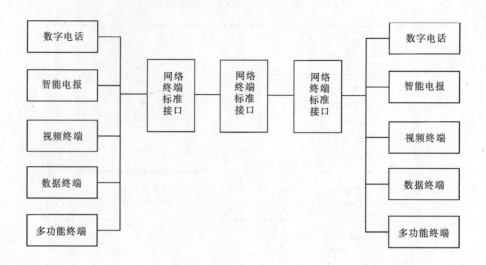

图 2-22　ISDN 网组成框图

（一）结构和工作原理

1．ISDN 信道类型

信道是提供业务用的具有标准传输速率的传输信道，它表示接口信息传送能力。信道根据速率、信息性质以及容量可以分成几种类型，称为信道类型。

（1）B 信道：

B 信道用来传送用户信息，传输的速率为 64kbit/s，B 信道上可以建立三种类型的连接：电路交换连接、分组交换连接、半固定连接（等效于租用电路）。

（2）D 信道：

D 信道的速率为 16kbit/s 或 64kbit/s，它有两个用途：第一，它可以传送公共信道信令，而这些信令用来控制同一接口上的 B 信道上的呼叫；第二，当没有信令信息需要传送时，D 信道可用来传送分组数据或低速的遥控、遥测数据。

（3）H 信道

H 信道用来传送高速的用户信息，如高速传真、图像、高速数据、高质量音响及分组交换信息等。H 信道有三种标准速率：

H_0 信道——384kbit/s；

H_{11} 信道——1536kbit/s；

H_{12} 信道——1920kbit/s。

2．ISDN 接口结构

（1）基本接口：

基本接口（BRI）也叫基本速率接口，是把现有电话网的普通用户作为 ISDN 用户线而规定的接口，它是 ISDN 最常用、最基本的用户网络接口，是为了满足大部分单个用户的需要设计的。基本接口由两条传输速率为 64kbit/s 的 B 信道和一条传输速率为 16kbit/s 的 D 信道构成，即 $2B + D$。两个 B 信道和一个 D 信道时分复用在一对用户线上。由此可得出用户可以利用的最高信息传输速率是 $2 \times 64 + 16 = 144$kbit/s，再加上帧定位、同步及其他控制比特，基本接口的速率达到 196kbit/s。

（2）基群速率接口：

基群速率接口（PRI）或一次群速率接口主要面向设有 PBX 或者具有召开电视会议所需的高速信道等业务量很大的用户，其传输速率与 PCM 的基群相同。由于国际上有两种规格的 PCM 的基群速率，即 1544kbit/s 和 2048kbit/s，所以 ISDN 用户-网络的基群速率接口也有两种速率。

采用 1544kbit/s 时，接口的信道结构为 $23B+D$，其中 B 信道的速率为 64kbit/s，考虑到基群所要控制的信道数量大，所以规定基群速率接口中 D 信道的速率是 64kbit/s。$23B+D$ 的速率为 $23\times64+64=1536kbit$，再加上一些控制比特，其物理速率是 1544kbit/s。

采用 2048kbit/s 时，接口的信道结构为 $30B+D$，其中 30 个 B 信道的速率为 $30\times64=1920kbit/s$，加上 D 信道及一些控制比特，$30B+D$ 基群速率接口的物理速率为2048kbit/s。

基群速率接口还可用来支持 H 信道，例如，可以采用 mH_0+D，$H_{11}+D$ 或 $H_{12}+D$ 等结构，还可以采用既有 B 信道又有 H_0 信道的结构：$nB+mH_0+D$。

（二）业务功能

（1）ISDN 在语音方面的应用，如同声广播、高质量语音广播、会议电话。

（2）ISDN 在局域网的应用。

（3）ISDN 的视频应用。如桌面系统、集中图像管理、远端教学、医疗。

（4）基于计算机应用的主叫用户线显示。

二、高比特率数字用户线（HDSL）

20 世纪 70 年代后期，美国率先开始研究如何利用双绞铜线对向用户提供 N-ISDN 基本速率业务。随着技术的进步，尤其是大规模集成电路技术日趋成熟，美国 Bellcore 公司在 20 世纪 80 年代中期提出了数字用户线（DSL，Digital Subscriber Line）技术，并达到了传输 $2B+D$ 基本速率的要求（即：2 路 64kbit/s 话音和 1 路 16kbit/s 数据）。但当进一步传输 T1（1.544Mbit/s）/E1（2.048Mbit/s）速率时，码间干扰和串音较为严重，为进一步改善通信质量，又诞生了高比特率数字用户线（HDSL，High-data-rate Digital Subscriber Line）技术。

（一）基本结构与工作原理

HDSL 的系统结构如图 2-23 所示。

图 2-23　HDSL 的系统结构

图 2-23 中 HDSL 线路终端单元（LTU）是 HDSL 系统的局端设备，它提供交换机与系统网络侧的接口，并将来自交换机的信息流透明地传送给远端用户侧的 NTU 设备。

图 2-23 中的 NTU 的作用是为 HDSL 系统提供远端的用户侧接口，它将来自交换机的下行信息经接口传送给用户设备，并将用户设备的上行信息经接口传向业务节点。

HDSL 系统采用了先进的数字信号自适应均衡技术和回波抵消技术来消除传输线路中的近端串音、脉冲噪声、电源噪声以及因线路阻抗不区配而产生的回波对信号的干扰，从而能够在现有的电话双绞铜线对上全双工地传输 T1/E1 速率的数字信号，与以往系统相比，其无中继传输距离可延伸 3～6km（线径为 0.4～0.6mm），同时适应性和兼容性都较好。

目前 HDSL 系统制式有两种类型，其一是美国国家标准化委员会（ANSI）-T1E1.4 工作组制定的规范，它采用 2B1Q 编码，每对铜线传输速率为 784kbit/s，共需两对双绞线，可传输 1T（1.544Mbit/s）速率信号；其二是欧洲电信标准化委员会（ETSI）制定的规范，它包括有两种版本：若两对双绞线并用，每对线速率为 1168kbit/s；若三对双绞线并用，每对线速率为 768kbit/s，它们均可用于传输 EI（2.048Mbit/s）速率信号。

系统在两对双绞上传输性能皆优于 2B1Q HDSL 系统在三对双绞线上的性能。如果都在 2 对线上传输，CAP HDSL 系统的误码边界比 2B1Q HDSL 系统至少大 4～6dB，且 24 小时内平均误码率可达 1×10^{-11}，对于 0.4mm、0.8mm 和 0.9mm 线径的传输距离分别大于 4km、10km 和 11km。

下面以 ETSI 建议的二对系统为例进一步说明其工和原理。

HDSL 系统中局端设备和远端设备的组成框如图 2-24 所示，主要由发送器、接收器、混合线圈、回波消除器、接口等组成。

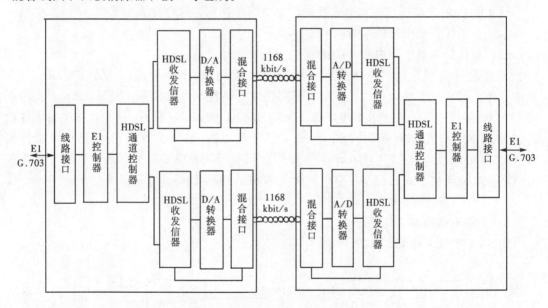

图 2-24　HDSL 系统中的设备

在发送端，E1 控制器将经过接口送入由 E1（2.048Mbit/s）信号进行 HDB3 码解码和帧调节后输出；通道控制的作用十分关键，它在保留 E1 原有帧结构及时隙的基础上，将其分成两路（每路码速为 1168kbit/s）。经过加扰和适当的线路编码（如：2BIQ 码等）后输出；后经收发信器的脉冲整形和 D/A 转换器及模拟的混合接口送入双绞铜线对传至对端。由于在 HDSL 系统中采用的是全双工传输方式，收发信号是叠加在一起传送的，因而在每一传输方向上的速率可以降低一倍，从而减小了信号带宽和线路中信号的衰减幅度，增加了传输距离。

在接收端，来自线路上模拟信号经混合接口电路后，通过 A/D 转换器，将其变成脉冲码；由收发信器对其进行回波抵消、数字滤波与自适应均衡，以消除回声、噪声及各种干扰；处理后的脉冲码经过通道控制器的解码和去扰，合二为一；再经控制器进行帧调节和 HDB3 编码，由接口送出 E1 信号（2.048Mbit/s）。

线路上的传输码率比 E1 速率稍高一些，其附加部分用于系统本身的组帧及维护管理。

（二）业务功能

HDSL 系统是双向传输系统，主要支持 2Mbit/s 以下的业务。如：

（1）ISNL 基础速率接入。

（2）普通电话业务。

（3）租用线业务。

（4）分租数据业务。

（5）n×64kbit/s 业务。

（6）2Mbit/s 业务（成帧和不成帧）。

利用现有规模庞大的铜线用户网，可以较少的投资，实现高速率业务通信，在很大程度上提高了双绞铜线对的利用率。

三、不对称数字用户线（ADSL）

HDSL 技术要用两对（或三对）双绞线，最高传输速率只有 1.544Mbit/s 或 2.048Mbit/s，虽然它能够开通较多的电信业务，如快速传真、快速数据交换、传送一般视频信号等，但对大多数普通用户来说，他们只拥有一对电话线，且主要要求除电话业务外，还希望能够传送高质量的实时活动视频业务（如：转播体育比赛等），那么如何才能实现在一对电话双绞线上开通电话、高清晰度电视、交互式数据等多种业务？在这种情况下，不对称数字用户线（ADSL，Asymmetric Subscriber line）系统应运而生。

ADSL 系统也是利用双绞铜线对作为传输媒介，但采用了先进的技术来提高传输速率，可向用户提供单向宽带业务（如：HDTV）、交互式中速数据业务和普通电话业务，它与 HDSL 系统相比，最主要的优点是能够实现宽带业务的传输，为只具有普通电话又希望具有宽带视频业务的分散用户提供服务。

（一）基本结构与工作原理

ADSL 技术结构图如图 2-25 所示。图 2-25 中所示的双绞线上的传输信号的频率可分为三个频带（对应于三种类型的业务）：普通电话业务（POTS）；上行信道，通过 144kbit/s 或 384kbit/s 的控制信息（如：选择节目）；下行信道，传送 6Mbit/s 的数字信息（如：高清晰度电视节目）。通过 ADSL 系统中的局端设备和远程设备，即可使一般的交换局向用户提供上述宽带业务。

ADSL 系统中所说的"不对称"是指上行和下行信息速率的不对称，一个高速，一个低速。即高速的视频信号下行传输到用户和低速的控制信号上行从用户到交换局，且允许

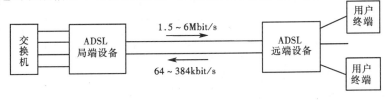

图 2-25　ADSL 系统结构

实现双向控制信令，使用户能交互控制输入信息来源。另外还可使用户在进行电话联络时不影响数字信号的传输。

ADSL 系统中采用的线路编码技术优先采用离散多音频（DMT）调制方式。

（二）业务功能

ADSL 系统利用一对双绞铜线对可同时提供三类传输业务，即普通电话业务、单向传输的影视业务和双向传输的数据业务。新增的这些业务是以无源方式耦合进普通电话线的，ADSL 系统的相关设备出现故障，并不影响用户打电话。

表 2-1 给出了 ADSL-T1E1.4 工作组建议的 ADSL 传输业务分类，表 2-2 给出了相应的业务功能及所需带宽，表 2-3 给出了速率、线径与距离的对应关系。

1．下行数字信道

下行数字信道传输速率为 6Mbit/s 左右，可提供 4 条 1.5Mbit/s 的 A 信道（相当于 4 条 T1 业务信道），每条信道可传送 MPEG-1 质量的图像；或 2 条 A 信道组合起来传送更高质量的图像（如 2 套实时体育节目转播或 1 套 HDTV 质量的 MPEG-2 信号（6Mbit/s））。

2．双工数字信道

双工数字信道高传输速率为 394kbit/s，可提供 1 条 384kbit/s 的 ISDN H_0 双向信道；或 1 条 ISDN 基本速率 $2B+D$ 信道（144kbit/s）；还提供 1 条信令/控制信道，用于视频点播时，可通过该信道遥控下行 A 信道上的传送节目，如"快进"、"搜索"、"暂停"等。

3．普通电话信道

普通电话业务占据基带。

综上所述，ADSL 系统使用灵活、投资少、见效快，不仅可以提供传统的电话业务，还能为用户提供多种多样的宽带业务，是一种较好的铜线接入方式，它目前存在的主要缺点是：容量小，用户的模拟电视机需加机顶机，环境噪声影响接收机灵敏度、频谱兼容性等。这些缺点尚需进一步研究解决。

表 2-1

类　　别	单工（视像）	双工（数据）	基本电话业务
1	6.144Mbit/s	160～576kbit/s	4kHz
2	4.608Mbit/s	160～384kbit/s	4kHz
3	3.072Mbit/s	160～384kbit/s	4kHz
4	1/536Mbit/s	160kbit/s	4kHz

表 2-2

业务种类	所　需　频　带	
	下行信道	上行信道
电视	3～6Mbit/s	0
电视点播	1.5～3Mbit/s	16～64kbit/s
交互式可视游戏	1.5～6Mbit/s	低
电视会议	384kbit/s	384kbit/s
N-ISDN 基本速率	160kbit/s	160kbit/s

表 2-3

传输速率（Mbit/s）	铜线线径（mm）	传输距离（km）
6.0	0.4	1.8
4.6	0.4	2.4
3.0	0.4	2.7
3.0	0.5	3.7
1.5	0.4	5.5

以上简介了数字线对技术、高比特率数字用户线技术和不对称数字用户线技术等原理与应用。以这些基本原理为基础，根据实际的需要可以变化出一些其他的传送技术。例如：单线对数字用户线（SDSL，Single-line Digital Subscriber Line），它与HDSL相类似，可在两个方向（即上下行和下行）传送T1信号，但它只利用一对双绞铜线对，传送距离受限，一般为3km左右，可用于住宅电视会议或远端LAN接入等。再如：更高数据速率数字用户线（VDSL，Very-high-data Digital Subscriber Line），它的传送带宽很宽，在一对双绞铜线对上，下行速率可达3~52Mbit/s，上行速率可达1.5~2.3Mbit/s，从而可实现HDTV的传送，但传送距离较短，一般范围为300m~1.4km。另外，还有VADSL等性能更好的系统。

在实际应用时，可根据具体情况，选用相同的铜线接入技术，但要特别指出的是：这些技术虽然能提高双绞线的传输能力，但也仅仅是一种避免敷设新电缆、推迟敷设光缆而又能应付当前业务增长需要的过渡措施，从长远发展来看，若条件许可，应尽可能多地采用光纤接入网。

四、光纤接入网（OAN）

随着信息化社会的发展，人们对通信服务的种类要求越来越多，尤其是随着计算机技术开始进入千家万户，各种多媒体技术令人眼花缭乱。面对这日新月异的通信发展局面，铜线传输所固有的一些弱点已显露无遗，如传输频带窄、损耗大、机线陈旧、地下管道拥挤、维护费用过高、难以支持多媒体和宽带新业务等，尽管已采取了一些改进措施和新技术手段，但还是受到铜线的种种制约，因此必须对传输媒质进行更新换代，否则如图2-26所示的"瓶颈"难以消除。在这种形势下，光纤接入网应运而生，并得到了极为迅速的发展，已成为信息网络建设中的热点之一。另外随着计算机通信及网络技术的成熟与发展，也有力地促进了光纤接入网的发展与应用。

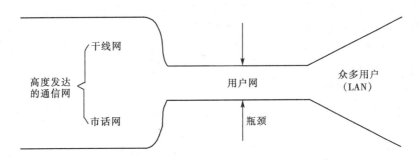

图2-26　铜线用户网的"瓶颈"效应

所谓光纤接入网（OAN，Optical Access Network）是指在接入网中用光纤作为主要传输媒体来实现信息传送的网络形式，它不是传统意义上的光纤传输系统，而是针对接入网环境所设计的特殊的光纤传输网络。

（一）光纤接入网参考配置

如何从理论上和标准化上给出光纤接入网的模型和基本结构是一个十分重要的问题。

光纤接入网采用光纤作为主要的传输媒介，而交换局交换的和用户接收的均为电信号，所以在交换局侧要进行电/光交换（E/O），在光网单元（ONU）要进行光/电交换

（O/E），才可实现中间线路的光信号传输，见图 2-27 所示。

图 2-27　光纤接入网示意图

光纤接入网的参考配置如图 2-28 所示，该图是无源光网络（PON）为例，并与业务和应用无关的接入网参考配置示例，但原则上它也适用于其他配置结构。

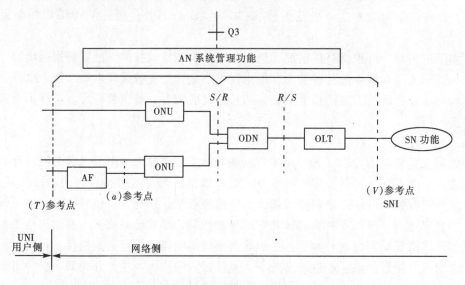

图 2-28　OAN 的参考配置

在图 2-28 所示的结构中，包括了四种基本功能块；即光线路终端（OLT）、光配线网（ODN）、光网络单元（ONU）以及适配功能块（AF）；主要参考点包括光发送参考点 S、光接收参考点 R、业务节点间参考点 V、用户终端参考点 T 及 AF 与 ONU 之间的参考点 a；接口包括网络管理接口 Q3 及用户与网络间接口 UNI。因此，我们可以将光纤接入网定义为共享同样网络侧接口，且由光接入传输系统支持的一系列接入链路，并由 OLT、ODN、ONU 及 AF 所组成网络。

考虑到网络成本、统一性及传输业务的速率不高等因素，OAN 中使用的光纤目前只建议采用 G.652 单模光纤。

OLT 和 ONU 之间的传输连接既可以一点对多点，也可以一点对一点的方式，具体的ODN 形式要根据用户情况而定。至于传输方式，则可以是多种多样，如：空分复用（SDM），波分复用（WDM），幅载波复用（SCM），时间压缩复用（TCM）等，而接入方式一般以时分多址接入（TDMA）为基础。

（二）光纤接入网拓扑结构

所谓拓扑结构是指传输线路和节点的几何排列图形，它表示了网络中各节点的相互位置与相互连接的布局情况。网络拓扑对网络功能、网络造价及可靠性等具有重要影响。

光纤接入网的三种最基本拓扑结构是；总线型、环形和星型，由此又可派生出总线-星型、双星型、双环形等多种组合应用形式，它们各有特点，可互相补充。选择采用何种拓扑结构的关键在于不仅要充分考虑如何共享线路设备及交换、复用设备，而且还要充分考虑用户在某些域内有分配情况，以及某些具体情况。

1. 总线型结构

顾名思义，总线型结构是以光纤作为公共总线（母线）、各用户终端通过某种耦合器与总线直接连接所构成的网络结构，如图2-29所示。这种结构属串联式结构，其特点是：共享主干光纤，节省线路投资，增删节点容易，彼此干扰较小。其缺点是损耗累积，用户接收机的动态范围要求较高，对主干光纤的依赖性太强。

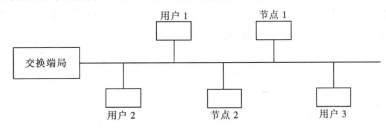

图 2-29　总线型结构

2. 环形结构

这种结构是指所有节点共用一条光纤链路，光纤链路首尾相接自成封闭回路的网络结构，如图2-30所示。这种结构的突出优点是可实现自愈，即无需外界干预，网络即可在较短的时间内自动从失效故障中恢复所传业务。其缺点是单环所挂用户数量有限，多环互通又较为复杂，且不适合分配型业务。

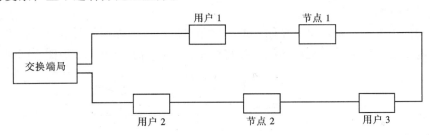

图 2-30　环形结构

3. 星型结构

星型结构如图2-31所示，各用户终端通过一个位于中央节点（设在端局内）具有控

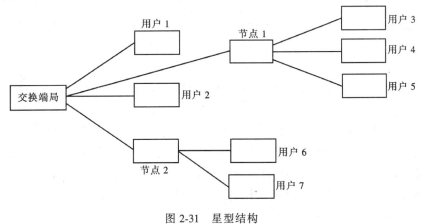

图 2-31　星型结构

制和交换功能的星型耦合器进行信息交换。这种结构属于星型结构，它不存在损耗累积的问题，易于实现升级和扩容，各用户之间相对独立，保密性好，业务适应性强。其缺点是所需光纤代价较高，组网灵活性较差，对中央节点的可靠性要求极高。

4. 树形结构

树形结构如图 2-32 所示，它类似于树枝形状，呈分级结构，在交接箱和分线盒处采用多个光分路器将信号逐级往下分配，最高级的端局具有很强的控制和协调能力。这种结构可以看成是总线型和星型拓扑的结合，它的主要特点是适于广播性业务，但存在着功率损失较大，双向通信难度较大等到问题。

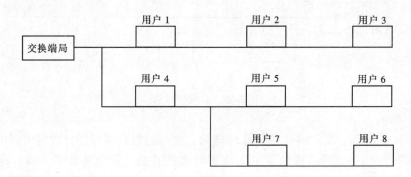

图 2-32　树形结构

5. 双星型结构

该结构的主要特点是在单星型网中的每一条线路中设置远端分配节点，在该节点上配置远端分配单元，完成一些交换功能，并将信息分别送入各个用户，如图 2-33 所示。

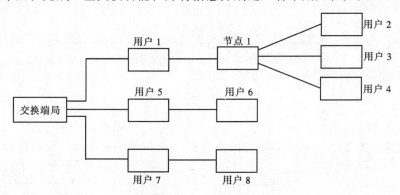

图 2-33　双星结构

若远端分配单元是由无源光器件（如光分路器）组成，则称该网络为无源双星型网络。

若远端分配单元是由有源器件（如电复用器）组成，则称该网络为有源双星型网络。

双星型结构由于可使各用户共享部分线路及设备，因而大大降低了网络造价，并且易于维护，便于升级，具有较好的应用前景。

可将该结构进一步推广至多星型结构，使之更有效地充分利用光纤的带宽，降低成本，吸引更多用户入网。

6.混合结构

将上述几种结构进行有机的结合，取长补短，效果更好。图 2-34 给出了一种环形-星型的结构图。

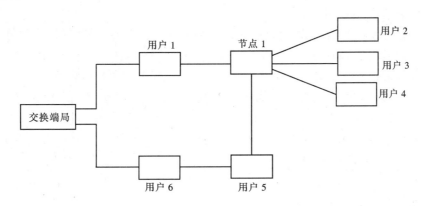

图 2-34　环形-星型结构

（三）光纤接入网的分类与实现

1.OAN 的分类

根据光网络单元（OUN）与用户位置的远近，OAN 又可分成若干种专门的传输结构，主要包括：光纤到路边（FTTC），光纤到楼（FTTB），光纤到家（FTTH）或光纤到办公室（FTTO）等。要说明的是，北美一般采用一种称之为光纤环路系统（FITL, Fiber In The Loop）的网络形式，与上面讲的 FTTC、FTTB 等基本一致，在一般分析与讨论中可不予区分。

图 2-35 给出了 OAN 三种应用类型。

（1）光纤到路边（FTTC）

如图 2-35 所示，在 FTTC 结构中，ONU 是设置在路边的人孔或电线杆上的分线盒处，即 FP 点，但一般都是放在 DP 点。此时从 ONU 到各个用户之间的部分仍为双绞铜线对，从而可以充分利用现有的铜线设施。若要传输宽带图像业务，则这一部分可采用同轴电缆。

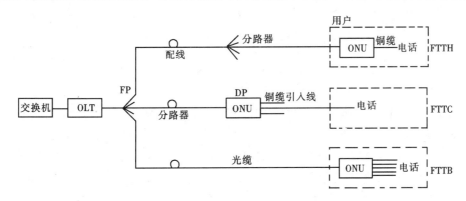

图 2-35　光接入网的应用类型

（2）光纤到楼（FTTB）

仔细分析图 2-35 所示的结构，不难看出 FTTB 是 FTTC 的一种变形，不同之处仅在于将 ONU 直接放到了大楼内（一般为居民住宅公寓或单位办公楼等），并由多对双绞线将业务分送给各个用户。FTTB 的光纤化程度比 FTTC 更进了一步，由于此时光纤已敷设到楼，因而更适于高密度用户区，也更接近于长远发展目标。

（3）光纤到家（FTTH）

在 FTTC 的结构中，如果将设置在路边的 ONU 换成无源光分路器，然后将 ONU 移到用户家里，就形成了 FTTH 结构。FTTH 是接入网的最终解决方案，即从本地交换机一直到用户全部都采用光纤线路，中间没有任何铜线，也没有有源电子设备，是一种全透明的网络，从而为用户提供了宽带交互式业务。另外可避免外界干扰、避免雷击，便于供电等。当然由于经济上的原因、业务上的需求、投资上的考虑等诸多因素，FTTH 这一目标不会马上得以实现，但随着技术的改进和社会的发展，FTTH 应用方式的成本也会逐渐下降，FTTH 将会逐渐被人们认可和接受。

2．无源光网络（PON）

（1）无源光网络的结构与原理

无源光网络（PON）主要采用无源光功率分配器（耦合器）将信息送至各用户，如图2-36 所示。由于采用了光功率分配器，使功率降低，因此较适合于短距离使用，若需传输较长距离，或用户较多，可采用光纤放大器（EDFA）来提高功率。

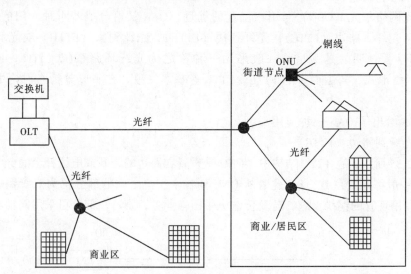

图 2-36　无源光网络（PON）

无源光网络的主要特点是易于扩容和展开业务，维护费用较低，初期投资不高，但对光器件要求较高，而且需要较为复杂的多址接入协议，另外在实现双向通信时，如何解决不同地点、不同长度的信号传输损耗、时延与同步也是难点之一。

无源光网络的发展速度很快，并且不断升级，其演变过程将经历无源电话光网络（TPON）、宽带无光源网络（BPON）及带宽综合分配网（BIDN），所提供的业务也从单一型向综合型发展，见图 2-37 所示。

（2）无源光网络的传输技术

1）时分复用/时分多址接入（TDM/TDMA）方式；

2）波分复用/波分多址接入（WDM/WDMA）方式；

3）副载波复用/副载波多址接入（SCM/SCMA）方式；

4）码分复用/码分多址接入（CDM/CDMA）方式；

5）时间压缩复用/时间压缩多址接入（TCM/TCMA）方式。

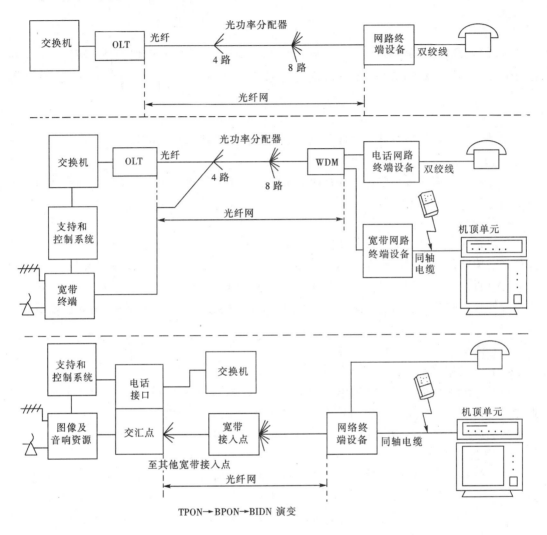

图 2-37　PON 的演变

第五节　数据通讯传输技术指标

数据通信系统的主要指标是从数据传输的数量和质量来考虑的。

一、相关概念

1. 数据

数据是一种有意义的实体，它包含了事物的内容，例如一个文件中的文字、符号、图形、数码都是数据。计算机数据就是由计算机输入、输出和处理的一种信息编码形式。数据可分为模拟数据和数字数据。模拟数据是一些连续变化的值，例如温度和压力；数字数据是一些离散变化的值，例如文本和自然数。

2. 信息

它是数据所包含的内容和解释。例如天气预报节目所报导的数据内容就是一种天气冷暖信息。

3. 信号

信号是数据的载体，例如声波信号和电磁波信号携带了声音数据和光电数据，它也可以分为模拟信号和数字信号。模拟信号是连续变化的电磁波，数字信号是一系列的电脉冲。

4. 位

位是承载信息的最小单位，即二进制数的一位，也叫比特（bit）。

5. 帧

帧是数据通信的最小单位。往往由若干位至几千位组成。根据通信的目的不同可分为命令帧、相应帧、数据帧等。

6. 信道带宽

信道是通信之间的信号传递通路，它最终以物理传输介质出现，而任何一种物理介质对信号的传输都有一定的限制。带宽是指信道允许通过信号的频率范围，单位是 Hz（赫兹）。例如，一般电话线允许频率为 $300 \sim 3400Hz$ 的电流信号通过，故它的带宽为 3100Hz。当信号的频谱范围大于信道带宽时，信号就不能在该信道上传输，否则传输的信号就会失真。

二、速率

1. 信号传输率

信号传输率是指信道上传输信号的波形速率或调制速率，也称为波特率。定义为：数据传输过程中，在信道上每秒钟传送的信号波形个数，其单位"波特（bound）"。例如一个信号的波形持续周期为 $833 \times 10^{-6}s$，则它的波特率为 $1/(833 \times 10^{-6}s) = 1200bound$。

2. 数据传输速率

数据传输速率又称为比特率，它表示每秒钟信道所传送的信息量的多少，而信息量的最小单位是二进制的位（比特），因此数据传输速率的单位是比特/秒，记作 bit/s，与之相关的几个常用单位是千比特/秒（kbit/s），兆比特/秒（Mbit/s）与吉比特/秒（Gbit/s），它们之间的换算关系是：

$$1Gbit/s = 10^3 Mbit/s = 10^6 kbit/s = 10^9 bit/s$$

三、误码率

信号在信道上传输时，由于信道带宽有限及外界的各种干扰，不可避免地会出现差错。误码率是传送中数据出错的概率，它是通信系统中衡量系统传输可靠性的重要指标。在计算机网络通信中，要求信道的误码率低于 10^{-6}。

复 习 思 考 题

1. 什么是模拟信号、数字信号？数字通讯系统有那些优点？哪种信号传输方式习惯上被称为数据通信？

2. 通讯方式有哪几种？每种方式的特点是什么？串行传输与并行传输的特点各是什么？

3. 通信网络中，最基本的信息交换方式有哪几种？他们各自特点是什么？

4. 什么是基带信号？什么是信号的基带传输？试举出几个信号基带传输的例子。

5. 什么是多路复用技术？常用多路复用技术有哪几种？其原理是什么？它们一般分别用于何种场合？

6. 通信网络主要有哪几种拓扑结构？它们各自优缺点是什么？

7. 对数字数据的模拟信号进行调制有哪几种办法？

8. 什么是网络协议？网络协议由哪几部分组成？每部分含义是什么？

9. 画出 ISO/RM 参考模型。

10. 常见的网络协议有哪几种？其中哪种协议被认为是目前"事实上的标准"？

11. 简要介绍 ADSL 系统的基本结构与工作原理。

12. 简要介绍 OAN 的三种应用类型：FTTC、FTTB、FTTH，并说明各自的特点。

13. 什么是信号传输率？

14. 什么是数据传输速率？

15. 什么是误码率？

第三章　通信网络与网络工程

第一节　计算机网络技术

一、计算机网络的分类

计算机网络主要是根据其在一方面的特征来进行分类，通常有以下几种分类方法：

(1) 按覆盖的地理范围：分为广域网（又叫远程网）、局域网（本地网）和城域网（市域网）。

(2) 按通信速率：分为低速网、中速网和高速网。

(3) 按网络的拓扑结构：分为星型网、总线型网、环形网、树形网、网状网和混合型网。

(4) 传输介质：分为双绞线网、同轴电缆网、光纤网、无线介质网和混合介质网。

(5) 按信息交换方式：分为电路交换网、分组交换网和综合交换网。

(6) 按使用范围：分为公用网和专用网。

对计算机网络来说，覆盖范围和通信速率是人们关心的两个问题，而这两者往往是矛盾的，即网络覆盖范围越大，通信速率越低，网络覆盖范围越小，通信速率越高。

二、计算机网络的硬件组成

(一) 广域网的基本组成

广域网一般由主计算机、终端、通信控制处理机和通信设备等网络单元经通信线路连接组成。下面将常用的几个网络单元作一简要介绍。

1. 主计算机

主计算机是网络中承担数据处理的计算机系统。它具有完成批处理（实时或交互分时）能力的硬件和操作系统，并具有相应的接口。

2. 终端

终端是网络中用量大、分布广的设备，它直接面对用户，实现人——机对话，用户通过它与网络进行联系。终端的种类很多，例如：键盘与显示器、会话型终端、智能终端、复合终端等。

3. 通信控制处理机

通信控制处理机也称为节点计算机，简称 NC（Node computer），是主计算机与通信线路单元间设置的计算机，负责通信控制和通信处理工作。它可以连接多台主计算机，也可以连接多个终端，是为减轻主计算机负担，提高主计算机效率而设置的。

4. 通信设备

通信设备是传输数据的设备，包括集中器、调制器和多路复用器等。集中器设置在终端密集地区，它把若干个终端用低速线路先集中起来，再与高速线路连接，以提高通信效率，降低通信成本。针对不同传输媒介，数据应采用不同类型的电信号进行传输，例如，广域网往往借助电话线路作为传输媒介，而电话线路中不少设备只能传输模拟信号，但主计算机和终端输出的是数字信号，因此这时在通信线路与主计算机、通信控制处理机和终端之间就需要接入实现模拟信号与数字信号相互转换的设备，即调制解调器。

5. 通信线路

通信线路用来连接各个组成部分。按数据的传输速率不同，通信线路分高速、中速和低速三种。一般终端与主计算机、通信控制处理机和集中器之间采用低速通信线路；各计算机之间，包括主计算机与通信控制处理机之间以及各通信控制处理机之间采用高速通信线路。通信线路可采用双绞线、同轴电缆、光缆等有线通信线路，亦可采用微波、卫星电波等无线通信线路。

上述网络单元按其功能划分，就形成了一个两级结构组成的计算机网络。除上述物理组成外，计算机网络还具有功能完善的软件系统，强力支持资源共享等各种功能，并具有全网一致遵守的通信协议，使网络协调地工作。

（二）局域网的基本组成与一般结构形式

局域网的基本组成与广域网相似，但由于局域网的涉辖范围与规模较小，故有一些方面与广域网不同。例如，局域网没有通信控制处理机，其通信控制处理功能由安装在网卡上的微处理芯片来实现。局域网在逻辑上同样可以认为是两级子网结构，但在物理形态上却不明显，局域网的主要硬件设备如下：

1. 服务器（Server）

服务器是为网络提供共享资源的设备，它是局域网的核心。根据服务器在网络中起的作用不同，可分文件服务器、数据库服务器、应用服务器、计算服务器、打印服务器等。

（1）文件服务器：

文件服务器主要是提供以文件存取为基本的服务，它能将大量的贮存空间提供给网上客户机使用，接收客户机提出的数据处理和文件存取请求。由于文件共享服务是网络中最基本也是最常用的服务，因此，通常所说的服务器是指文件服务。文件服务器是使用最多的服务器，通常由专用服务器或高档微机担任。它直接运行网络操作系统，并具有协调网中各计算机之间的通信的功能，它装设有大容量硬盘，用来存放共享资源。

（2）数据库服务器：

数据库服务器主要提供数据库服务，即提供以数据库检索、更新为基本的服务。

（3）应用服务器：

应用服务器提供一种特定应用的服务，如 E-mail 服务器等。

（4）计算服务器：

计算服务器可以提供诸如科学计算、气象预报及自动订票等需要进行大量计算或特定计算的服务。

2. 客户机（Clients）

客户机又称为网络工作站，是用户与网络交流的出入口，它一般是一台普通微机。用户通过客户机享用网络上提供的各种共享资源，如使用服务器硬盘中的各种应用程序、查询共享数据库、收发电子邮件、使用共享打印机等。

工作站一般不管理网络资源，当工作站用户不需要网络服务时，可将其作为一台独立的微机使用，运行本地的 Windows、DOS 或 OS/2 等操作系统。

3．网络连接设备

这里的网络连接设备主要指下列一些硬件设备：集线器、网络适配卡、收发器、网桥、路由器等。在网络适配卡、网桥和路由器中还含有固化的软件。

4．通信介质

局域网中通信介质主要有双绞线、同轴电缆、光缆等，但目前主要使用双绞线和光缆。

局域网还有相应的网络操作系统支持，由网络操作系统对整个网络的资源和运行进行管理。除此之外，计算机局域网还具有网络协议，以保证各节点间或网络之间能够互相理解并进行通信。

局域网有星型、环形、总线型三种基本拓扑结构。目前用得最多的是星型结构，这种结构的网络容易扩展，重新配置灵活。若要增加或减掉外围节点非常简单，只需将其接在中央节点上，或从中央节点上取下即可，并且还可以把一些具有扩展能力的外围节点作为中央节点，再连接许多外围节点，组成所谓多级星型网络。少数局域网用环形或环形和星型的混合结构形式。

（三）常见的网络硬件设备

1．调制解调器

前面已述，为利用公用电话网实现计算机之间的通信，必须首先将发送端的数字信号变换成能够在公用电话网上传输的模拟音频信号，经传输后，再在接收端将音频信号重新变换成对应的数字信号。在这里，数字信号变换成音频信号的过程为调制（Modulate），音频信号变换成对应数字信号的过程为解调（Demodutale）。一般每个工作站既要发送数据，又要接收数据，所以总把实现调制和解调两个功能的电路板做在一个设备中，并称为调制解调器（Modulate demodutale 简称 Modem）。

目前，很多远程数据通信系统都需要调制解调器，如图 3-1 所示是使用调制解调器进行远程通信的示意图。与调制解调器相连接的工作站可以是计算机、远程终端、外部设备，甚至局域网。下面把调制解调器的工作原理作一简介。

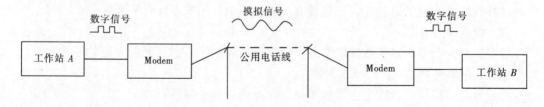

图 3-1　远程信息通信系统中的调制解调器

（1）调制技术：

在调制解调器中的调制过程，是用数字信号去控制模拟正弦载波信号的三个参量——幅度、频率、相位，让它们随数字信号的变化而变化，即能达到让其携带数字信号的目的。用数字信号控制载波幅度的调制方式称为振幅键控（ASK），控制频率称为移频键控（FSK），控制相位称为移相键控（PSK），这是三种最基本的调制方式，如图 2-14 所示。

现以基本的 Bell-103 型调制解调器为例，Bell-103 型及其兼容的调制解调器采用移频键控的调制方式，用两种不同频率的正弦波分别表示二进制数字 0 和 1，为了在单一的通信介质上实现全双工通信，需要用 4 种频率，分别表示两个向上的两种逻辑值。这 4 个频率值和它们所代表的二进制数字如表 3-1 所示，它们的频谱线在电话音频频谱图上的位置如图 3-2 所示。这种频率分配是对工作于主动方的 Modem 而言的，对工作于被动方的 Modem，它的发送频率与接收频率相反，即以 2025Hz 和 2225Hz 发送，而以 1070Hz 和 1270Hz 接收。

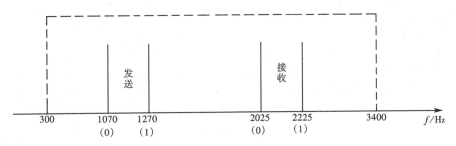

图 3-2　Bell-103 发送和接收数据频率

Bell-103 型调制解调器　　　　　　　　　　　　　　　　　　　　　　表 3-1

	信号逻辑	频率 f（Hz）		信号逻辑	频率 f（Hz）
发送	0	1070	接收	0	2025
	1	1270		1	2225

（2）发送器

图 3-3 所示为 Bell-103 型 Modem 中发送器的工作原理。它的主要部分是两个正弦波振荡器，一个工作于 1070Hz，另一个工作于 1270Hz（工作于主动时）。它们的输出信号分别送入一个运算放大器的两个输入端，电路的连接对应于：当输入端为"1"电平时，运放的上面一路导通，下面一路截止，从运放的输出端得到 1270Hz 的正弦波信号；反之，当输入端为"0"输入信号逻辑电平交替变化时，输出信号的频率也随之交替变化。

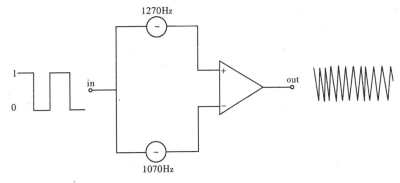

图 3-3　调制解调器发送原理

（3）接送器

工作于被动方 Modem 的接收器示意图如图 3-4 所示。它的输入信号是工作于主动方 Modem 的发送器的输出信号，其中，1270Hz 代表"1"电平，1070Hz 代表"0"电平。所以，在接收器的输入端，首先用分别谐振于 1270Hz 和 1070Hz 的选频电路组成的带通滤波器把这两个频率的载波分离开来。在理想状况下，经分离后的波形如图 3-4 中带通滤波器

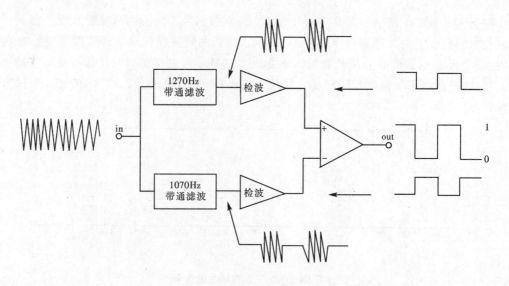

图 3-4　调制解调器接收原理

后面所示的波形，是一个间歇正弦波。这两个信号各自经过一个检波器检出它们所代表的数字信号，检波器在有载波输入时相应输出正极性脉冲，而在无载波输入时相应输出"0"电平。由于发送器发送的是二进制信号，则这两个检波器检出的就是互补信号，把这两路信号分别接到运放的两个输入端（注意极性），在输出端就可以得到还原了的数字信号。上面的讨论是以工作于主动方的 Modem 发送数据，工作于被动方的 Modem 接收数据为例进行说明。如果反过来，工作于被动方的 Modem 发送数据，工作在主动方的 Modem 接收数据，那么只要把载波频率换成 2225Hz 和 2025Hz 即可，其他完全相同。目前很多厂商生产的 Modem 除具备调制解调功能外，还具备一些附加功能，例如，自动连接、自动重拨号、自动波特率转换等。Modem 的接线示意图如图 3-5 所示。

Modem 有外置式和内置式两种，外置式如图 3-5 所示。目前大多为内置式，内置式就像网卡一样，是插在计算机内扩展槽上的。

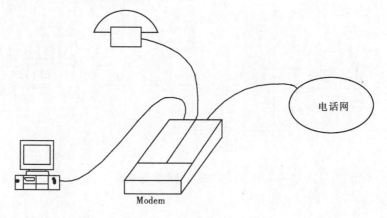

图 3-5　Modem 的接线示意图

2. 异步通信适配器

因为 Modem 是用于数字信号和模拟信号之间变换的串行通信设备，所以必须在数据发送时将计算机内的并行位流转换成与这些设备兼容的串行位流，或在接收时将 Modem 送来的串行位流转换成计算机内的并行位流，完成这个串并、并串转换功能的设备叫通信适配器。通信适配器一般和 Modem 配合使用，以实现计算机的远程通信功能。PC 机适用于通信的适配器种类很多，但按通信规程来划分可分为两种，即异步通信适配器和同步通信适配器，但用得最多的是异步通信适配器。一般与 Modem 通信的异步通信适配器均使用 RS232C 标准〔美国电子工业协会（EIA）于 1973 年推荐的串行通信接口标准〕，主要用于使用模拟信道传输数字信号的场合作为接口。异步通信适配器有独立的时钟和存储器，是可编程的硬件，它的参数必须与 Modem 相匹配，这一般由软件设置。在 PC 机上，以前常把它设计成为一块单独的插件板，直接插在 PC 机系统主板上的 I/O 扩展槽内。由于硬件集成度的不断提高，目前在 PC 机中，通信适配器是作为多功能板的一部分来设计的，当然，通信适配器除了串—并、并—串转换外，还有一些其他功能。

3. 网络接口卡

网络接口卡（NC）简称网卡，又称网络接口适配器（NAC），它是安装在局域网每个网络站点（包括服务器）上的一块电路板。它通过直接插入计算机主板上的 I/O 扩展槽与计算机相连，在计算机主机箱的后面露出接口，通过这些接口可以很方便的与通信介质相连。网卡为通信介质连接到服务器和工作站上提供了连接机制。网络接口卡是计算机联网的重要设备，它是网络站点与网络之间的逻辑和物理链路。网卡的基本功能是，数据串—并和并—串转换、数据的打包与拆包、网络存取控制、数据缓存等，其功能方块图如图 3-6 所示。

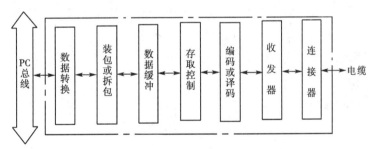

图 3-6　网络接口卡基本功能

网卡一方面要和网络站点内部的 RAM 交换数据，另一方面又要用网络数据的物理路径所需要的速度和格式发送和接收数据。因为网络站点内的数据是并行数据，而网络是以串行的比特流传输数据的，故网卡必须具备数据并—串、串—并转换功能。通常网络与工作站通信控制处理器之间的速率并不匹配，为防止数据在传输过程中溢出和丢失，网卡中必须设置数据缓存器，作为不同速率的两种设备之间的缓冲。收发器的功能是，提供信号驱动，端接匹配、冲突检测与电气隔离，其性能直接影响到网络数据传输速率、传输距离、可靠性和稳定性。

实现通信协议的软件一般固化在网卡上的 ROM 中，这些软件主要是完成物理层和数据链路层功能的。图 3-7 是一个简单局域网的组网配置示意图，由图可看出网卡的功能。

4. 传输介质

传输介质也称为通信媒体，它是网络传输信息的物理通路，主要有以下几种传输介

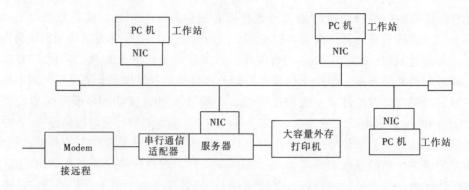

图 3-7　简单局域网的组网配置示意图

质。

（1）双绞线

双绞线是出现最早、使用最广泛的一种通信介质，在电话系统中经常使用它，它既能用于传输模拟信号也能用于传输数字信号。传输模拟信号时，每隔 9～10km 需要加一个放大器；传输数字信号时，2～3km 需要进行一次中继。双绞线由绞合在一起的一对导线组成，一对线用作一条通信链路，将多对双绞线做在一个塑料套管里，便成了双绞线电缆。双绞线的 2 根导线扭合在一起具有抵抗外界电磁场干扰的能力，并且每对导线中辐射出来的电磁波会相互抵消，这样，就使双绞线电缆中各对导线之间的互相干扰大大减小。目前计算机网络中使用最多的是 8 芯（4 对）双绞线电缆（因其外径较小，一般都习惯称为双绞线）。双绞线又可分成无屏蔽双绞线（UTP）和屏蔽双绞线（STP），如图 3-8 所示。

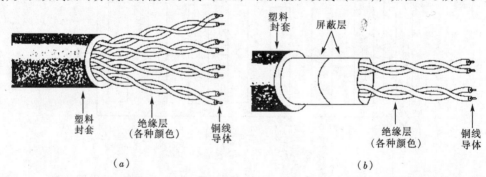

图 3-8　双绞线（TP）
（a）非屏蔽双绞线（UTP）；（b）屏蔽双绞线（STP）

常用的 UTP 双绞线有三类和五类之分，三类符合 10Base—T 标准，其中 10 表示数据传输速率为 10Mbit/s，Base 表示基带传输，T（Twisted pair）表示双绞线标准。五类线符合 100Base—T 标准。计算机网络用的 UTP 双绞线在安装上通常与电话系统用的相同，每条 UTP 双绞线的两端通过 RJ-45（4 对线）或 RJ-11（2 对线）插头与网络设备连接，每个网络段长度一般不能超过 100m。STP 的抗干扰性能优于 UTP，其数据传输速率也高于 UTP，在 100m 内可达 200Mbit/s，它的最大使用距离可达几百米，但 STP 的成本高于 UTP，安装接线也比 UTP 复杂。目前大量使用的仍是 UTP 双绞线，因为它易于安装，价格便宜，特别是近来研制出的超五类和六类 UTP 双绞线，其性能比普通五类 UTP 有很大提高，目前在局域网中，广泛用于建筑物楼层间以及楼层内和室内作为计算机和集线器之间的连接线。

（2）光缆

光缆由数根光纤组成，由于每根光纤只能单向传输信号，因此，要进行双向通信，光纤必须成对出现，一根用于输入，一根用于输出。因为光纤中传输的不是电信号而是光脉冲（对数据信号而言），所以，它具有极强的抗电磁干扰能力，并且只有很低的传输损耗。光纤的主要优点有：

1）通带宽度非常宽，数据传输速率极高，在10km的距离内可达20Gbit/s，远远大于其他介质；

2）误码率极低，一般小于10^{-9}；

3）抗干扰能力极强，几乎不受外界电磁场的干扰；

4）传输损耗很低，其中的光信号可以传输十几千米而不需要中继器；

5）超级数据保密性，线路上信号无泄露，很难窃听。

光纤的主要缺点是：光纤的连接比较困难，需用专门设备，光纤分支也很不容易。

随着光缆及光设备价格的大幅度下降，目前计算机网络中的传输干线一般均使用光缆。

（3）无线传输介质

无线传输介质有微波、红外线、激光、卫星电波等。利用无线媒介组成的计算机网络也称为无线网络。无线网络的优点是安装、移动及变更都很容易，不受环境限制，特别适合于海上及空中，在军事、野外等特殊场合非常适用。目前，便携式计算机的大量涌现，更是有力地推动了无线网络的迅速发展。

计算机网络中，一般局域网最多只采用2种传输介质，以简化网络的设计、连接和管理。广域网则采用多种传输介质，这样可以互相取长补短，以优化整个网络系统的性能价格比。

5.光纤收发器

局域网特别是高速局域网在范围较小、距离较近时，用双绞线组网尚可，但在网络范围较大，距离较远时，双绞线的电性能就不能满足要求，这时就需要用光纤。因为光纤的带宽很宽，损耗很小，所以它能保证数据传输速率和传输质量。而目前的网卡和集线器等设备一般均不支持光纤，其上没有相应的光纤接口，因此就必须接光纤收发器。光纤收发器是用来将光信号变成电信号，以及将电信号变成光信号的设备，它的2个接口与光纤跳线相连，通过光纤跳线连接光缆中的光纤。它还有一个接口与

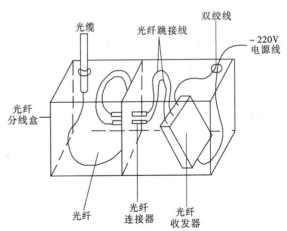

图3-9 光纤与光纤收发器连接示意图

双绞线相连，双绞线的另一头装有RJ-45插头，与网卡或集线器上的RJ-45接口连接。光纤收发器一般都装在与光纤分线盒并列的一个铁盒内，如图3-9所示。

6. 集线器

集线器又称为 HUB，它与前面讲的集中器不同，终端集中器主要用于具有远程终端的计算机系统中，它设置在终端密集地区，用低速线路将多个终端连接起来，再与高速线路连接，负责从终端到主机的数据收集和从主机到终端的数据分发，以提高通信效率；而 HUB 主要用于由双绞线组成的局域网中，网络节点通过双绞线以星型方式与 HUB 相连，它是网络的中央节点，是网络的核心。当其某一端口接收到信号时，HUB 将其整形、放大后发往其他所有端口，与信号地址相同的工作站予以接收。HUB 本身可自动检测信号碰撞，每当发生碰撞时，立即发出阻塞信号（Jam）通知其他端口，当某一端口的传输线或工作站发生故障时，HUB 会自动隔离该端口，而不影响其他端口的正常工作。它工作在物理层。目前很多新型的集线器不仅具有中继器的功能，还能起路由器或网桥的作用。

现在，广泛使用一种交换式集线器，也称为 Switch HUB，通常简称为交换机，它与 HUB 一样，也是作为双绞线星型网络的中央节点设备。但它的工作原理与普通 HUB 不同，它将某一端口收到的数据根据地址传送到指定端口，而不像 HUB 将数据广播式的传送到所有端口，它比 HUB 的功能更强，工作速率要快得多，它工作在数据链路层。HUB 的示意图及交换式集线器的外形图如图 3-10 所示。

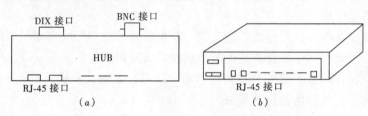

图 3-10　集线器示意图及交换式集线器外形图

（a）集线器示意图；（b）交换式集线器外形图

7. 常用网络互联设备

可以这样理解，人们不满足于单台计算机拥有的资源和它的协作能力，所以把多台计算机联网。同样，人们不满足于单个孤立的网络拥有的资源和协作能力，所以把多个网络进行互联，使原来互不连通的网上的计算机，就像连在了一个网上一样，可以相互交换信息、共享资源。网络互联是局域网发展的必然趋势。

网络互联主要是指 LAN—LAN、LAN—WAN、WAN—WAN、LAN—WAN—LAN 之间的连通性和互操作能力。就我国国情来看，以行政区域为界线的本地局域网互联 LAN—LAN 和以行业部门为界线的远程局域互联 LAN—WAN—LAN，会越来越广泛。在这里主要对用的最多的 LAN—LAN 的常用设备作一简介，局域网互联的形式主要有以下两种：

1）同构型局域网互联：被连接的各个局域网具有相同的体系结构和通信协议。

2）异构型局域网互联：被连接的各个局域网的体系结构和通信协议不相同。

同构型局域互联比较简单，异构型网络间互联则很复杂，网络互联技术主要是指异构型网络互联的技术。

（1）网桥

网桥又称为桥接器，它的操作涉及到 ISO/RM 的数据链路层，如图 3-11 所示。它将信息帖进行存储转发，一般不对转发帖作修改，或只做少量修改。例如，在转发前给帖头加一些段落或删除一些段落，但不涉及上层。网桥有内桥和外桥之分，内桥由文件服务器兼

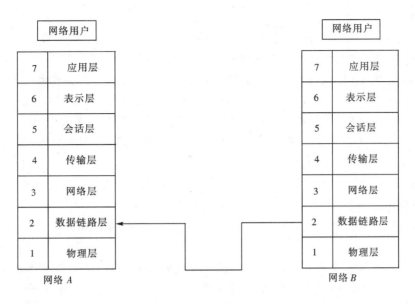

图 3-11　网桥的功能

任，它是通过在服务器中多个网卡连接多个网络；外桥由专用微机作为两个网络的互联设备。网桥的作用有两个，一是扩展网络，另一个是调节网络通信流量。它可以在不同介质之间传输数据包和帖，监视网上的每一个数据包，阅读网络数据及目标地址，并判断它与原发站是否在同一网络上，如果目标在另一网络，网桥就把数据传送到另一个网络中去。

网桥中还有一种称作远程桥，它是利用 Modem 与通信介质（如电话线）实现两个远距离局域网的连接。

网桥主要用于连接下两层异构的 LAN。

（2）路由器

路由器工作在 ISO/RM 的网络层，如图 3-12 所示。它在不同的网络之间存储转发分组

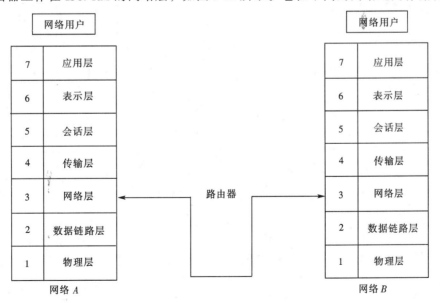

图 3-12　路由器的功能

数据，从概念上讲，类似于桥，但是它在网络层进行转换。路由器工作时，根据路径表把用户的数据经过一个或多个路由送往另一个网络上相应的目的地。路由器在多个网络和媒介间提供网间服务，如通过 TCP/IP 协议将若干个以太网连接到 X.25 公共数据网上，因此，当两个局域网要保持各自不同的管理控制范围时，就需要使用路由器，而不用网桥。另外，路由器有较强的隔离功能。有时网络中一个设备出现故障会反复发同一帧数据，形成所谓的"广播风暴"，网桥不能识别这类错误，只有盲目转发这些重复帧，网络通频带最终会被这些无用的重复帧所充斥。在一个只有网桥互联的网络中要消除"广播风暴"只能关闭每一个网桥，但这在网络的日常中是不现实的，而采用路由器作为比网桥高一层的网络互联设备会将产生"广播风暴"的网络与其他网络隔开，起到"防火墙"的作用，避免其对整个网络的侵害。

路由器主要用于两个以上异构局域网互联，或 LAN—WAN 和 WAN—WAN 之中。

（3）网关

网关在数据通信技术中又称协议转换器（Protocal converter），它工作在 ISO/RM 中的传输层到应用层，如图 3-13 所示。网关通过转换不同结构网络之间的协议来互联不同构型的网络，它与路由器不同，它要改变存储转发的信息帧，使其与接收端的应用程序相一致，所以网关不仅要连接分离的网络，还必须确保一个网络传输的数据与另一个网络的数据格式兼容。充当网关设备的一般是专用微型计算机或文件服务器，网关计算机运行两类系统间协议转换的程序，实现数据传输和协议对话。

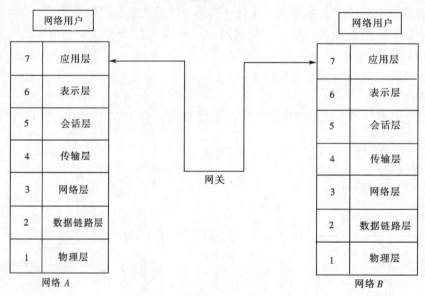

图 3-13　网关的功能

三、局域网举例

局域网的发展始于 20 世纪 70 年代，至今仍是网络领域中一个最活跃的分支。

局域网主要用于办公自动化、工厂自动化、企业管理信息系统、生产过程实时控制、军事指挥和控制系统、辅助教学系统、医药管理系统、银行金融系统、商业系统等方面。例如，建立为教学和科研服务的校园网，进行工业生产过程控制的分布式控制网等。现在，局域网已渗透到机关、学校、企业、银行、医院、宾馆、商场等当今社会的各个部门，其前景非常广阔。

（一）以太网（Ethernet）

1．以太网概述

以太网是最灵活同时也是应用最广泛的一种 LAN，早期的以太网是采用同轴电缆作为传输介质的总线型结构，后来又研发出采用双绞线和集线器的星型结构以太网，以及采用同轴电缆、双绞线和集线器三者结合的总线型和星型相混合拓扑结构的以太网，使网络布局和使用更加灵活方便。星型网络的最大优点就是节点增加非常容易，若要增加一个节点，只需将该节点用双绞线直接与某台集线器相连即可，对原网络的运行没有丝毫影响；假如某个节点出现故障，也不会影响到整个网络的正常运行，进行维护时，只要将该节点从集线器上取下来即可。

一般各种网络操作系统均可支持几种网络拓扑结构，几种传输介质和相应的介质访问控制方法，这主要体现在网络的数据链路层。具体地说，是体现在网络操作系统所支持的不同种类网卡及驱动程序上，即，根据不同情况采用不同的网卡及其驱动程序，而对网络上层是屏蔽的。以太网采用的传输介质通常是同轴电缆和双绞线。同轴电缆中又分为粗缆和细缆，双绞线组成的星型网和细缆组成的总线型网一般适用于在建筑物的同一楼层内或同一房间内组网，粗缆适合于连接相邻建筑物之间的两个网络。但从目前的发展情况看，因为信息流量增加很快，所以对网络的传输速度和带宽提出了更高的要求，普通网络已显得力不从心，因而采用高速网络技术是当今的必然趋势。就以太网而言，目前主要采用高速以太网技术（Fast Ethernet）。高速以太网主要用 Fast Ethernet 网络适配器、高速交换式集成器和五类无屏蔽双绞线组网，其数据速率可达 100Mbit/s，所以又称为 100Base—T 网。高速以太网在距离较近时，用双绞线组成星型网，如房间内或楼层内；在距离较远时，为保证速率和带宽，就采用光缆和光纤收发器以及双绞线组成网，网络结构仍采用星型和多级星型，如建筑物之间或大型建筑内的楼层或房间之间等。

2．双绞线构成的以太网组网设计

（1）硬件设备

1）网卡。网络的节点上必须有支持双绞线的网卡，其外露端需有一个能与双绞线相接的接口，一般双绞线是 4 对线，则为 RJ-45 接口。

2）无屏蔽双绞线（UTP）。双绞线比同轴电缆细，其外面有稍扁的塑料外套，常用的是 4 对双绞线电缆，每段双绞线电缆两端都装有与 RJ-45 接口相匹配的插头。

3）集线器（HUB）。HUB 作为网络的中心，网络各个节点通过双绞线电缆连接到其上的 RJ-45 接口。

网卡、RJ-45 插头，如图 3-14 所示。

（2）组网设计

双绞线以太网一般均采用 8 芯（4 对）非屏蔽双绞线（UTP），网络节点通过双绞线以 HUB 为中心作星型连接，同时，HUB 也可以作为一个节点与另一个 HUB 连接，如图 3-15 所示。这样，节点扩充就非常容易。

常用的双绞线分三类和五类两种，三类符合 10Base—T 标准，传输速率为 10Mbit/s，连网时三类线的长度一般不能超过 100m，五类符合 100Base—T 标准，其传输速率为

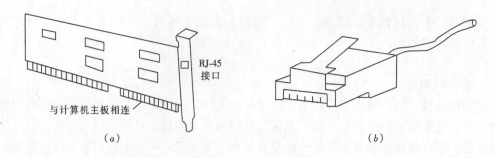

图 3-14 双绞线以太网硬件

(a) 网卡；(b) RJ-45 插头

100Mbit/s，五类线连网时的长度一般不能超过 200m。目前广泛采用的超五类和六类双绞线的数据传输速率在 100Mbit/s 以上，其电性能指标比普通五类线有很大提高，连网时，超五类和六类双绞线的最大长度可达 300～500m。用 HUB 组网时节点最多为 250 个，用交换机组网时节点数最多为 400 个。

一个由 3 级 Switch HUB 和 HUB 组成以太网如图 3-15 所示。

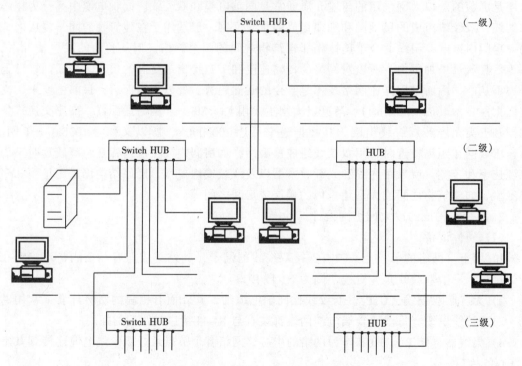

图 3-15 由 3 级 Switch HUB 和 HUB 组成以太网

3. 双绞线与光缆构成的以太网

双绞线与光缆构成的以太网请参考本节中三、（二）内容。

4. 双绞线与同轴电缆构成的以太网

如图 3-16 是一个同轴电缆细缆、粗缆、双绞线构成的总线型和星型混合的以太网，其中，双绞线组成的星型网部分在设计时的限制条件和前述单独组网设计时相同。

（二）Intranet 网

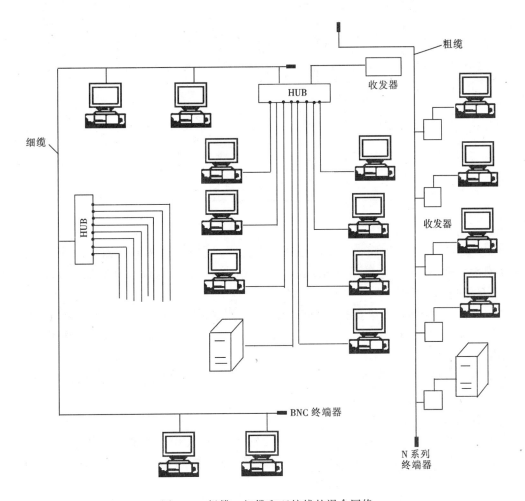

图 3-16　粗缆、细缆和双绞线的混合网络

1.Intranet 网概述

Intranet 网是近几年来出现的一种新型局域网，由于其独特的优点，目前发展异常迅速，已成为局域网中后起之秀，有人称它为"网内网"，也有人直接叫它"企业网络"。

Microsoft 公司对 Intranet 的定义是：Intranet 是将 Internet 上的应用与标准和企业既有的网络、桌上计算机以及服务器底层结构（Infrastructure）予以综合，以产生更有效率的企业管理系统。

Intranet 是以 Internet 的 www 技术为基础建立的企业信息网。具体讲，就是把客户机——服务器模式中客户机运行的应用软件放在称为 web 的服务器上运行，客户机上只需运行浏览器软件，就能访问 web 服务器上的应用程序，而该应用程序再通过数据库接口去访问数据库服务器的信息，这样就形成了二级客户机——服务器模式。第一级为 web 服务器上的 web 应用软件作为客户端访问数据库服务器，第二级为网络客户机通过浏览器和网络访问 web 服务器。

Intranet 网络的体系结构可分为以下 5 个层次；应用、web 文件编辑工具、内容语言、浏览器与服务器、通信协议，如图 3-17 所示。

2.Intranet 网组网设计

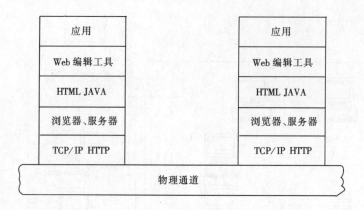

图 3-17 Intranet 的体系结构

现以某高校所建校园网为例加以说明，它也适合建于大型智能建筑中。该网采用 Intranet 网络技术和高速以太网络（Fast Ethernet）相结合建立，这是目前较先进的组网技术，同时又是流行的技术。

该校经过比较几种网络操作系统后，决定采用 Microsoft NT4.0 加 Red Hot Linux6.0 组合模式作为服务器端操作平台，而采用 Microsoft windows 98 作为客户机端操作系统平台，该网络的主要功能分为 3 类：

1）基本功能。域名服务（DNS）、电子邮件（E-mail）服务、环球信息网（www）服务；

2）其他服务功能。新闻讨论组（New Group）服务、文件传输服务（FIP）等；

3）应用功能。采用 www 技术，并与动态的数据连接，实现数据库应用功能。

该校根据具体情况，将整个网络设计成由校内主干网和各教学单位、部门子网组成的二级星型以太网结构形式，如图 3-18 所示。

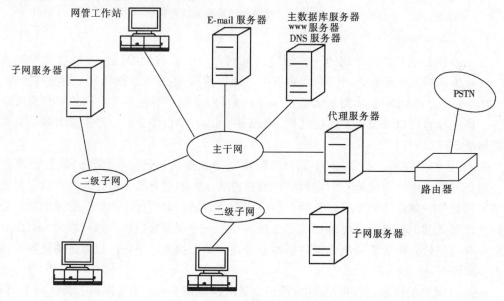

图 3-18 校园网二级结构图

(1）主干网设计方案

1）采用先进的高速以太网技术，在全校信息中心（设在中心机房内）设置 1 台主干网高速交换机（即交换式集线器），以星型方式分别连接图书馆、教学大楼等各单位和部门的子网，以及邻近高校的网络，实现了信息中心与学校各单位、部门以及外校的快速连接。

2）信息中心设置 2 台主服务器，面向全校提供主数据库服务、www 服务和 E-mail 服务等，2 台主服务器用超五类双绞线连接于主干网交换机上。

3）中心机房在校直属机关楼内，处于学校中央的位置，与各单位、部门的距离在 200～400m 左右。因为距离较远，所以选用光纤作为传输介质与这些部门相连，这样可以充分保证数据传输速率不受影响，同时，还能大大增强抗各种电磁干扰的能力，使网络信息快速、可靠的传输。

4）由于学校申请的 IP 地址较少，为了满足很多用户访问 Internet 的需要，设置了 1 台代理服务器，代理服务器连接路由器，路由器再通过串行接口连接 Modem，最后连到公共电话网（PSTN），从而进入 Internet。代理服务器也设置于信息中心，用超五类线双绞线连于主干网交换机上。

5）将主干网交换机用光缆与邻近高校（相隔 1km 远）校园网连接，通过邻近高校连接中国教育科研网。校园主干网的设备连接如图 3-19 所示。

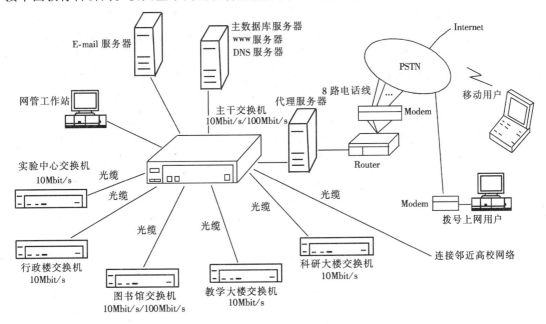

图 3-19　校园主干网的设备连接

主干网设备选型与配置：

经过考查比较后，主干网交换机选用了美国 Cisco 公司产品，在校直属机关楼 7 层的信息中心设备了 1 台 Cisco Catalgst 2924XL 100Mbit/s 高速以太交换机，作为主干网交换机，它有 24 个 10Mbit/s/100Mbit/s 交换自适端口（均为 RJ-45 接口）。选用了 2 台 HP CH3 型服务器作为主干网服务器。因为建网初期电子邮件较多，主数据库信息还相对较少，所以专门用 1 台作为 E-mail 服务器，另外一台作为提供主数据库服务、www 服务、DNS 等服务的服务器，今后根据具体情况还要作相应调整。这 2 台服务器通过 100Base—TX 接口用超五类双绞线与主干网交换机连接，从而保证了主服务器信息的高速吞吐。代理服务器选用了 1 台深圳宏基公司 ACER1100 型服务器，也用超五类双绞线与主干网交换机相连。光缆选用了天津产 LE 型铠装 6 芯多模光缆（多余光纤留作备用），光缆两端接入光纤分线盒内，然后通过光纤连接和光纤跳接线与相邻盒内的光纤收发器连接。光纤收发器选用了美国产品 100MDLink 型。

(2) 二级子网设计方案

1) 以以太网交换机为中心，用星型方式连接各个网络工作站，也可以再往下分级接 HUB，使系统具有很大的灵活性和可扩展性。学校第二步拟在教职工宿舍楼及学生宿舍楼设置子网交换机，使师生的计算机能方便的与校园网连接。

2) 每个子网设置 1 台子网服务器，存储各单位、部门有关的专业信息。

3) 因为一个子网一般都在一幢建筑物内，连接子网服务器与每个工作站的电缆长度一般都在 150m 以内，所以选用了超五类双绞线作为子网服务器与每个工作站的连接线，完全能够保证数据传输速率。

二级子网设备选型与配置：

总共有 5 台子网交换机，在行政大楼、教学大楼、研究大楼、实验中心大楼各设置 1 台 Cisco Catalgst1924XL 10M 交换机。该机有 24 个 10M 交换端口，2 个 100M 上联端口（均为 RJ-45 接口）。10M 交换端口连接子网工作站（和 HUB），1 个 100M 上联端口通过光纤收发器和光缆连接主干网交换机，另一个连接子网服务器。因为图书馆子网的信息传输量大，所以设置了 1 台 Cisco 100M 交换机与主干网交换机型号相同。各个子网均采用超五类双绞线布线，连接光纤收发器与交换机的双绞线也用这种线。一个二级子网的设备连接示意图如图 3-20 所示。因为实验中心联网工作站较多，所以，在子网交换机下面又分了二级连 HUB。选用了 5 台深圳宏基公司的 ACER 1100 型服务器分别作为各单位、部门的子网服务器，各个服务器通过 100Base-TX 接口用超五类双绞线与子网交换机相连。

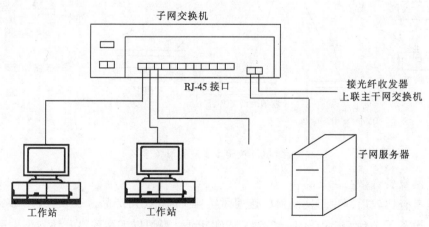

图 3-20 二级子网的设备连接图

当校园网内工作站进入 Internet 时，其传送的信息将经过子网交换机—光缆—主干网交换机—代理服务器—路由器—Modem，然后进入 PSTN（公用电话网），再进入 Internet。反之，外部来自 Internet 的用户或其他上网用户可通过拨号方式访问该校网络。远程联网除速度较低外，联网效果与本地网一样。

后来，该校从市电信局申请接了一条 N-ISDN（窄带综合业务数字网，简称 ISDN）用户线与校园网相连。连接方式是：代理服务器通过一个外置式 ISDN 适配器与电信局引来的 ISDN 线（双绞线）连接。ISDN 支持包括话音和非话音在内的多种电信业务，可以在一条用户线上组合不同类型的终端，例如把电话机、传真机、微机连在一起，这样就能够同时打电话、发传真和传数据，实现"一线通"。用户通过 ISDN 进入 Internet 网，其速度比通过 PSTN 要快得多。此外，学校与网通公司商议，将校园与网通的光纤宽带网连接，这样，用户通过宽带网进入 Internet 比通过 ISDN 更快。

图 3-21 是该校校园网光缆连接图和主干网主要设备连接示意图。

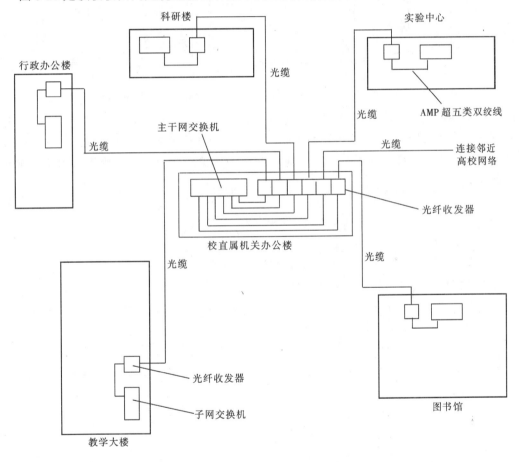

图 3-21 校园网光缆以及主要设备连接图

校园网中心机房设在校直属机关办公楼 7 层（顶层），主干网交换机、服务器等设备放在中心机房内。为保证网络安全、可靠的运行，在中心机房设置了 1 台大容量在线式 UPS（APC Smont，2kVA，8h）。因为校直属机关办公楼子网离信息中心较近，所以没有单独设置子网交换机，而是由 HUB 接成二星型结构形式再用超五类双绞线与主干网交换机相连。校直属机关办公楼 7 层网络平面图如图 3-22 所示，图 3-22 中同时绘出了中心机房

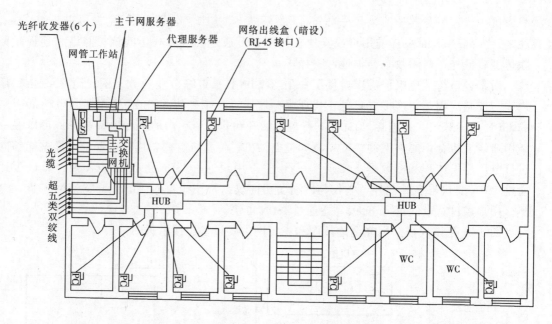

图 3-22　校直属机关办公楼 7 层（顶层）网络布线平面及中心机房设备接线示意图

内主要设备接线示意图。1～7 层每层设置了 2 个 HUB，HUB 与各室内的工作站之间以及 HUB 与 HUB 之间均用超五类双绞线连接，每层左边的 HUB 连接到中心机房内主干网交换机上。HUB 设于楼道吊顶内，所有电线电缆均沿吊顶暗敷设，然后沿墙暗敷进入室内出线盒里。

第二节　无线局域网

无线通讯是指通过无线信号（如电磁波、红外线、卫星等）来传递信号或传输数据，像无线电视、广播电台和移动电话均采用无线通讯的形式。随着计算机网络、集成电路及无线电技术的发展，无线通讯已经越来越多的利用计算机网络的手段来实现信息的传输，这就是我们经常所说的无线网络或无线局域网 WLAN（Wireless LAN）。在某些特定的场合采用有线介质互联局域网是存在一定的问题，例如拨号线的传输速率较低，租用专线的速率虽然可以达到几兆或者更高，但是每年的租金也是相当高的；另外双绞线、同轴电缆、光纤则存在铺设费用高、施工周期长、移动困难、维护成本高、覆盖面积小等问题；并且人们对"移动办公"的需求逐渐强烈，所以近年来无线局域网得到迅猛的发展。无线局域网目前主要有以下三种：

（1）蓝牙（Bluetooth）技术是由 IBM、Toshiba、Intel、Motorola 等公司主导的技术，目的是取代目前的红外线应用。提供个人通讯设备与计算机的连接，如移动电话、PDA 与便携机、打印机之间的连接，形成个人局域网（Personal Area Network，PAN）。标准 1.0B 规定在 10m 内可提供 1Mbps 的无线通讯能力，最多可连接 255 个设备，通过放大器可延伸至 100m。

（2）家用无线电（HomeRF）技术是由 Compaq、Proxim、Intel、Motorola 等公司倡导，采用跳频扩频技术，配合共享无线访问协议（Shared Wireless Access Protocol）为主要技术网络，能够兼容传统的电话网络，提供语音传输。HomeRF 能在 50m 内提供 1Mbps 或

2Mbps 的无线通讯能力，最多可连接 127 个设备，主要应用在家用无线网络上。

（3）IEEE802.11 标准是由 Cisco、3Com、IBM、Dell 等公司主导，IEEE 于 1997 年正式颁布为无线局域网标准，1999 年颁布 802.11b 标准。制定 802.11 标准是规范无线网产品，以增加各种无线网产品的兼容性。虽然各种无线网号称都使用 802.11 协议，但实际上因软件、载波和扩频方式不同而很难兼容。802.11 协议由于分时机制，点对点传输效率低于 802.3 协议。在点对多点传输的情况下，分配给每个访问点的用户的速率呈下降趋势。实际使用中访问点的数目一般不超过 10 个。

一、IEEE802.11 协议体系结构

1990 年 IEEE802 标准委员会成立 802.11 无限局域网标准工作组，该工作组任务是制定 1Mbps 和 2Mbps 数据速率、工作在 2.4GHz 开放频段的无线设备和网络发展的全球标准。并于 1997 年 6 月公布了该标准，它是第一代无线局域网标准之一。该标准定义为物理层和介质访问控制规范，以使无线局域网及无线设备制造商生产互操作网络设备。

（一）IEEE802.11 网络拓扑结构

IEEE802.11 的标准所定义的网络拓扑结构主要分为"集中控制方式"和"对等方式"两种无线局域网类型，有时亦称"点对多点"方式和"点对点方式"。如图 3-23 所示的集中控制方式中，无线网中设置一个访问点 AP（Acess Point），主要完成 MAC 控制及信道的

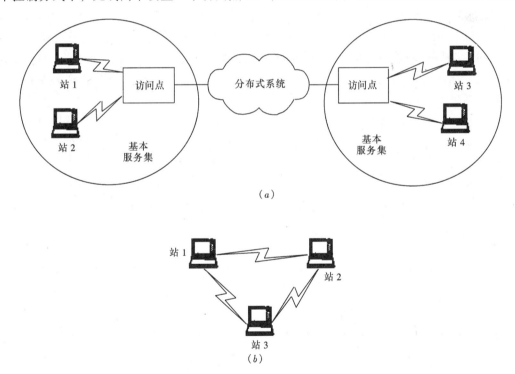

图 3-23　IEEE802.11 网络拓扑结构
（a）集中控制方式；（b）对等方式

分配等功能，访问点连接的其他站在该点的协调下与其他各站通信。这种方式以星型拓扑为基础，以访问点 AP 为中心，所有的基站通信主要通过 AP 接转，相当于以无线链路作为原有的基干网或其中一部分，相应地在 MAC 帧中，同时有源地址、目的地址和访问点

地址。通过各基站的响应信号，访问点 AP 能在内部建立一个像路由表那样的桥接表，将各个基站和端口一一联系起来。当接转信号时，AP 就通过查询桥接表进行。由于 AP 有以太网接口，这样，既能以 AP 为中心独立建一个无线局域网，当然也能将 AP 作为一个有线网的扩展部分。对于信道资源分配、MAC 控制采用集中控制方式，这样使信道利用率大大提高，网络的吞吐性能优于分布式对等方式，基本服务集是指由 AP 及其所（无线）连接的工作站组成。

在分布式对等方式下，无线网中的任意两站之间可以直接通信，无需设访问点转接。这时，MAC 控制功能由各站分布管理。

（二）物理层

IEEE802.11 标准定义的物理层完成实际电信号的收发、检测与转换等，即数据传输的信号特征和调制。该标准定义了三种物理层介质：红外线、直接序列扩频与跳频扩频红外线传输方法，工作在 850～950mm 段，支持数据速率为 1Mbps 和 2Mbps。事实上，散射红外线（Diffused Infrared），它不需要将收、发端互相精确地瞄准，而是通过能量的发射，利用 4 或 16 级的调制来进行传输，因为它的速度较慢、传输距离较短（约20m），所以较适合室内环境或 PAN 的应用。直接序列扩频与跳频扩频都是采用 2.4～2.4835GHz 的 ISM 频带作为无线传输的频率，支持数据速率为 1Mbps 和 2Mbps。DS 在802.11 标准中，可借由 DBPSK（Differential Binary Phase Shift Keying）技术达到 1Mbps 的传输率，借由 DQPSK（Differential Quadrature Phase Shift Keying）技术则能够达到 2Mbps 的高速传输速率；而在最新的 802.11b 的标准中，它可以通过 CCK（Complementary Code Keying）与选择性的 PBCC（Packet Binary Convolutional Coding）调制技术，达到 5.5Mbps 或11Mbps 的速率。

（三）介质访问控制层

介质访问控制（MAC）层定义的是传输信道的分配协议、数据寻址、帧的格式、分段与重组以及检错的工作。802.11 的 MAC 层定义了分布式协调功能 DCF（Distribution Coordination Function）与点协调功能 PCF（Point Coordination Function）两个子层，其中 DCF 是必须的基本机制，而 PCF 则是一种选择性机制，这两种协调机制（CF）和前面介绍的两种拓扑结构息息相关。

二、无线网络的组成

无线局域网的每一个站（对应有线局域网的节点）是由数据处理设备、微波扩频系统设备和天线组成。数据处理设备可为台式计算机、便携机也可以是其他智能设备，例如个人数字处理（PDA）、智能控制装置等。微波扩频系统设备主要有无线网卡、无线集线器（无线 HUB）、无线网桥和无线路由器、无线调制解调器（无线 Modem）。根据联网方式不同，可采用定向天线和全向天线。

（一）网卡

一个无线网卡主要包括 NIC（网卡）单元、扩频通信机和天线三个组成功能块。NIC单元属于数据链路层，它负责建立主机与物理层之间的连接。扩频通信机于物理层建立了对应关系，实现无线电信号的接受与发射。当计算机要接受信息时，扩频通信机通过网络天线接受信息，并对该信息进行处理，判断是否要发给 NIC 单元，如是则将信息帧上交给NIC 单元，否则会丢掉。如果扩频通信机发现接受到的信号有错，则通过天线发送给对方一个出错的信息，通知发送端重新发送此信息帧。当计算机要发送信息时，主机先将待发送的信息传给 NIC 单元，由 NIC 单元首先监测信道是否空闲，若空闲便立即发送，否则暂不发送，并继续监测。主要产品提供商有 Intel、BreezeCom 等厂商。

（二）无线网络适配器

用于将工作站或 PC 机通过与其相连的天线同无线 HUB 的天线通信。

无线 HUB 在功能上相当于有限网络设备中的集线器，将远程局域网连接起来形成一个大的局域网段，也可以与网桥或路由器等配合使用接入互联网。通常，无线 HUB 使用以太网接口；采用半双工通信方式，即接受和发送共用同一信道；既可用于点对点通信连接，也可建立点对多点通信网络。主要产品提供商有 Intel、BreezeCom 和 Multipiont 等厂商。

（三）无线网桥

具备网桥过滤功能。通常，无线网桥和无线 HUB 一样使用以太网接口；采用半双工通信方式。既可建立点对点，也可以建立点对多点通信网络。主要产品提供商有 Breeze-Com 等厂商。

（四）无线路由器

是实现第三层即网络层功能的微波扩频系统。功能相当于低档路由器。一般无线路由器仅运行简单的路由协议，如 RIP。通常，无线路由器和无线 HUB 及网桥一样使用以太网接口；采用半双工通信方式；用于点对点通信连接。主要产品提供商有新达等厂商。

（五）无线调制解调器

无线 Modem 实现物理层连接功能。一般需与网桥或路由器等配合使用。通常无线 Modem 提供 RS232、X.12 和 V.35 等广域网端口；只能用于点对点通信。它采用全双工通信方式，即接收和发送使用各自的通信信道。主要产品提供商有 DTS、Multipiont、Sylink 和 BreezeCom 等厂商。

如果以站的移动性来分的话，无线局域网中的站可以分为三类：固定站、半移动站、移动站。固定站指固定使用的台式计算机，有限局域网中的站均为固定站；半移动站指经常改变使用场地的站，但在移动状态下并不要求保持与网络的通信；而移动站与移动电话一样，它在移动中也可保持与网络的通信，移动站如掌上机，车载机等。现在的无线网络支持的移动速度可达 90km/h。图 3-24 是采用无线网络适配器和无线 HUB 组成的无线局域网。

由于使用天线，可以通过中继等方式把无线局域网的范围扩大，这样可以组成一个扩展服务区域（ESA）。一般我们所指的无线局域网是在基本服务区内的无线网络。

当然 BSA 间也存在着相互干扰的问题。当多个 BSA 相距较近时，BSA 间干扰成为很大的问题。因为使用无线传输介质，某一 BSA 的无线信号可能会辐射出其覆盖范围，这些泄漏指其他 BSA 的信号就成为其他 BSA 的干扰。为了解决这一问题，采用频分多址和码分多址技术，频分多址把可用的频段划分成若干个频段，每个频段对应一个信道，而一个 BSA 仅使用其中的一个信道。码分多址采用伪随机码来区分不同的信道。由于伪随机码具有良好的自相关性，每个 BSA 可使用惟一的伪随机码来完成 BSA 内的信道。当然，使用不同伪随机码的相邻 BSA 间仍会相互干扰，这些干扰限制了一定区

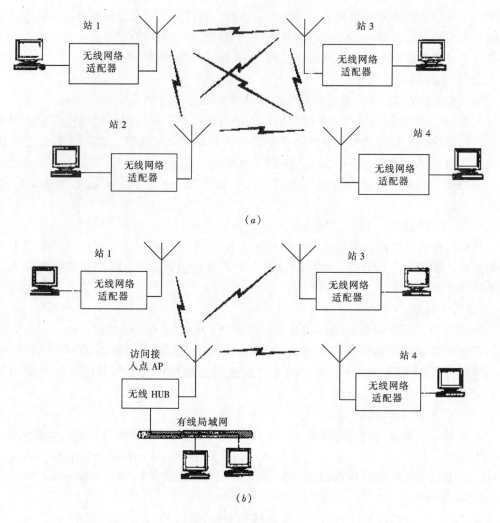

图 3-24 无线局域网

（a）对等方式网络；（b）集中控制方式网络

域内可正常通信的 BSA 的最大个数，不过一般情况下这个最大数目都能满足同一地区的安装要求。

三、无线局域网互联结构

图 3-25 是 WLAN 互联的常用结构。各移动站间的通信是先通过就近的无线接收站（访问节点 AP）将信息接收下来，然后将接收到的信息通过有线网传入到"移动交换中心"，再由移动交换中心传送到所有无线接收站上。这时在网络覆盖范围内的任何地方都可以接收到该信号，并可实现漫游通信。无线局域网之间的互联包括无线局域网之间的互联、无线与有线局域网之间的互联、无线局域网与广域网互联。当两个局域网无法实现有线连接或使用有线连接存在困难时，可使用网桥连接型实现点对点的连接，无线网桥起到了网络路由选择和协议转换的作用。这种方式较适合两个局域网的远距离互联（架设高增益定向天线后，传输距离可达到 50km），如图 3-26 中的交换中心与局域网 2 的互联。无线局域网与有线局域网之间的互联如图 3-26 所示。

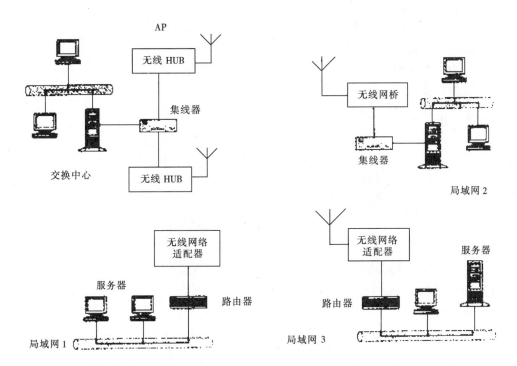

图 3-25　有线局域网之间的无线互联

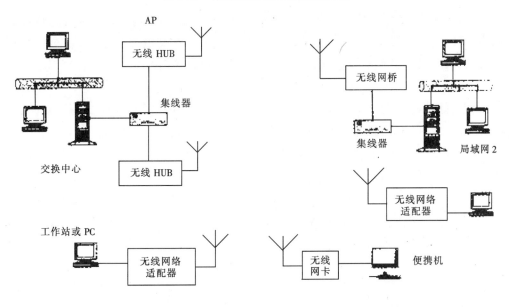

图 3-26　无线局域网与有线局域网之间的互联

第三节　工业控制网

随着计算机网络技术的蓬勃发展，网络已经渗透到了社会中的各个行业，当然工业领域也不例外。工业控制网（简称工控网）是应用在生产现场、微机化测量控制设备之间实现双向串行多点数字通讯网络，是开放式、数字化、多点通信的底层控制网络。它很好地适应了工业控制系统向分散化、网络化和智能化方向发展的趋势，同时也导致了传统控制系统结构的根本变化，形成了新型的集成式全分布控制网络。

一、工业控制网的技术特点

工业控制网在技术上具有以下特点：

（1）系统的开放性：开放是指对相关标准的一致性、公开性，强调对标准的共同认识与遵从。一个开放系统是指它可以与世界上任何地方遵守相同标准的其他设备或系统连接，通信协议一致公开，各不同厂家的设备之间可以实现信息交换。工控网标准的开发者致力于建立统一的工厂底层网络。用户可按自己的需要，用不同供应商的产品组成自己需要的系统，通过工控网构筑各种自动化领域的开放互联网络。

（2）可互操作性和互用性：可互操作性是指实现互联设备之间、系统之间的信息传送与沟通；而互用性是指不同生产厂家性能类似的设备可以实现相互替换。

（3）现场设备的智能化与功能的自治性：它将传感测量、补偿计算、工程量处理与控制等功能分散到现场设备中，仅靠现场设备即可完成自动控制的基本功能，并可以随时诊断设备的运行状态。

（4）系统结构的高度分散性：工控网已构成一种全分散性控制网络的体系结构，从根本上改变了现有的 DCS 集中与分散相结合的集散控制系统体系，简化了系统结构，提高了可靠性。

（5）对现场环境的适应性：作为工厂/小区网络底层的工控网，是专为现场环境而设计的，它可以支持双绞线、同轴电缆、光纤、射频、红外线和电力线等，具有较强的抗干扰能力，能采用二线制实现供电与通信，并可满足安全防爆等要求。

二、现场总线技术

工业控制网络是一种特殊的计算机网络，和一般其他计算机网络的工作原理、工作过程是一样的。但由于工业控制网络的本身特点：如生产现场信号的采集、数据的转换、对执行器的实时控制以及数据的判断等要求，工业控制网络又和其他一般的计算机网络有着很大的区别，这个区别在于工业控制网络采用了现场总线技术。

现场总线是网络技术、仪表技术、计算机技术、自动化技术以及集成电路设计与制造技术的有机结合。相关技术的发展对现场总线的发展都具有很强的推动作用，特别是网络技术对现场的总线的影响十分深刻。目前，国内外很多著名厂商都生产相应的现场总线，常见的现场总线有以下几种：

（一）LonWorks

LonWorks 是一具有强劲实力的现场技术，它采用了 ISO/OSI 模型的全部 7 层通信协议，采用了面向对象的设计方法，通过网络变量把网络通信设计简化为参数设置，其通信速率为 78.125kbits/s 或 1.25kbits/s，直接通信距离可达 2700m（78.125kbps，双绞线）；LonWorks 信息帧主要包括控制区、节点地址、域地址、用户数据及 CRC 区，用户数据最多可达 228 字节，信息帧格式如图 3-27 所示；支持双绞线、同轴电缆、光纤、射频、红外线、电源线等多种通信介质，并开发了相应的安全防爆产品，被誉为通用控制网络。

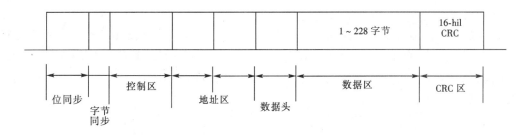

图 3-27　LonWorks 信息帧格式

LonWorks 采用了 LonTalk 通信协议，该协议可由 Neuron 芯片内带，也可固化在外部存储器中。Neuron 芯片中有 3 个 8 位 CPU，一个用于完成开放互联模型中第一层和第二层的功能，称为介质访问控制处理器，实现介质访问控制与处理；第二个用于完成第三至第六层的功能，成为网络处理器，进行网络变量处理的寻址、处理、背景诊断、函数路径选择、软件计时、网络管理，负责网络通信控制，收发数据包等；第三个是应用处理器，执行操作系统服务与用户代码。芯片中还具有存储信息缓冲区，以实现 CPU 之间的信息传递，并作为网络缓冲区和应用缓冲区。如 Motorola 公司生产的神经元集成芯片 MC143120E2 就包含了 2KRAM 和 $2KE^2PROM$。

目前已有 2600 多家公司不同程度上介入了 LonWorks 技术，1000 多家公司已经推出了 LonWorks 产品，并进一步组织起 LonMark 互操作协会，开发推广了 LonWorks 技术与产品。它已被广泛应用在楼宇自动化、家庭自动化、保安系统、办公设备、运输设备、工业过程控制等行业。为了支持 LonWorks 与其他协议和网络之间的互联及互操作，Echelon 公司正在开发各种网关，以便将 LonWorks 与以太网、ModBus、DeviceNet、Profibus、Seriplex 等互联为系统，i.LON1000 就是与 Ciscon 公司合作开发的 LonWorks 因特网服务器。

（二）Profibus

Profibus 是作为德国国家标准 DIN19245 和欧洲标准 EN50170 的现场总线，由 Profibus DP、Profibus FMS、Profibus PA 组成了 Profibus 系列。DP 用于分散外设间的高速传输，适用于加工自动化领域的应用；FMS 意为现场信息规范，Profibus FMS 适用于纺织、楼宇自动化、可编程控制器、低压开关等一般自动化；而 PA 型则是适用于过程自动化的总线类型，它遵从 IEC1158-2 标准。该项技术是由西门子公司为主的十几家德国公司、研究所共同推出的。它采用了 OSI 模型的物理层、数据链路层，由这两部分形成了其标准第一部分的子集，DP 型隐去了第三层至第七层，而增加了直接数据连接作为用户接口；FMS 型则只隐去了第三层至第六层，采用了应用层，作为标准的第二部分；PA 型的标准目前还处于制定过程之中，其传输技术遵从 IEC1158-2（H_1）标准，可实现总线供电与本质安全防爆。

Profibus 支持主从系统、纯主站系统、多主多从混合系统几种传输方式。主站具有对总线的控制权，可主动发送信息。对多主站系统来说，主站之间采用令牌方式传递信息，得到令牌的站点可在一个事先规定的时间内拥有总线控制权，并事先规定好令牌在各主站中循环一周的最长时间。按 Profibus 的通信规范，令牌在主站之间按地址顺序，沿上行方向进行传递。主站在得到控制权时，可以按主从方式，向从站发送或索取信息，实现点对点通信。主站可采取对所有站点的广播，或有选择地向一组站点广播。

Profibus 的一个发送/请求信息帧包括：同步位、开始字节、长度字节、重复的长度字节、目标地址、源地址、控制字节、数据区、帧校验序列和结束字节，数据帧格式如图 3-28 所示。Profibus 的传输速率为 9.6 ~ 12kpbs，最大传输距离在 12kpbs 时为 100m，1.5Mbps 时为 400m，可用中继器延长至 10km。可挂接设备数量最多可达 127 个，其传输介质可以是双绞线，也可以是光缆。

图 3-28 Profibus 信息帧格式

（三）CAN

CAN（Controller Area Network）最早是由德国 Bosh 公司推出，面向汽车工业中的实时控制，用于汽车内部测量和执行部件之间的数据通信。其总线规范现已被 ISO 制定为国际标准（ISO11898，ISO11519），得到了 Motorola、Intel、Philip、Siemens、Nec 等公司的支持，并广泛应用在离散控制领域中。许多厂商将 CAN 应用在工业及楼宇自动化中一些要求高实时场合，例如 Honeywell 的 Smart Distributed System（SDS）和 Allen Bradley 的 DeviceNet。自动化领域中的许多公司都有 CAN 产品。

CAN 协议也是建立在 ISO 的开放系统互联模型的基础上的，模型结构只有三层，即物理层、数据链路层和应用层，其信号传输介质为双绞线。通信速度可达 1Mbps/40m，直接传输距离最远可达 10km/5kbps。可挂接设备数量最多可达 110 个。CAN 的信息传输采用短帧结构，包括仲裁区、控制区、数据区、CRC 区和应答区（Ack），每一帧的有效字节数位 8 个，因而传输时间短，受干扰的概率低，数据包的最大长度为 8 字节。CAN 的标准信息帧格式如图 3-29 所示。当节点严重错误时，具有自动关闭的功能，以便切断该节点与总线的联系，使总线上的其他节点及通信不受影响。CAN 支持多主方式工作，网络上任何节点均在任意时刻主动向其他节点发送信息。支持点对点、一点对多点和全局广播方式接收/发送数据。

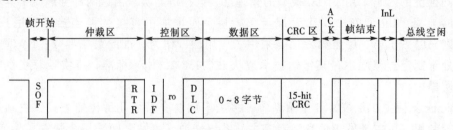

图 3-29 CAN 信息帧格式

CAN 的介质访问算法是非确定的（non-deterministic），并且参考 CSMA/CA 算法，与 LonWorks 避免冲突算法不同的是它采用位仲裁代替随机介质访问。当出现几个节点同时在网络上传输信息时，优先级高的节点可继续传输数据，而优先级低的节点则主动停止发送，从而避免了总线冲突。开始每个节点都处于监听状态，如果介质空闲，则节点访问介质并开始发送。为了避免冲突，通过采用独特的信息标识符来实现位仲裁，它是信息的一部分，每个节点同时比较自己所发送的信息与总线上的每个数据位，带有最低二进制位的标识器具有最高优先权，因此如果节点发现一个标识器的优先权比自己高，要停止发送。

除此之外还有基金会现场总线 FF、HART 总线等。

三、LonWorks 智能楼宇自动化系统的设计和实施

采用 LonWorks 网络使得从封闭的依赖于单个厂商的控制系统到完全可以互操作的智能楼宇自动化系统的转变成为现实。作为智能楼宇自动化产品的开发者，或系统集成者，可以以 LonWorks 技术为依托，开发 LonWorks 兼容的通用智能控制节点，各种专用节点，以及各种智能传感器、执行器；也可以从 LonWorks 兼容的不同 OEM 厂商的硬件和软件中按照应用的要求配置，灵活选用，完全没有必要依赖于单一的货源。

LonWorks 的开放性和互操作性使得不同厂商的产品很容易集成于一个功能齐全、结构灵活、容易安装、维护和扩充的一体化的智能建筑管理控制系统。

（一）智能节点设计

一般说来，使用 LonWorks 技术组成的自动控制网络中，检测、控制点可分为四类，即数字量（开关量）输入/输出，模拟量输入/输出。在节点设计时，可以根据应用要求和器件能力，选择各种输入输出的优化组合，形成系列产品。下面以 VACOM 威世达公司的 VCN 通用智能节点系列产品为基础分别作一简要说明。

1. 数字量（开关量）输入节点

数字量（开关量）输入节点主要用于检测外部数字信号和具有开关状态的信号，比如检测继电器的闭合状态，某些开关的状态，电平信号的输入等，这类节点在设计过程中主要考虑的问题是如何将各种各样的数字量和开关量转换成 Neuron 芯片能够接收的信号，并且这类信号在输入通道上要加光电隔离器，以提高节点运行的安全性和可靠性。

2. 数字量输出节点

在 LonWorks 网络中，很多的控制机都是通过数字量输出节点来完成的，比如继电器的驱动，各种显示器的驱动等。在设计这类节点时，主要是要解决外部高电压、大电流的提供问题。在电路中，同样也需要进行光电隔离，来提高节点的可靠性和安全性。

3. 模拟量输入节点

模拟量输入节点主要用于采集网络中的模拟信号。由于模拟信号种类繁多，如电压信号、电流信号等，而这类信号根据应用的场合和使用的传感器不同，其范围也不尽相同，如电压信号可以是 0~5V、0~10V、-5~+5V、-10V~+10V，电流信号可以是 0~10mA，4~20mA 等，所以模拟量输入节点的前端应增加信号整理电路，以使这些信号处于一个合理的范围内，便于采集。由于 Neuron 芯片所提供的 I/O 接口只有 11 个引脚，所以在节点的设计中，大多采用串行接口的 A/D 转换器，而 Neuron 芯片中的 IO8~IO10 提供了标准的 SPI 总线，为串行 A/D 到 Neuron 芯片的连接提供了方便条件。当然为了在节点中进一步提高数据采集速度，也可以使用并行接口的 A/D 器件，只是这种器件连接到 Neuron 芯片时，要使用较多的 I/O 口。另外在节点中使用串行 A/D 器件可以比较容易地实现光电隔离，而在使用并行 A/D 时要实现光电隔离，由于速度和使用数量等方面的原因比较困难。

在进行模拟输入节点的设计时，还可以使用其他类型的 A/D 变换形式，比方说在 A/D 速度要求不高，精度要求较高的场合可以使用 V/F 变换来实现模拟量到数字量的转换。

4. 模拟量输出节点

模拟量输出节点对于驱动某些控制设备是必需的，比如步进马达的控制、一些调节阀的控制等。和模拟量输入节点一样，在这类节点中使用最多的还是串行的 D/A 变换器件。根据所控制对象的不同，可能要求模拟量输出节点提供不同的信号，如电压信号、电流信号等，所以在实际的设计中，要增加输出信号整理电路。

5. 节点设计中的抗干扰措施

过程通道是前向接口（A/D 等）、后向接口（D/A 等）与 Neuron 芯片或 Neuron 芯片之间进行信息传输的路径，在过程通道中长线传输的干扰是主要因素。随着系统主振频率越来越高，系统过程通道的长线传输越来越不可避免。例如，按照经验公式计算，当主机主振频率为 1MHz 时，传输线大于 0.5m 或主振为 4MHz 时，传输线大于 0.3m，即作为长线传输处理。

为保证长线传输的可靠性，主要措施有光电耦合隔离、双绞线传输、阻抗匹配等。比如在上述的节点设计中，一般都增加了光电隔离电路，一方面提高了节点的安全性，同时也增加了节点的抗干扰能力。在 LonWorks 网络中传输媒体大多使用双绞线，它保证了信号传递的质量，从而可以使信号传送到足够远的地点。另外在使用双绞线时，网络端点的阻抗匹配也是影响信号质量及传输距离的重要因素，在设计网络时要格外注意。

（二）智能楼宇自动化系统实施

在实施楼宇自动化系统时，一般遵循下列步骤：建立控制逻辑；选择控制节点和其他设备；网络结构设计；布线；安装调试。建立控制逻辑：即定义监控对象，确定监控点，以及监控对象与其他设备的通信方式。

楼宇自动化系统一般监控对象包括：暖通空调、照明、保安门禁、火灾报警、能源监测等，以及和大厦信息管理系统的接口。控制逻辑是根据应用系统的监控要求确定的，例如，公共地段的照明按时间开关，办公室照明在有人进入时打开，公共门禁和 HVAC 按时间程序开关，保安系统使用动目标传感器等。监控对象的性质和监控要求决定了监控点的数目和类型（模拟量输入 AI，模拟量输出 AO，数字量输入 DI，数字量输出 DO 等），以及这些输入输出之间的关系。

1. 选择控制节点及其他设备

在确定好控制逻辑之后，就可以开始选择节点。选择节点主要考虑采用何种节点以适合应用要求。为简单起见，我们将节点分为两大类：通用节点和专用节点。通用节点是可以通过使用 Neuron C 编程监测控制多个输入/输出点，如 VACOM—威世达公司的各种模拟量、开关量、数字量 I/O 节点。专用控制节点是已经定义为某种专用的输入/输出（如 DI、DO、AI、AO），如 VACOM—威世达公司的电梯楼层显示节点、呼梯节点及轿厢节点、电动门锁控制节点、能量计费节点等。

2. 通信类型

即采用何种通信媒体（双绞线自由拓扑结构、信道电源线、供电线、无线），要根据实际的需要和可能考虑。一般来说，双绞线自由拓扑结构成本较低；信道电源线在需要使用电池或备用电源时比较适合；供电线在装修改造的工程中可能比较经济；无线在无法使用其他通信媒体时（例如无法连线时）提供解决办法。在考虑通信类型时，还需要考虑是否需要采用路由器、网桥或重发器。

3. 网络结构设计

即确定每一个控制节点的位置，网络中使用节点的数量，及路由器、网桥和重发器的数量，网络的构型，即是否要有多个域（Domain）、子网（Subnet）、组（Group），哪些节点属于哪个域和组。还有人机界面，是否采用主监控 PC 等。

4. 布线、安装、调试

布线是一项复杂的工程，楼宇自动化系统与结构化布线技术的结合使布线更加规范化。采用双绞线自由拓扑结构收发器的 LonWorks 节点很容易使用结构化布线的普通双绞线或屏蔽双绞线作为其通信媒体。除了网络布线外，电源、传感器、变送器、执行器的输入/输出连线、空调控制线、门锁、照明设备控制线等都需要加以确定。

在确定设备位置和布线要求后，制定布线计划和细节，即可实施布线、安装。调试过程是反复多次进行的过程，包括节点程序的调试、设备功能调试及网络联调。使用开发系统及网络安装调试工具进行网络模拟调试，无疑可以减少现场安装调试的工作量，从而节省调试成本。

LonWorks 技术体现了控制网络技术发展的最新趋势，它对控制领域各种不同应用的适应性，它提供的一体化解决办法，它的无中心真正分布式控制模式，它的开放性、互操作性，以及它被工业界的广泛接受，成为控制网络的实际主流标准，使得基于 LonWorks 平台开发真正一体化的智能建筑管理控制系统，不但是现实可行的，而且是具有广阔前景的。

第四节　有　线　电　视

一、有线电视的概念

有线电视起源于公用天线电视系统 MATV（Master Antenna Television）。公用天线系统是多个用户公用一组优质天线，以有线方式将电视信号分送到各个用户的电视系统。

随着国民经济和科学技术的发展，人们对文化、教育和信息等有着多方面的需求，公用天线电视系统已不能适应新的形势，人们不再满足当地电视台开路播放的电视节目，而是期望实现高质量、多频道、多功能的电视传播。有线电视系统不仅能高质量的转播当地的开路电视节目，还可以自办节目或转发卫星电视节目，并能双向传输和交换信息，完全能满足这些要求。有线电视以有线闭路形式把节目送给千家万户，所以人们称为 CATV（Cable Television）。

有线电视网一般可分为小型、中型和大型三种，其传送的用户数分别可以是几百户、几千户和几十万户以上。中小型网通常采用电缆传输方式，而大型网络在体制和结构上，已从电缆向光缆干线与电视网络相结合的 HFC 形式过渡。

过去，有线电视系统一般只能传送 12 个频道，随着技术的发展，现在大部分有线电视系统可以提供 40 个以上的频道。目前的规范为，频带 300MHz 的系统有 28 个频道，频带 450MHz 的系统有 47 个频道，频带 550MHz 的系统有 60 个频道。在美国，一般的有线电视系统都能传送 50 套以上的节目，最大的为纽约长岛系统，已将 100 套电视节目送给每个用户，利用数字压缩技术传输 5900 套节目的系统也已开通。

先进的有线电视系统汇集了当代电子技术许多领域的新成就,包括电视、广播、微波传输、数字通信、自动控制、遥控测量和计算机技术等,而且还将与"信息高速公路"紧密联系在一起。"天上卫星传送,地面有线电视覆盖"的星网结合的结构模式成为 21 世纪广播电视覆盖的主要技术手段,也将成为"信息高速公路"的基础框架。

二、有线电视系统的基本组成

有线电视系统大体由信号源接收系统、前端系统、信号传输系统和分配系统四部分组成。图 3-30 所示是整个有线电视系统的原理框图,表示出各个组成部分的相互关系。

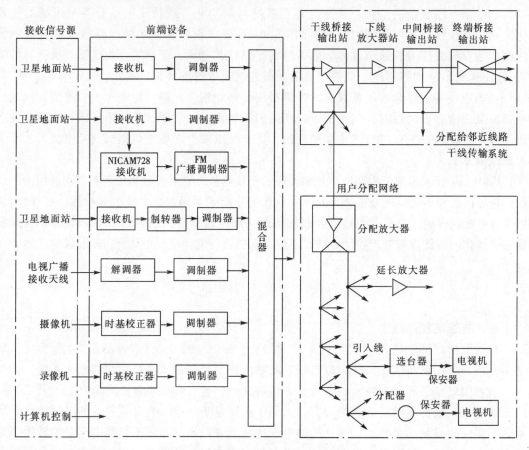

图 3-30　有线电视系统原理框图

(一)信号源

有线电视系统的信号源有两种:一种是从空间收转的信号,另一种为有线电视系统的自办节目。

空间收转的 VHF、UHF 信号:VHF、UHF 信号源的标准是接收点场强满足 $70 \pm 15dB$(μV/m),接收点周围没有其他干扰,电视台、差转台发射的信号达到一定技术要求。这些属于开路信号,而开路信号易受干扰,在接收较远的信号时受干扰的可能性更大,特别在城市中。

空间收转的卫星电视信号:卫星电视信号为调频信号,方向性特别强,受干扰的可能性很小,因此质量很好。卫星地球站接收天线的架设地点应特别注意能避开地面微波站的干扰。在架设抛面天线时,天线的馈源应准确地置于抛面天线的焦点上。

空间收转的微波电视信号：微波电视信号为调频信号。其工作频段为 3.4~4.2MHz。多路微波分配系统（MMDS）电视信号的接收需经过一个混频器将信号频段降至 UHF 频段后，直接输入前端设备。接收微波电视信号的抛面天线比接收卫星电视信号的抛面天线的焦距短（即抛面深），反射信号增益高、波速窄。微波在地面传送，传播方向一般与地面平行，受地面干扰源的影响比较大，信号质量比卫星电视信号差，但比空间开路电视信号要好。微波信号是视距传送，最远只能传输 50~60km。在 50km 内传输是相当稳定的，再远就需要接力传输。

（二）前端设备

前端设备是整套有线电视系统的心脏，它包括频道放大器、UHF—VHF 转换器、卫星接收设备、微波接收设备、光接收转换设备、导频信号发生器、自播节目设备、调制器、混合器和分配器等。其主要功能是将各种不同信号源接收的电视信号经过频段转换、调制、放大、滤波等处理，使之成为高品质、无干扰噪声的电视信号，混合以后再馈入传输电缆。图 3-31 所示为中型有线电视系统前端。

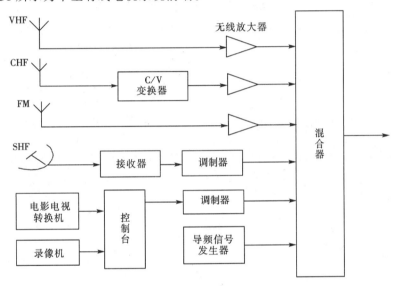

图 3-31　中型有线电视系统前端

（三）传输系统和分配网络

传输线路分为干线和支线，干线可以用电缆、光缆和微波三种传输方式，在干线上相应地使用干线放大器、光缆放大器和微波发送接收设备，支线以采用电缆和线路放大器为主。这一部分的功能是把来自前端的电视信号通过干线和支线送到分配网络，分配网络要有良好的分配系统，使各家用户的信号达到标准。分配网络有大有小，根据用户分布情况而定。在分配网络中有分支放大器、分配器、分支器和用户终端。

三、有线电视系统的主要部件及设备

（一）接收天线

1．电视接收天线的作用

无线电广播和无线电通信都是由发射机、接收机和天线（含馈电系统）三大部分组成。电视广播发射天线的作用是把电视发射机输出的电视已调波信号，由高频电流能量转

79

变为电磁波能量并辐射到空中去。接收天线的作用正好相反，把所需要的电视信号的电磁波能量接收下来，并转变为高频电流能量，经过馈电系统传输到接收机。

2.VHF 接收天线

VHF 接收天线主要有八木天线、背射天线、对数周期天线、数组天线等，下面以八木天线为例进行讨论。八木天线的基本结构如图 3-32 所示，由有源阵子、反射器和引向器组成。

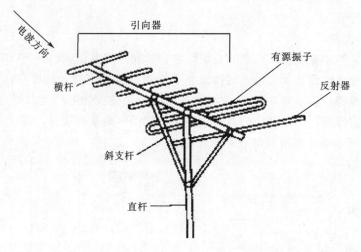

图 3-32　八木天线的基本结构

3.UHF 接收天线

UHF 接收天线主要有角形反射器、对数周期天线两种。带有 90°角形反射器的分米波接收天线如图 3-33 所示。在角形反射器天线有源阵子的前面，可以设置多个引向器，当引向器增加到 20 个时，如图 3-34 所示，增益可达 13dB 左右。

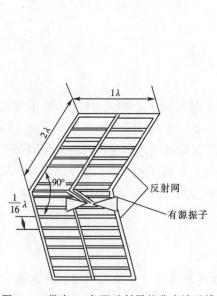

图 3-33　带有 90°角形反射器的分米波天线

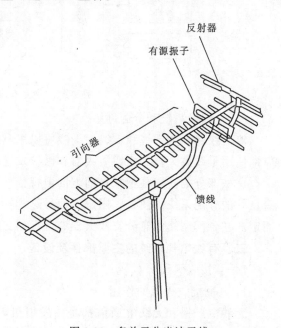

图 3-34　多单元分米波天线

4. 抛物面天线

抛物面天线是指用来产生所需方向性的反射镜面形状的天线，抛物面反射器可分为旋转抛物面、切割抛物面、抛物柱面三种。如图3-35所示为抛物面天线的外形图。

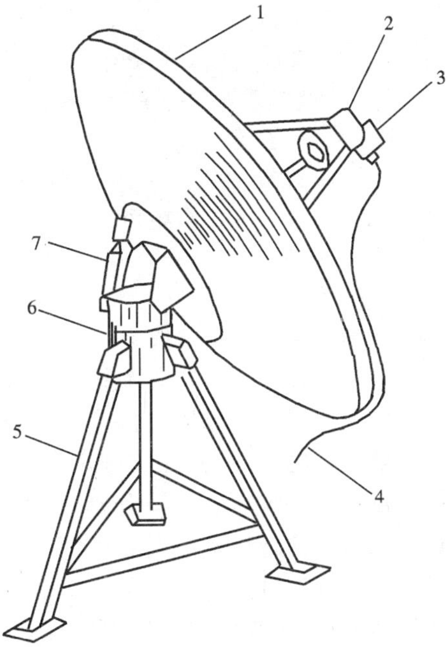

（二）卫星地面站

地面站是卫星通信系统的重要组成部分。它的作用一是向卫星发射信号，二是接收卫星转发的，来自其他地面站的信号。

按照安装方式及规模分，地面站可分为固定站、移动站和可拆卸站。可拆卸站是指在短时间内能够拆卸并改变地点的站；按照用途，地面站又可分为民用、军用、广播、航海、气象、通信、探测等多种地面站；按口径的大小，可分为30m站、10m站、5m站、3m站、1m站等。

如图3-36所示，一个标准的地面站由天线系统、发射系统、接收系统、通信控制系统、信道终端系统和电源系统六部分组成。

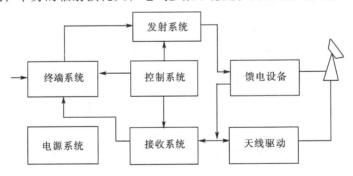

图3-35　抛物面天线的外形图

1—抛物面反射器；2—高频馈源；3—高频头；4—低损耗同轴电缆；5—安装架；6—方位角调整装置；7—仰角调整装置

（三）传输线

1. 平行双线

此种电缆实际上是两根保持一定间距的平行导线，通常用聚氯乙烯和聚乙烯等绝缘材料来固定导线的间距，其特性阻抗为300Ω，俗称扁平线。这种电缆因为没有屏蔽，易受周围的电器干扰，本身的辐射损耗大，电气参数不稳定，所以很少采用。

图3-36　标准的地面站组成

2. 同轴电缆

它是由芯线和屏蔽网筒构成的两根导体，因为这两根导体的轴心是重合的，故称同轴电缆或同轴线。通常将芯线称为内导体，铜丝纺织的网筒简称为外导体。内、外导体用绝缘体隔开，最外层有护套用来保护屏蔽网筒不受损伤。与扁平线相比，同轴电缆的电气性能比较稳定，不易受外界干扰，施工方便，所以在有线电视系统中被大量采用。如图3-37

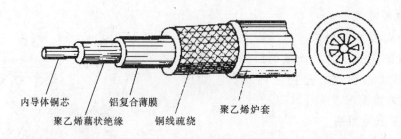

内导体铜芯　铝复合薄膜
聚乙烯藕状绝缘　铜线疏绕　聚乙烯炉套

图 3-37　同轴电缆的典型结构图

所示为同轴电缆的典型结构图。

同轴电缆的种类和规格很多，在系统的不同场合需采用不同的电缆来满足要求。我国对同轴电缆的型号、规格实行了统一命名，通常由四部分组成，第一部分用英文字母表示，分别代表电缆的代号、芯线绝缘材料、护套材料和派生特性，见表 3-2 所示；第二、三、四部分均用数字表示，分别代表电缆的特性阻抗、线绝缘外径和结构序号。例如"SYV-75-5-1"的含义是：该电缆为同轴射频电缆，芯线绝缘材料为聚乙烯，护套材料为聚氯乙烯，特性阻抗 75Ω，芯线绝缘外径为 5mm，结构序号为 1。近年来，出现了各种新型的同轴电缆，如"SDGFV"型同轴电缆，S 仍然代表同轴射频电缆，D 代表在绝缘材料中注入氮气，GF 代表高泡，V 仍然代表护套材料为聚氯乙烯。

电缆英文字母含义表　　　　　　　　　　　表 3-2

电缆代号		芯线绝缘材料		护套材料		派生特性	
符号	含　义	符号	含　　义	符号	含　　义	符号	含义
S	同轴射频电缆	D	稳定聚乙烯-空气绝缘	B	玻璃丝编织浸硅有机漆	P	屏蔽
SE	对称射频电缆					Z	综合
SJ	强力射频电缆	F	氟塑料	F	氟塑料		
SG	高压射频电缆	I	聚乙烯-空气绝缘	H	橡套		
SG	延迟射频电缆			M	棉纱编织		
ST	特性射频电缆	W	稳定聚乙烯	V	聚氯乙烯		
SS	电视射频电缆	X	橡皮	Y	聚乙烯		
		Y	聚乙烯				
		YK	聚乙烯纵孔				

3. 光纤

光纤的构造：光纤是一种带涂层的透明细丝，其直径为几十到几百微米。在光纤外围加有缓冲层、外敷层，起保护作用。

（1）光纤按折射率分为突变型和渐变型：在芯线与涂层分界面上，若折射率 n 是突变的，称为突变型（阶跃型）光纤；若 n 是渐变的，称为渐变型（梯度型）光纤。

（2）光纤分类：光的传输路径称为模，模数即传输路径的个数。光纤分阶跃多模光纤（SI）、梯度多模光纤（GI）和单模光纤（SM）三种，见表 3-3 所示。

光 纤 分 类 表
表 3-3

光纤的形状		芯线直径（μm）	折射率分布	光束传播方式	传输带宽
单模光纤 SM		约 10			≥10GHz
多模光纤	阶跃型 SI	40 ~ 100			10 ~ 50MHz
	渐变型 CI	40 ~ 100			几百 MHz ~ 几 GHz

1) 单模光纤。芯线特别细（4 ~ 10μm），光束传输孔径很小，只能通过沿轴向的光束，故称为单模光纤。单模光纤的优点是不像多模光纤的传输速度差，大大加宽了传输的频带，每千米可达 10MHz。其缺点是光纤细，耦合能量较小，光纤与光源以及光纤与光纤之间的接口比多模光纤困难。

2) 阶跃多模光纤。芯线直径为 40 ~ 100μm，光束在芯线与折射层的分界面上以全反射的方式传输，由于直径较大，光的入射角不同，存在多种光的传输路径，故称为多模光纤，其模数通常达 100 以上，各模之间存在路径长度的差异，导致信号传输在时间上产生差异，各模信号不能同时达到输出端，即存在色散现象，使传输频带变窄。阶跃多模光纤每千米的带宽只有几十兆赫兹。

3) 梯度多模光纤。芯线的折射率在径向以平方律分布，中间的折射率大于边缘的折射率，因而中间光束的传输速度较慢。由于中间光束的路径较短，所以使不同的光路的光束以差不多相同的速度传输。减小了色散，展宽了传输频带。梯度多模光纤每千米的带宽只有几百至几千兆赫兹。

（四）自办节目设备

自办节目设备包括播放录像带、现场实况转播等设备。

（五）前端设备

前端设备是 CATV 系统中最主要的组成部分。前端设备的主要任务是进行电视信号接收后的处理，包括信号的放大、混合、频道转换、电平调整，以及干扰信号成分的滤波等。

1. 天线放大器

天线放大器是指安装在接收天线杆上用于放大空间微弱信号的低噪声放大器。它大致可分为选频（单频）放大器和宽带放大器两类，应根据接收点的具体情况选用。

（1）单频道天线放大器：

具有调谐回路，能提高选择性，对抑制邻频干扰有明显的效果。接收远距离和超远距离电视信号时，一般都存在邻频干扰和同频干扰。因此最好选用单频道天线放大器。

（2）宽频带天线放大器：

其频率范围在 45 ~ 230MHz（全频道天线放大器从 40 ~ 800MHz），在此范围内具有平坦的放大特性。这种放大器适用于在远离发射台的边远地区使用，或用作补偿馈线衰减量的放大器。

2. 频道转换器

频道转换器又称频率转换器，它在不改变频道频谱结构的前提下，改变电视信号的载频。即如果将 A 频道的电视信号输入频率转换器，那么，在变频器输出端就能得到 B 频道的电视信号，而其图像伴音均是原来 A 频道的内容。此时，在系统终端的电视机上只能调频到 B 频道上收看 A 频道的节目，若调在 A 频道上却反而收看不到。

通常在强场区采用频率转换器。由于电视信号场强很强，空间波可不经过系统电缆而直接窜入系统终端电视机的高频调谐器（俗称高频头）。在这种情况下，电视机就收到了两个统一频道的电视信号，一个是从系统分配网络来的，另一个是直接从空间窜进的。这两个信号前者信号强，时间上迟于后者，而后者信号弱，但时间上先于前者。反映在电视机屏幕上，图像的左方会出现重影，称为"左"重影。这种重影是很难克服的，只能通过频道转换器将该频道的电视信号改换到另一个新的频道上去，保证图像的质量。

3. 卫星接收机

卫星电视广播系统由地球上的发射站和测控站、卫星转发器以及卫星地球站三个部分组成。CATV 系统的卫星地球站又由天馈部分、高频头、卫星接收机、监视器（或电视接收机）以及与 CATV 系统相连的电缆等组成。由于卫星接收机输出的是视频图像信号和音频伴音信号，因此必须用调制器将它们调制成某一电视频道的射频信号，才能送入 CATV 系统，该过程如图 3-38 所示。

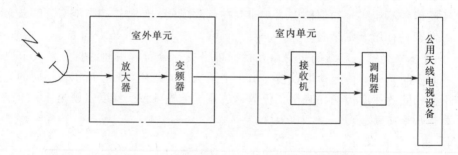

图 3-38 卫星电视接收设备与 CATV 系统的连接

4. 滤波器

滤波器是一种对频率特性要求较高的选频电路。滤波器在系统中的作用有两个，一是让某个频道的电视信号能最大限度的通过，另一个是对该频道电视信号以外的成分进行最大限度的抑制。它在系统中可以作为一个独立的部件使用，也可以和宽带放大器组合在一起构成频道放大器。

5. 陷波器

陷波器用来阻止（也可以说是滤除）某一特别强的干扰（非接收信号）。

6. 调制器

调制器是 CATV 系统中用于将视频、音频信号调制成电视射频信号的专用设备。它直接与摄像机、录像机、卫星接收机等配合使用。

7. 混合器

混合器的功能是将前端设备的多路射频电视信号混合在一起，由一个输出口输出，接到系统同轴电缆进行传输。

8. 导频信号发生器

导频信号发生器是一个频率和幅度都相当稳定的正弦波发生器，在 CATV 系统的干线中，为了增加干线长度或补偿由于温度变化而引起的电缆衰减量、放大器增益的变化，可采用自动电平控制和自动斜率补偿。为了使这种控制同时进行，一般可采用两个频率的导频信号，一个控制电平，一个控制斜率。因为导频信号发生器产生的是供这两种控制所用的基准信号，所以，要求它即使在环境温度和电源电压变化时，也能够输出稳定载波电平。

（六）线路及终端部件

1. 分配器

分配器是有线电视系统中一个重要的部件，它的作用一是将一路信号功率平均分配给几路，另一个是将输入、输出端倒过来使用，可将两路信号、三路信号或四路信号混合起来。用的较多的是前者。在系统中，分配器的每个输出端都不要空载，也不要短路，应该保证阻抗匹配。常用的分配器有二分配器、三分配器、四分配器等几种，如图 3-39 所示。分配器是一种无源器件。

图 3-39　分配器的符号

2. 分支器

分支器和分配器一样，也是一种无源器件，它在系统中的基本作用是从一根同轴电缆中提取一小部分信号功率供给一个或几个用户终端。由于分支器在信号传输的过程中是有方向的，倒过来还可用作信号混合。常用的分支器有一分支器、二分支器和四分支器等几种，如图 3-40 所示。

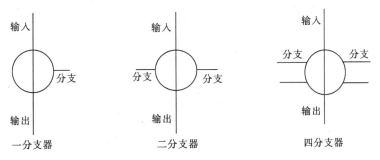

图 3-40　分支器的符号

3. 放大器

电视信号从前端送出后，通过干线电缆传送到电缆系统所覆盖的各个分配网，干线放大器用于补偿电缆的衰减，使信号电平在一定的范围内重复"衰减—提升"的过程。

干线放大器有多种形式，按照实际用途来划分，分配系统内使用的放大器有以下几种：

（1）线路放大器；

（2）分配放大器；

（3）干线放大器；

（4）干线分支放大器；

（5）双向放大器。

4. 阻抗匹配器

阻抗匹配器即 300—75Ω 平衡—不平衡变换器，它也可以反过来成为 75—300Ω 不平衡—平衡变换器。平衡线路如果直接与不平衡线路连接就会破坏平衡状态，使其中一根导线电流产生的影响不能被另一根导线电流产生的影响平衡，这将导致向外辐射而消耗信号功率；另外，受到干扰时不能再因平衡而抵消，天线的平衡性受到破坏，方向图还会发生变形，抗干扰性能降低。

5. 衰减器

当系统中的电平太高时，就需要采用衰减器将高电平降低到低电平，以满足需要。

6. 均衡器

电缆对电视信号的衰减与频率的平方根成正比，即频率越高衰减越多。均衡器是补偿电缆这种衰减特性的，它的衰减量随频率的增高而减小。

7. 终端盒

用户终端盒是系统中用的最多的部件，它是系统和用户设备之间的接口，通过用户电缆将系统的信号直接送到用户设备的输入端口。

（七）分配网络组成形式

分配网络组成形式根据系统用户端总数和分布情况的不同可以有很多种。在系统工程设计中，分配网络设计最灵活多变，同一系统可以有好几个方案供选择。

1. 分配—分配形式

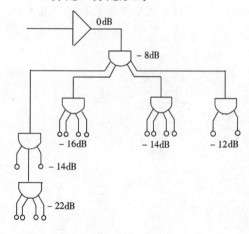

图 3-41　分配—分配形式

这种网络中所用的部件均是分配器，图 3-41 所示是其基本组成图。在使用这种网络时，每个端口都不能悬空，如暂时不用，则应接上 75Ω 的负载电阻，以保持整个分配网处于匹配状态。这种网络通常最多采用三级，每一级视具体情况可以分别采用二、三、四分配器。由图 3-41 可以看出，第一级四分配器的四个端口电平要比输入端口的电平衰减 8dB，这样到第三级的四分配端口（第二级是三分配器）的输出电平就比分配网络输入电平衰减 22dB。所以，分配—分配形式仅适用于用户端数少，以前端为中心向四周扩散的用户群。由于分配器的反向隔离指标不高，如果大量使用易造成当个别用户出现故障时，对全系统产生影响，故在设计中要慎用。

2. 分支—分支形式

该分配网络中使用的都是分支器，图 3-42 所示是其典型组成图。信号自前端进入第一个分支器，它在网络中作为定向耦合器来使用，将信号功率取出一部分供给第一条分支电缆分配用。在第一个分支器后沿着传输方向又接有第二个分支器，将信号功率耦合给第二条分支电缆供分配用。这种分配网络特别适用于用户端数不多又分散，且传输距离较远的小型有线电视系统。在使用这种分配网络时，最后一个分支器输出端必须接上一个 75Ω 的负载电阻，以保证网络的匹配。

3. 分配—分支形式

这是网络中使用最广泛的一种，图 3-43 所示是其典型组成图。来自前端的信号先经过分配器，将信号分配给分支电缆，再通过不同分支损耗值的分支器向用户端提供符合《系统技术规范》要求的信号。这种网络形式特别适合在楼房内使用。

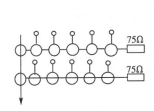

图 3-42　分支—分支形式

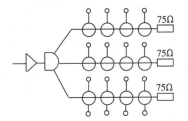

图 3-43　分配—分支形式

4. 分支—分配形式

图 3-44 所示是该形式的组成图。用户端的信号是通过分支器和分配器的途径得到，为了使各用户端得到的信号电平一致，就要选用不同分支损耗值的分支器来满足。

5. 分配—分支—分配形式

实际上是分配—分支和分支—分配两种形式的综合应用，如图 3-45 所示。此外，还可组合分支—分配—分支形式。

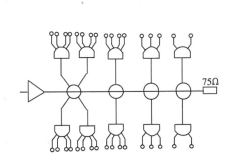

图 3-44　分支—分配形式

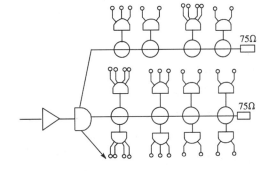

图 3-45　分配—分支—分配形式

第五节　视频监控系统

在无法或不可能直接观察的场合，人们总是设法使被监控的对象能实时、形象、不失真地反映出来，这就是视频监控系统在现代智能建筑中起独特作用和被广泛应用的主要原因。目前，它已成为人们在现代化生产和管理中，进行监视和控制的一种极为有效的工具。

一、视频监控系统的组成及其原理

视频监控系统是指用电缆或光缆在闭合的通路内传输电视信号，并从摄像到显像完全独立齐备的电视系统。

视频监控系统广泛用于各行各业，它有多种多样的构成形式，但其基本组成是下列三个部分：

（1）对被摄体进行摄像，并将所摄的图像变换为电信号的摄像部分（一般为摄像机，称它为头）；

（2）把电信号送到其他地方的传送部分（一般为电缆或光缆）；

（3）将电信号进行还原重现的显像部分（一般为监视器，称它为尾）。

摄像机安装在需要监控和观察的场所，它通过摄像器件把"光像"变为电信号，由传输线路把电视信号传送给安装在观察地点的监视器，再由监视器将电信号变为"光像"。

以上三个基本组成部分连接起来便构成了一个基本的单头单尾的视频监控系统，如图3-46 所示。为了某些特定目的，还可以由这三个基本组成部分构成单头多尾、多头单尾、多头多尾的大型复杂的视频监控系统。

在视频监控系统中，一般需要对摄像部分和接收部分进行控制，所以系统中还有一个控制部分。此外，有些系统还要对图像进行记录、分析、加工等，所以，在这样的系统中还包括视频信号记录、图像信息处理等部分。

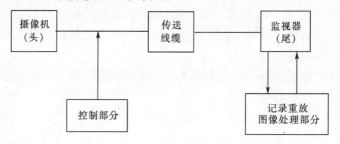

图 3-46　视频监控系统的基本构成

二、系统主要设备

（一）摄像机

摄像机的作用是把光信号变为电信号，它的关键部分是摄像器件。摄像器件可分为电真空器件和固态器件两大类。电真空器件又可分为 Vidicon（视像管）、Newvicon（碘化锌镉）等种类；固态器件又可分为 CCD（电荷耦合器件）、MOS（金属氧化物）和 CID（电荷注入器件）等种类。按摄像机所获得图像不同，可分为彩色和黑白两大类；按其所采用的电视制式不同，又可分为 PAL、NTSC、SECAM 三大类（彩色）和 CCIR、EIR 等；按其供电电压和电流种类不同，可分为 AC220V、AC110V、AC24V、DC12V 或多功能传输供电等数种。因此，在选择摄像机时，应首先确认所需的摄像机属何种类，以便满足要求。

因为固态摄像器件中的 CCD 具有很多优点，所以，目前采用 CCD 的摄像机得到普遍使用，大有完全取代采用电真空器件摄像机的趋势。表3-4 列出了几种摄像机器件的基本性能比较结果。

几种摄像机器件的基本性能比较 表 3-4

序号	摄像器件 项　目	Vidicon 视像管	Ncwvicon 碘化锌镉	CCD 电荷耦合器件
1	寿命	几千小时	同左	10 年以上
2	烧伤	调强光时会烧伤	同左	无
3	几何失真	有	有	无
4	像均匀度	边缘差	同左	好
5	微音效应	有、老化时更严重	同左	无
6	余像	有	有	无
7	灵敏度	低（3～5lx）	高（0.3～0.5lx）	高（0.1～0.3lx）
8	尺寸，质量	大	大	小，超小
9	外磁场影响	有	有	无
10	通电→成像时间	慢、需预热几分钟	同左	立即（约 0.5g）
11	耗电	大	大	小
12	分解力	稍好	同左	有差、有好的
13	拖尾（在强光下）	水平方向有	同左	垂直方向有
14	价格	低	高	较低（正在降价）

　　黑白摄像机与彩色摄像机的性能差别较大，如果没有识别颜色的要求，可以选用黑白摄像机。当选用彩色摄像机时，由于其灵敏度较低，必须具备较好的照明条件，彩色和黑白摄像机的比较见表 3-5 所示。

黑白、彩色摄像机比较表 表 3-5

序号	摄像机 项　目	黑白摄像机	彩色摄像机	序号	摄像机 项　目	黑白摄像机	彩色摄像机
1	灵敏度	高	低（约低 10 倍以上）	4	图像观察感觉	只有黑白	有色彩，真实
2	分解力	高	低（约低 20%）	5	价格	低	高（1 倍以上）
3	尺寸，重量	小	大				

（二）摄像机防护罩及其支撑设备

1. 摄像机防护罩

很多视频摄像机是设置在条件相当恶劣的环境中，因此必须加装对摄像机进行相应保护的防护罩，这样才能保证摄像机正常工作，并延长其使用寿命。

摄像机防护罩按用途和形式可分为以下几种：

（1）室内型：包括简易防尘型，防潮型，密封型，通风型等。

（2）室外型：包括简易防尘型，防潮型，密封型，通风型等。

（3）特殊类型：包括强制风冷型，水冷型，防爆型，特殊射线防护型等。

2. 摄像机支承设备

固定、安装摄像机的设备称为摄像机支承设备。按被摄体的种类和支承设备使用的环境及使用目的将其分为各种类型，常见的有：三角架，摄像机托架和云台。

三角架是最一般的摄像机支承物，与照相机的三脚架类似，根据承载不同有各种型号。当摄像机安装在房屋吊顶上或装设在墙壁上时，就需要用摄像机托架，托架也有各种大小不同的型号。

云台是最常用的摄像机支承设备，按使用环境和使用目的不同，将其分为下面几种类型：

$$
\text{云台}\begin{cases}\text{室内型}\\\text{室外型}\end{cases}\qquad\text{云台}\begin{cases}\text{通用型}\begin{cases}\text{手动}\\\text{电动}\end{cases}\\\text{特殊型（防爆、耐高温型、水下型）}\begin{cases}\text{电动}\\\text{手动}\end{cases}\end{cases}
$$

因为电动云台能扩大摄像机的监视范围，并且操作控制简便，所以，目前电动云台得到广泛使用。

3．监视器

监视器是视频监控系统的终端显示设备，整个系统的运行效果都要由监视器来体现，所以在系统中占有重要地位。视频监控系统所使用的监视器按功能来分主要有三类，即：图像监视器、接收监视两用机、电视接收机。这三类都有黑白和彩色之分，目前用的最多的是图像监视器，其黑白、彩色的数量约各占一半。在这种监视器中，没有射频输入、中频放大、视频检波、音频电路及扬声器等。

按照监视器使用场合与工作状态的不同，其显像管大小规格的选用有以下几种情况：

$$
\left.\begin{array}{l}\text{与操作台组合使用}\\\text{摆放在桌面上}\end{array}\right\}\text{——小型（12in 以下）}
$$

$$\text{由监视器架、屏组合使用——中型（14～21in）}$$

$$\text{单独显示用——大型（25in 以上）}$$

4．录像机

当需要把摄像机送来的图像信息记录下来时，常用录像机作为记录设备。录像机的原理与录音机一样，它是通过将涂有强磁性物质的磁带与磁头相接触，从而把视频和音频信号记录下来，并且可以进行重放。

录像机按用途分有广播用、专业用（如教育）、家庭用三类。按磁带的使用方式分有开盘式、合式、卡盘式等。

在保安监视视频监控系统中，常用一种盒式长时间录像机，其记录时间很长，有的能达到 24 小时以上，这种录像机还能以慢速或静帧的方式进行重放。

目前，在有些视频监控系统中，采用磁盘来记录图像信息，而且记录效果很好。

5．视频信号分配器与视频信号切换器

（1）视频信号分配器：

与前面 CATV 分配射频信号一样，当需要把一路视频信号送给多个监视器时，就涉及到视频信号分配问题。在视频监控系统中，视频信号的标准电平 $1V_{P-P}$ 正极性，配接的标准阻抗是 75Ω，在分配视频信号时，要遵循信号幅度相适应和阻抗匹配的原则，否则会产生信号失真、反射等。

监控室的视频信号都来自摄像机、光接收机等设备，并由 75Ω 同轴电缆送入。

当一路视频信号送到一个监视器，可直接把输入的视频信号接到监视器的视频输入口，监视器输入阻抗开关拨到 75Ω 档即可。

若是将一路视频信号送到相距不远的多个监视器，可以用也可以不用视频信号分配器。若不用，则应把输入的视频信号接到第一个监视器的视频入口，它的输入阻抗开关拨到高阻档，其视频输出接到第二个监视器的视频输入口；第二个监视器的输入阻抗开关拨到高阻档，它的视频输出接到第三个监视器的视频输入口；……；如此一直到最后一个监视器的视频输入口，只有最后一个监视器的输入阻抗开关拨到 75Ω 档。因此这种方式相当于多个高阻并联到 75Ω 电阻上，所以监视器不能连接太多，否则会使总阻抗值下降过大，造成不匹配，出现图像信号反射等情况。

若要用视频信号分配器，则连接方法如下：

当把一路视频信号送到相距较远的多个监视器，则应使用视频分配器，分配出多路幅度为 $1V_{P-P}$、配接阻抗是 75Ω 的视频信号，接到多个监视器，各个监视器的输入阻抗开关都拨到 75Ω 档。

（2）视频信号切换器：

视频信号切换器的作用是从多路输入的视频信号中，选出某一路送到监视器去。视频监控系统中的摄像机数量一般较多，通常没有必要把每一台摄像机的输出都对应用一台监视器同时显示出来。实际应用中大都是将摄像机分成许多组，每组配置一台视频信号切换器和一台监视器，由切换器对每组摄像机的输出进行选切显示。当然，如果选切出的信号路数仍嫌多，还可以再一次分组，再进行一次选切，即二级选切。自然还有三级、四级选切等。但一般最多采用二级选切的形式，即在一级选切显示的同时，将信号最后选切到一台主监视器上，供值守人员重点观察。

目前，渐渐采用微机控制选切的方法，微机控制时，直接利用键盘，就可以方便地实现自动分循环选切等功能，定时循环时间可以预先设定。

三、视频监控系统的控制

为满足视频监控系统实际工作时的不同需要，使系统操作简单可靠和易于自动化，就要对系统各部分进行电动或自动控制。

（一）控制的类型

1. 摄像机的控制

对摄像机的控制主要有：通断电源、快速启动以及对摄像器件的一些控制等。

2. 镜头的控制

对镜头的控制主要是对其焦距、光学聚焦、光圈三者进行控制，目前一般均在控制室内用控制器对其进行电动遥控。

（1）变焦。长←→短（远望←→广角）；

（2）光学聚焦。远←→近；

（3）光圈。启←→闭（自动光圈镜头可自动设定）。

3. 防护罩的控制

对防护罩的控制主要是对其刮水器、降温冷却装置、防霜加热器等的控制。

4. 电动云台的控制

对电动云台的控制主要是控制其左、右旋转，上、下俯仰。在传动机构一般均设有限位开关，当转到一定位置，限位开关便动作切断电动机电源。

有些场合要求摄像机能 360°连续旋转摄像，例如，森林消防瞭望楼安装的摄像机，这时就需要使用连续旋转式云台。为了能连续旋转，并保证摄像机输出的视频信号线以及摄像机防护罩控制信号线的连接，要在云台的水平方向旋转轴的周围设置一组滑环。

5. 视频信号切换器的控制

在规模较小且使用要求不高的视频监控系统中，仍常采用视频信号切换器。对视频信号切换器的控制有：按键、继电器以及电子切换单元等多种方式。

（二）控制方式

1．直接控制方式

直接控制方式是将电压、电流等控制信号直接输入被控设备，即把切换和控制的信号通过专用电缆接到被控点上，其基本结构如图 3-47 所示。这种控制方式没有中间环节，设备简单，成本低廉，但控制效果受传输电缆线路电压降的影响（一般允许电压降为10%），所以这种方式控制距离较近。进行直接控制时必要的电缆芯数见表 3-6。

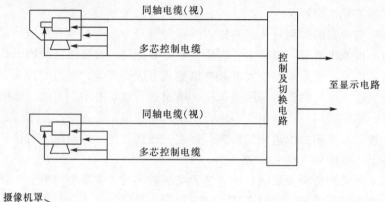

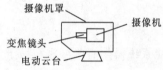

图 3-47 直接控制方式基本构成

直接控制所需芯线数表 表 3-6

直接控制项目		芯线数	备　　注
摄像机电源开关		2	
摄像机罩	刮水器	1～2	
	清洁器	1～2	
	防雷器		通常呈自动控制，即只要有 AC 供电即可
电动变焦镜头	变焦	2（1）	适用的模式 AC 和 DC 是不同的，（ ）表示的是 DC 型的。光学为 EE 时，还需要 EE 电路的芯线。因而所需要的芯线将增加
	光学聚焦	2（1）	
	光圈	2（1）	
	共用线	1（1）	
电动旋转云台	左右旋转	2（1）	适用的模式 AC 和 DC 是不同的，（ ）表示的是 DC 型的
	上下旋转	2（1）	
	共用线	1（1）	

以视频监控设备中用得较多的室外型旋转云台为例，其控制电缆芯线的截面积一般为1.25mm²，交流驱动电机额定电流一般为 0.5A，可算出其电缆长度最长为 670m。但是，实际上还要把电源电压波动、电缆线的阻抗温度系数、电机的起动电流等因素考虑进去，

这样其最长电缆长度要短一些。一般情况下，摄像端和监视端之间控制电缆的最大长度可根据已知条件算出，通常在 500mm 左右。

　　2.间接控制方式

　　当摄像端与监视端相距很远，控制电缆太长时，无法进行直接控制，这时可能用继电器作间接控制。间接控制是在摄像机附近处设置一个继电器控制箱，由监视端控制继电器的动作。因为继电器绕阻的阻抗很高，所以控制电流就很小，控制线的电压降很低，这样就可以大大增加控制距离。控制箱内有一个 220V/24V 变压器，220V 交流电源从摄像端处取得，变压器将其变为 24V 交流低压或再变成直流，供给被控设备，实现遥控。间接控制方式的基本构成如图 3-48 所示。

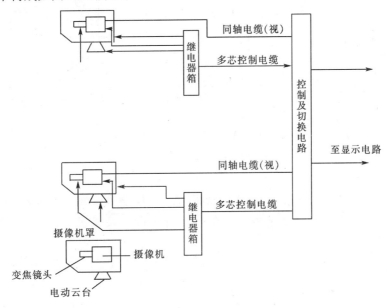

图 3-48　间接控制方式基本构成

　　间接控制的最长电缆长度由所使用的继电器吸动电流决定，一般从几百米到 1km 左右。在工程实际中，间接控制方式使用较多，但这种间接控制方式，在控制线制方面与直接控制方式一样是多线制。

　　还有一种间接控制方式是以多频率调制——解调信号作为驱动信号来现控制操作。

　　3.总线控制方式

　　总线控制方式是对整个传输单线制组网的控制方式，其基本构成见图 3-49 所示。监视端的微处理机将控制指令编码后变成串行数字信号送入传输总线，在摄像端的解码电路对其进行解码识别，然后通过驱动电路执行相应指令，这样只需 2 条线就可实现对整个系统的控制，使控制线大大减少。

　　4.几种控制方式的比较

　　总线控制方式与直接（间接）控制方式比较，在系统增容、控制项目扩展和实行计数分级制等方面，具有很大的灵活性，实现起来非常容易，要做的工作主要是更改微处理机的软件，而控制线不需任何变动。因此总线控制方式得到越来越广泛的应用，特别是在远距离、大型系统中更是如此。但在只有几台摄像机、控制距离较近的小型系统中，使用直

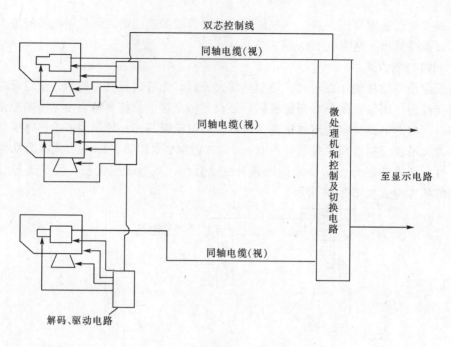

图 3-49   总线控制方式基本构成

接控制方式则比较实惠。

　　为了方便，一般将监视器、视频信号切换器、控制器等设备组装在一个监控台上，如图 3-50 所示。监控台放在监控室内，有的监控台还设有录像机、打印机、数码显示器、报警器等。

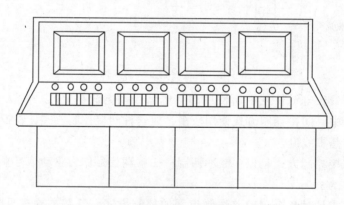

图 3-50   闭路电视监控台示意图

第六节　电话通讯系统

　　现代通信的起源可以说是从电话开始的，电话满足了人们相互之间进行信息交流的需要。如今，电话通信已经普及到千家万户。人们使用电话离不开电话交换机，交换机能够将任意两个电话用户接通。众多交换机连在一起就构成电话交换网。通过这个网，世界各地的电话用户可以互相通话。当前，电话交换普遍采用程序控制技术和数字通信技术。

一、电话交换

自从 1875 年美国人贝尔发明电话以后，一百多年来，电话通信得到巨大的发展和广泛的应用，现在用一部电话就可以打往世界各地。但是，在电话发展之初却没有这么方便。最初的电话通讯只能在固定的两部电话之间进行，如图 3-51（a）所示。这种固定的两部电话机之间的通话显然不能满足人们对社会交往的需要，人们希望有选择的与对方通话，例如用户 A 希望有选择的与用户 B 或用户 C 通话。为了满足 A 的要求，就需要为 A 安装两部电话机，一部机与 B 相连，另一部机与 C 相连。同时，要架设 A 到 B 以及 A 到 C 的电话线，如图 3-51（b）所示。可以想象，按照这样的方法，随着通话方数量的增加，需要安装的电话机和需要架设的电话线数量将会迅速增加，显然是不可取的。因此，要想办法解决这个问题，也就是既需要实现一方有选择的与其他各方通话，又要使配置的设备最经济、利用率高。

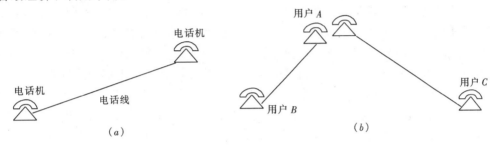

图 3-51 电话机间的固定连接
（a）两个用户时的连接情况；（b）三个用户时的连接情况

为了解决上面的问题，人们想到建立一个电话交换站，所有交换机都与这个交换站相连，如图 3-52 所示。站里有个人工转接台，转接台的作用是把任意两部电话机接通。当某一方需要呼叫另一方时，先通知转接台的话务员，告诉话务员需要与谁通话，话务员根据他的请求把他与对方的电话线接通。这就解决了一方有选择的与其他各方面通话的问题，而且连线也少。

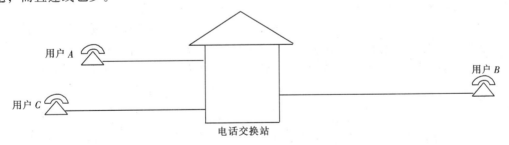

图 3-52 电话机与电话交换站的连接

这种电话交换站的功能就是早期的电话交换，属于人工交换，依靠的是话务员的大脑和手。1878 年，美国人设计并制造了第一台磁石人工电话交换机。用户打电话时，需要摇动磁石电话机上的发电机。发送一个信号给交换机，话务员提起手柄，询问用户要和谁通话，然后按用户要求将接线塞子插入被叫用户插孔，并摇动发电机，使被叫电话机铃响，被叫用户拿起话机手柄即可进行通话。通话完毕，双方挂机，相应指示灯灭，这时话

95

务员将连接双方的接线塞子拔下，整个通话过程结束。

　　磁石交换机自身需要安装干电池来为碳粒送话器供电，加上手摇发电振铃的方法极不方便。为了解决这些问题，1882 年出现了共电人工交换机和与之配套的共电电话机。与磁石电话机相比，共电电话机去掉了手摇发电机，也不用安装干电池，用户电话机的通话电源和振铃信号都由交换机集中供给。用户呼叫和话终信号通过叉簧的接通与断开来自动控制。

　　人工交换的缺点是显而易见的，速度慢、容易发生差错、难以做到大容量。如果能用机器来代替话务员的工作，那就大大提高电话交换的工作效率，并且能大大增加交换机的容量，适应人们对电话普及的要求。这就引出了自动电话交换机。

　　1892 年，美国人史瑞乔发明了第一台自动电话交换机，起名史瑞乔交换机，又叫步进制交换机，采用步进制接线器完成交换过程。步进制交换机是第一代自动交换机，以后步进制交换机又经过不断改进，成为 20 世纪上半叶自动交换机的主要机种，曾为电话通信立下汗马功劳。后来瑞典人发明了一种交换机，叫做纵横制交换机，采用纵横制接线器。与步进制交换机相比有以下改进：入线数量和出线数量可以更多，级与级之间的组合更加灵活；机械磨损更小，维护量相对更小；它的持续过程不是由拨号脉冲直接控制的，而是由叫做"记发器"的公共部件接收拨号脉冲，由叫做"标志器"的公共部件控制接续。简单的说，纵横制交换机的接续过程是这样的，用户的拨号脉冲由"记发器"接收，记发器通知标志器建立持续。

　　步进制交换机和纵横制交换机都属于机械式的，入线和出线的连接都是通过机械触点，触点的磨损是不可避免的，时间一长难免接触不良，这是机械式交换机固有的缺点。随着电子技术的发展，人们开始改进交换机。从硬件结构上来说，交换机可分成两大部分：话音通路部分和接续控制部分，对交换机的改造也要从这两方面入手。

　　计算机技术的产生和发展为人类技术进步、征服自然创造了有力的武器。随着计算机技术的发展，人们逐步建立"存储程序控制"的概念。交换机中接续控制部分的工作由计算机完成，这样的交换机叫做"程控交换机"。1965 年世界上第一台程控交换机开通运行，它是美国贝尔公司生产的 ESS NO.1 程控交换机。这种程控交换机的话路部分还是机械触点式的，传输的还是模拟信号，固有的缺点仍没有克服，它实际上是"模拟程控交换机"，后来出现一种新技术，使话路部分的改造出现了曙光，这就是脉冲编码调制技术，简称 PCM。1970 年世界上开通了第一台"数字程控交换机"，它就是在程控交换机中引入 PCM 技术的产物，由法国制造。从此以后，数字程控交换机的话路部分完全由电子器件构成，克服了机械式触点的缺点。从此以后，数字程控交换机得到迅猛的发展。目前世界上公用电话网几乎全部是数字程控交换机。数字程控交换机有许多优点，它可以为用户提供一些新型业务，如缩位拨号、三方通话、呼叫转移等。本节提到的程控交换机实际均是指数字程控交换机。

二、电话网的组成

　　随着社会经济的发展，人们不仅需要进行本地电话交换，而且需要与世界各地进行通话联系。这样就要考虑如何把各地的电话连接起来，也就是如何组建电话网。

　　如果现在想打一个国际长途电话，那么只要按照被叫号码拨够足够的位数，就能与国外的某个用户通话。这样的通话由于距离很远，只经过一个交换机是不可能接通的。一定要经过多个交换机才能完成。

图 3-53 是一次国际通话的连接示意图，用户连接在本地的某一台交换机上，这个交换机叫做"端局"。

端局将用户的国际呼叫连接到"汇接局"，汇接局的作用是将不同端局来的呼叫集中后送到"长途局"。长途局与长途线路相连，它的任务是将呼叫送到长途线上。经过几个长途局中转后，这个呼叫就被送到"国际局"，国际局是对外的出入口，国际局通过国际电路与对方国家的国际局连通，呼叫就被接到对方的国际局，以后再经过对方国家的长途局、汇端局、端局到达被叫用户。

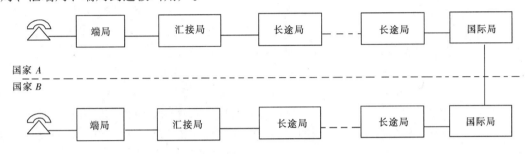

图 3-53　国际通话举例

交换局和交换局之间连接电路称为"中继线"。由各类交换局和中继线构成电话交换网。最大的交换网是公用电话交换网，它是由电信局部门经营、向全社会开放的通信网。此外，还有一些专用电话交换网，这些电话网是由一些特殊部门管理的（如公安、铁路、电力等部门），只为本部门服务，不对外经营。由于公用电话网很大，网络组成比较复杂，所以人们又把公共电话网划分为三个部分：

本地电话网（或市话网）；

国内长途电话网；

国际长途电话网。

下面，我们来看一看本地电话网的组成，图 3-54 是本地电话网组成的一个例子。本地网是指覆盖一个城市或一个地区的电话网，网内各用户之间的通话不必经过长途局。本地网内仅有端局和汇接局，端局是直接连接用户的交换局，汇接局不直接连接用户，它只连接交换局（如端局、长途局）。在本地网中，由于端局数量比较多，如果在每个端局与其他端局之间都建立直达中继线，也叫"直达路由"，那么中继线的数量就会很多，敷设中继线的投资就会很大，如果某两个端局之间用户通话的次数不多，这两个端局间中继线的利用率就不会高。因此，本地网中各端局之间不一定都有直达中继线，仅在两个端局之间的通话量比较大或两个端局之间的距离比较短时可能会有。当端局之间没有直达中继线时，端局和端局之间的连接是靠汇接局来建立的，这叫"迂回路由"。如图 3-54 所示，两个端局之间可能直接连接，也可能通过一个汇接局或多个汇接局建立连接；每个汇接局之间都有直达中继线。

三、用户交换机与公共电话网的连接

交换机按用途可分为局用交换机和用户交换机两类。局用交换机用于电话局所辖区域内用户电话的交换与局间电话的交换，一般端局和汇接局内采用的都是局用交换机。它有

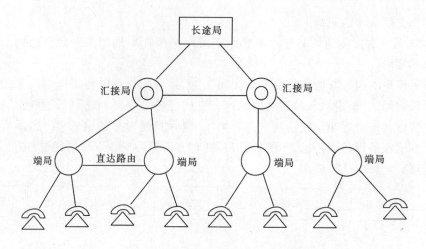

图 3-54　本地电话网组成示意图

两种接口：一种是用户接口，通过用户直线与用户电话机连接，所传送的信号一般为基带信号；另一种是中继接口，通过局间的中继线路与其他交换机相连接，所传送的信号一般是多路复用信号，属于频带信号。用户交换机也称为小交换机（PBX），用于单位内的电话交换以及内部电话与公共电话网的连接，它实际上是公共电话网的一种终端，可用用户线与局用交换机连接，也可以用中继线与局用交换机连接。小交换机与局用交换机之间的连接方式有多种，最常见的是半自动中继方式和全自动中继方式。

（一）半自动中继方式

在半自动中继方式下，小交换机的用户呼出时，信号不经过话务台，而是直接通过用户线到市话端局。用户听到两次拨号音，第一次是用户交换机送出的拨号音，第二次是市话端局送出的拨号音，听到第二次拨号音后即可开始拨号。公用网用户呼入时，信号从市话端局经过用户线传到小交换机的话务台，话务员接听后再转接到分机用户。图 3-55 是半自动中继方式的示意图，这种中继方式，适合容量较小的小交换机的入网。

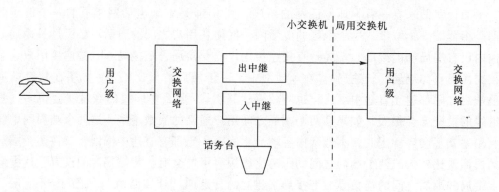

图 3-55　半自动中继方式

（二）全自动中继方式

在全自动中继方式下，小交换机不设话务台。公用网用户呼入时，通过两局之间的中继线直接与分机用户接通；呼出时，分机用户可直接拨号，只听一次拨号音。中继方式如图 3-56 所示，中继电路从小交换机的中继接口连到市话端局的中继接口。这种入网方式

98

适合于较大容量的小交换机。

（三）出中继与入中继

在图 3-55 与图 3-56 所示的中继方式连接图中，可以看到小交换机与市话端局的中继电路分为入中继和出中继两种，实际上是规定了中继电路的呼叫方向；具体的说就是，入中继电路上的通话都是由公用网用户向小交换机的分机用户发起呼叫的通话。换句话说，也就是此时公用网用户为通话的主叫方；出中继电路上的通话是小交换机的分机用户向公用网用户呼叫的通话，小交换机的分机用户为主叫方；还有双向中继电路，其通话的呼叫方向是双向的。规定中继电路的呼叫方向，是为了简化设备对中继电路的管理。

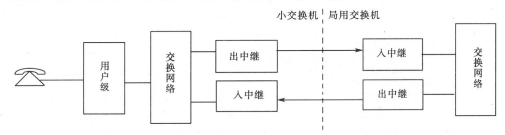

图 3-56　全自动中继方式

（四）中继电路的数量

小交换机和公用网之间的话路数就是中继电路的数量。一个小交换机根据其分机用户的数量能够确定中继电路的数量。如何确定这个数量呢？首先要承认这样一个事实，就是所有分机用户不可能在同一个时间内都与公用网上的用户通话，同一时间内只能保证部分分机用户与公用网通话。基于这个事实，两局之间的话路数量必然小于分机用户的数量。在这个前提下，话路数量配置太多，将会造成不必要的浪费；话路数量太少，有可能造成分机用户经常打不出去或外部用户打不进来。出现打不出或打不进来的情况，称做"呼损"，也就是呼叫失败。工程设计中常用"呼损率"来衡量"呼损"情况，它是一个百分比，是呼叫失败次数与总呼叫次数之比。在确定两局之间的话路数量时，既要考虑减少呼损率，又要考虑提高电路利用率。一般分机用户呼出的呼损率不应大于 1%，公用网呼入的呼损率不应大于 0.5%。

四、数字程控交换机

（一）数字程控交换机的组成

数字程控交换机是指用计算机来控制交换系统，它由硬件和软件两大部分组成。这里所说的基本组成只是它的硬件结构。图 3-57 是程控交换系统的基本组成框图，它的硬件部分可以分为话路系统和控制系统两个子系统。整个系统的控制软件都存放在控制系统的存储器中。

1．话路系统

它由交换网络、用户电路、中继器和信号终端等几部分组成。交换网络的作用是为话音信号提供接续通路并完成交换过程。用户电路是交换机与用户之间的接口电路，它的作用有两个：一是把模拟话音信号转变为数字信号传送给交换网络，二是把用户线上的其他大电流或高电压信号（如铃流等）和交换网络隔离开来，以免损坏交换网络。中继器是交换网络和中继线之间的接口，中继器除了具有与用户电路类似的功能外，还具有码型变

99

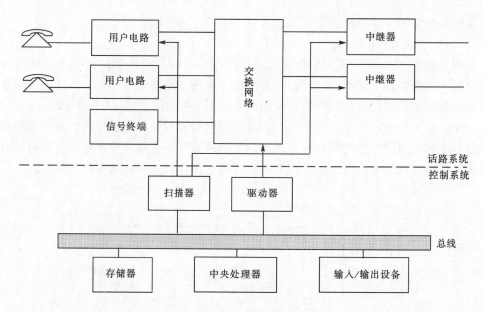

图 3-57　程控交换机的基本组成

换、时钟提取、同步设置等功能。信号终端负责发送和接受各种信号，如何向用户发送拨号音、接收被叫号码等。

2. 控制系统

控制系统的功能包括两个方面：一方面是对呼叫进行处理；另一方面对整个交换机的运行进行管理、监测和维护。控制系统的硬件由扫描器、驱动器、中央处理器、存储器、输入输出系统等几部分组成。扫描器是用来收集用户线和中继线信息的（如忙闲状态），用户电路与中继器状态的变化通过扫描器送到中央处理器中。驱动器是在中央处理器的控制下，使交换网络中的通路建立或释放。中央处理器也叫 CPU，它可以是普通计算机中使用的 CPU 芯片，也可以是交换机专用的 CPU 芯片。存储器负责存储交换机的工作程序和实时数据。输入/输出设备包括键盘、打印机、显示器等；从键盘可以输入各种指令，进行运行维护和管理等；打印机可以根据指令或定时打印系统数据。

控制系统是整个交换机的核心，负责存储各种控制程序，发布各种控制命令，指挥呼叫处理的全部过程，同时完成各种管理功能。由于控制系统担负如此重要的任务，为保证其安全可靠的工作，提出了集中控制和分散控制两种方式。

所谓集中控制是指整个交换机的所有控制功能，包括呼叫处理、障碍处理、自动诊断和维护管理等各种功能，都集中由一部处理器来完成，这样的处理器称为中央处理器，即CPU。基于安全可靠起见，一般需要两片以上 CPU 共同工作，采用主备用方式。

所谓分散控制是指多台处理器按照一定的分工。相互协同工作，完成全部交换的控制功能，如有的处理器负责扫描，有的负责话路接续。多台处理器之间的工作方式有功能分担方式、负荷分担方式和容量分担方式三种。

（二）数字程控交换机的服务功能

数字程控交换机能够提供很多服务功能。这些功能使用方便，也很灵活。

（1）自动振铃回叫；

（2）缩位拨号；

（3）热线服务；

（4）呼叫转移；

（5）呼出限制；

（6）呼叫等待；

（7）三方通话；

（8）免打扰；

（9）闹钟叫醒。

五、电话通信线路

电话通信线路是由电话交换机通往用户话机的线路，由配线设备、分线设备、配线电缆、用户线、终端出线盒等部分组成。建筑内的配线始于配线设备，这里的配线设备是指用户配线架或交接箱，在有电话交换机的建筑物内是电话站总的配线架，在无电话交换机的较大型建筑物内，往往在首层或地下一层的电话电缆进户点设电缆交接箱。从配线设备引出若干路垂直电缆，向楼层配线区馈送配线电缆，在各层设分线箱，再从分线箱用电话线接至各房间的用户出线盒，用户电话机或其他终端设备插入出线盒即可使用。

高层建筑、旅游宾馆、高级住宅、办公楼等因电话用户高度集中、数量大，相应的电话通信线路应穿管暗敷设。

（一）电话电缆配线方式

在大型建筑中，配线系统所用的设备较多，系统构成较复杂，配线方式千差万别。主要有单独式、复接式、递减式、交接式等四种。

1. 单独式

各楼层的配线电缆从配线架或交接箱用独立的电缆直接引至，因此各楼层之间的配线电缆各自独立，线对之间毫无关系，各楼层所需电缆的线对数根据需要而定。这种方式适用于各楼层所需线对数较多且基本固定不变的建筑物，如高级宾馆或高级写字楼等，如图3-58所示。

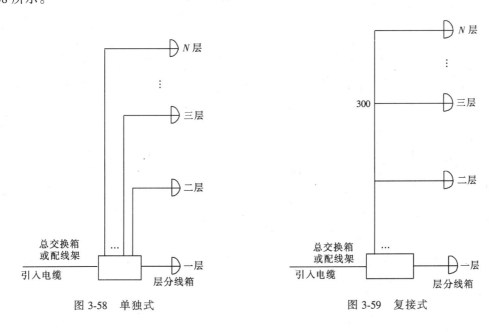

图 3-58 单独式　　　　　　　　　　　图 3-59 复接式

2. 复接式

这种配线方式各楼层之间的电缆线对部分或全部复接，复接线对根据各层需要确定，每对线的复接次数一般不超过两次。各楼层的配线电缆实际上是同一条垂直电缆，不是单独供给，且因各层线对有复接关系，可以灵活调度，工程造价低，缺点是楼层间相互影响，维护检修比较麻烦。该方式用于各楼层需要的线对不等且经常变化的场所，如图3-59所示。

3. 递减式

这种配线方式是只用一条垂直电缆，到某层后，把该层所需的线对分出，其余线对继续上引。故电缆的线对数逐渐递减，不复接。其灵活性不如复接式，但容易检修，适用于规模较小的办公楼、宾馆等场所，如图3-60所示。

4. 交接式

将整栋建筑物分成几个交接配线区域，先用干线电缆从总交接箱（或配线架）接至区域交接箱，再从区域交接箱接出若干条配线电缆，分别引至各层。该方式的各楼层配线电缆互不影响，干线电缆的芯线利用率高，适用于大型（或高层）办公楼、高层宾馆等场合，如图3-61所示。

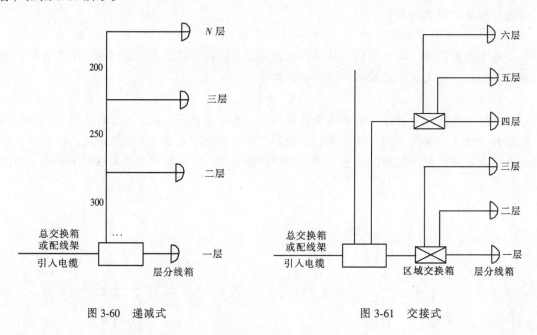

图3-60 递减式   图3-61 交接式

复 习 思 考 题

1. 局域网有哪些基本组成？

2. 简述调制解调器的工作过程？

3. 试说明网桥、路由器、网关的作用？

4. 在以太网中，集线器（HUB）和交换机的作用有何不同？

5. 根据你们学校的实际情况，试组建学校局域网。

6. 无线局域网网络拓扑结构有哪几种？

7. 在工业控制网中，常见的现场总线有哪几种？

8. 简述 LonWorks 技术在智能化楼宇中的应用。

9. 有线电视的基本组成有哪些？

10. 有线电视系统设计中，常见的分配网络组成形式有哪几种（画图说明)？

11. 分配器和分支器有何区别？举例说明。

12. 视频监控系统的基本组成有哪些？

13. 简述视频监控系统的主要设备有哪些？

14. 电话网的组成有哪些？

15. 用户交换机与公共电话网的连接方式有哪几种？

16. 电话电缆配线方式有哪几种？

第四章 综合布线工程设计

第一节 综合布线工程概述

一、基本概念

前三章，我们介绍了综合布线的基本概念以及一些有关信息通信和计算机通信等方面的内容。本章开始，我们介绍综合布线的设计、施工和测试验收方面的内容。

综合布线系统又称为结构化布线系统，是目前国际上新型的布线技术，它的出现完全是为了满足信息通道的要求，是信息时代的必然产物。综合布线系统可以支持电话语音系统、计算机通信、建筑自动控制等。

二、综合布线工程设计要求

（一）综合布线系统的设计等级

对于建筑物的综合布线系统，一般定为三种不同的布线系统等级。它们是：

（1）基本型综合布线系统；

（2）增强型综合布线系统；

（3）综合型综合布线系统。

下面简要介绍。

1. 基本型综合布线系统

基本型综合布线系统方案，是一个经济有效的布线方案。它支持语音或综合型语音/数据产品，并能够全面过渡到数据的异步传输或综合型布线系统。它的基本配置：

（1）每一个工作区有 1 个信息插座；

（2）每一个工作区有一条水平布线 4 对 UTP 系统；

（3）完全采用 110A 交叉连接硬件，并与未来的附加设备兼容；

（4）每个工作区的干线电缆至少有 2 对双绞线。

它的特性为：

（1）能够支持所有语音和数据传输应用；

（2）支持语音、综合型语音/数据高速传输；

（3）便于维护人员维护、管理；

（4）能够支持众多厂家的产品设备和特殊信息的传输。

2. 增强型综合布线系统

增强型综合布线系统不仅支持语音和数据的应用，还支持图像、影像、影视、视频会议等。它能为增加功能提供发展的余地，并能够利用接线板进行管理，它的基本配置：

（1）每个工作区有 2 个以上信息插座；

（2）每个信息插座均有水平布线 4 对 UTP 系统；

（3）具有 110A 交叉连接硬件；

（4）每个工作区的电缆至少有 8 对双绞线。

它的特点为：

（1）每个工作区有 2 个信息插座，灵活方便、功能齐全；

（2）任何一个插座都可以提供语音和高速数据传输；

（3）便于管理与维护；

（4）能够为众多厂商提供服务环境的布线方案。

3．综合型综合布线系统

综合型布线系统是将双绞线和光缆纳入建筑物布线的系统。它的基本配置：

（1）在建筑、建筑群的干线或水平布线子系统中配置 62.5μm 的光缆；

（2）在每个工作区的电缆内配有 4 对双绞线；

（3）每个工作区的电缆中应有 2 条双绞线，2 个以上的信息座。

它的特点为：

（1）每个工作区有 2 个以上的信息插座，不仅灵活方便而且功能齐全；

（2）任何一个信息插座都可供语音和高速数据传输；

（3）有一个很好环境，为客户提供服务。

（二）综合布线系统的设计要点

综合布线系统的设计方案不是一成不变的，而是随着环境、技术的发展和用户要求来确定的。其要点为：

（1）尽量满足用户的通信要求；

（2）了解建筑物、楼宇间的通信环境；

（3）确定合适的通信网络拓扑结构；

（4）选取适用的介质；

（5）以开放式为基准，尽量与大多数厂家产品和设备兼容；

（6）将初步的系统设计和建设费用预算告知用户。

在征得用户意见并订立合同书后，再制定详细的设计方案。

第二节　综合布线系统基本构成及要求

一、综合布线系统的基本构成

综合布线系统是由六部分组成的，分别是工作区子系统、水平干线子系统、管理间子系统、垂直干线子系统、建筑群子系统和管理间子系统组成。如图 4-1 所示。

（一）综合布线部件

综合布线部件指在综合布线施工中采用和可能采用到的功能部件，有以下几种：

（1）建筑群配线架（CD）；

（2）建筑群干线电缆、建筑群干线光缆；

（3）建筑物配线架（BD）；

（4）建筑物干线电缆、建筑物干线光缆；

（5）楼层配线架（FD）；

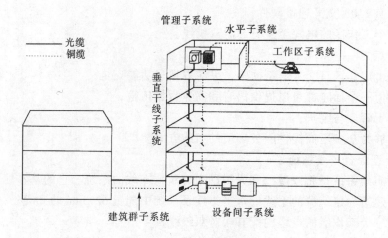

图 4-1　综合布线系统的组成

（6）水平电缆、水平光缆；

（7）转接点（选用）（TP）；

（8）信息插座（IO）；

（9）通信引出端（TO）。

（二）布线子系统

综合布线可分为三个布线子系统，即建筑群干线子系统、垂直干线子系统和水平子系统。各个布线子系统可连接成图 4-2 所示的综合布线原理图。

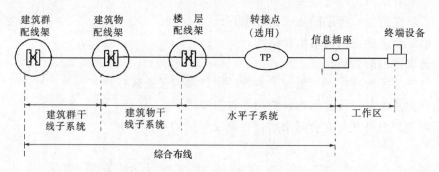

图 4-2　综合布线原理图

1. 建筑群干线子系统

从建筑群配线架到各建筑物配线架的布线属于建筑群干线子系统。该子系统包括建筑群干线电缆、建筑群干线光缆及其建筑物配线架上的机械终端和建筑群配线架上的接插软线和跳接线。

一般情况下，建筑群干线子系统宜采用光缆。建筑群干线电缆、建筑群干线光缆也可用于建筑物之间的连接。

2. 垂直干线子系统

从建筑物配线架到各楼层配线架的布线属于建筑物垂直干线布线子系统。该子系统包括建筑物干线电缆、建筑物干线光缆及其在建筑物配线架及楼层配线架上的机械终端和建筑物配线架上的插接软线和跳接线。

建筑物干线电缆、建筑物干线光缆应直接端接到有关楼层配线架，中间不应有转接点或接头。

（1）单垂直干线系统

单垂直干线系统建筑物如图 4-3 所示。在这种建筑物中，最大水平跨度限制为 90m 或更少。每一垂直建筑楼层需要一个分线箱（跳线架），每层的水平方向上的配线经垂直电缆系统接至主配线终端。

（2）多垂直干线系统

多垂直干线系统建筑物如图 4-4 所示。多垂直干线系统建筑物通常有较大的楼层面积，多个垂直建筑网络由几个垂直干线系统和每层几个配线间设计而成。

3．水平子系统

从楼层配线架到各信息插座的布线属于水平布线子系统（图 4-5）。该子系统包括水平电缆、水平光缆及其在楼层配线架上的机械终端、接插软线和跳接线。

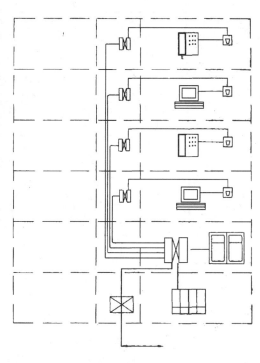

图 4-3　单垂直干线系统

水平电缆、水平光缆一般直接连接信息插座。必要时，楼层配线架和每一个信息插座之间允许有一个转接点。进入和接出转接点的电缆线对或光纤应按 1:1 连接，以保持对应关系。转接点处的所有电缆、光缆应作机械终端。转接点处只包括无源连接硬件，应用设备不应在这里连接。

转接点处宜为永久连接，不应作配线用。

（三）工作区子系统

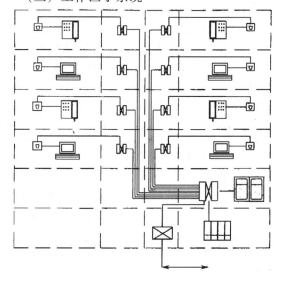

图 4-4　多垂直干线系统

工作区布线是用接插软线把终端设备连接到工作区的信息插座上。工作区布线随着应用系统终端设备不同而改变，因此它是非永久的。

工作区电缆、工作区光缆的长度及传输性能应有一定的要求。否则可能会影响某些系统的应用。

（四）综合布线的拓扑结构

综合布线是一种分层的星型拓扑结构。对一个具体的综合布线，其子系统的种类和数量由建筑群或建筑物的相对位置、区域大小及信息插座密度而定。例如，一个综合布线区域只含有一个建筑物，其主配线点就在建筑物配线架上，这

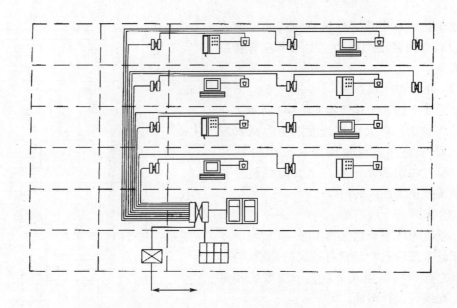

图 4-5　水平式干线系统

时就不需要建筑群干线布线子系统。反之，一座大型建筑物可能被看作是一个建筑群，可以具有一个建筑群干线子系统和多个建筑物干线子系统。

电缆、光缆安装在两个相邻层次的配线架间，这样就可以组成如图 4-6 所示的分层星型拓扑。这种拓扑结构具有很高的灵活性，能适应多种应用系统的要求。这些拓扑结构是在配线架上对电缆、光缆及应用设备进行适当连接构成的。

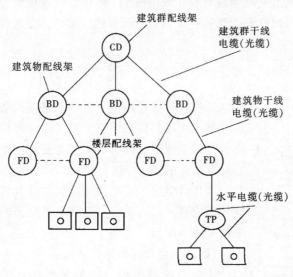

图 4-6　综合布线分层星型拓扑结构

必要时，为了提高综合布线的可靠性和灵活性，允许在楼层配线架间或建筑物配线架间增加直通连接电缆。建筑物干线电缆、干线光缆也可以用于两个楼层配线架间的互联。

1. 综合布线部件的典型设置

综合布线部件的典型设置如图 4-7 所示。配线架可以设置在设备间或配线间中。

根据安装条件，电缆、光缆敷设在管道、电缆沟、电缆托架、线槽等通道中，其设计和安装应符合国家电气安装有关标准的规定。

允许将不同配线架的功能组合在一个配线架中。如图 4-8 所示。前面建筑物中的配线架是分开设置的，而后面建筑物中的建筑物配线架和楼层配线架的功能就组合在一个配线架中。

2. 接口

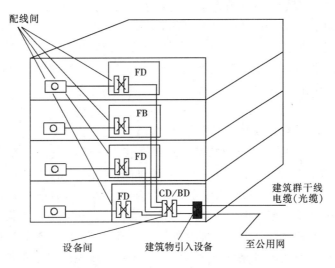

图 4-7　综合布线部件的典型设置

（1）综合布线接口

综合布线每个子系统的端部都有相应的接口，用以连接有关设备。各配线架和信息插座处可能具有的接口如图4-9所示。配线架上接口可以与外部业务电缆、光缆相连，其连接方式既可以互连也可以交接。

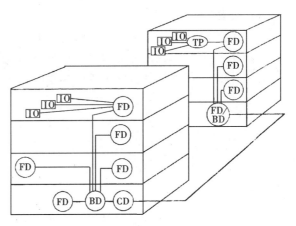

外部业务引入点到建筑物配线架的距离与设备间或用户交换设备放置的位置有关。在应用系统设计时应将这段电缆、光缆的特性考虑在内。

（2）公用网接口

为使用公用电信业务，综合布线应与公用网接口实现连接。公用网接口的设备及其放置位置应由有关主管部门确认。如果公用网的接口未直接连到综合

图 4-8　配线架功能的组合

布线接口，则在设计时应把这段中继线性能考虑在内。

3. 具体配置

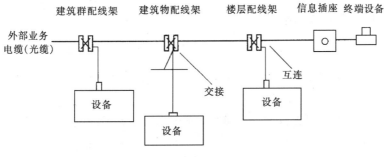

图 4-9　综合布线接口

以下内容适用于综合布线中等配置标准场合，用双绞电缆组网。

（1）每个工作区有2个或3个以上信息插座。

（2）每个信息插座的配线电缆为1条4对双绞电缆（UTP）。

（3）干线电缆配置，对于计算机网络，宜按照24个信息插座配2对双绞线，或每一个集线器或集线器群配4对双绞线；对于电话网络，每个信息插座至少配1对双绞线。

4．综合配置

以下内容适用于综合布线系统配置标准较高的场合，用光缆和双绞电缆混合组网。

以基本配置的信息插座量作为基础配置。垂直干线的配置：对计算机网络，宜按照48个信息插座配2芯光纤；对电话或部分计算机网络，选用双绞电缆。按信息插座所需线对的125%配置双绞电缆，或按照用户需求配置，考虑适当的备用量。

当楼层信息插座数量较少时，在规定的长度范围内，可几层合用集线器，并合并计算光纤数目，所得的光线芯数还要根据光纤的标称容量和实际需要进行选取。

（1）如有用户需要光纤到桌面（FTTD），光纤可经或不经楼层配线架（FD），直接从总配线架（BD）引到桌面。上述光纤数目不包括光纤到桌面的应用在内。

（2）楼层之间一般不敷设垂直干线电缆，但每层的配线架（FD）可以适当预留一些接插件，需要时可以布放适当的线缆。

5．综合布线系统设计要点

（1）综合布线系统应能满足所支持的电话、数据、电视系统的传输标准要求。

（2）综合布线系统的分级和传输距离限制应符合表4-1的规定。

（3）综合布线系统的组网和各段线缆的长度限值应符合图4-10所示的规定。

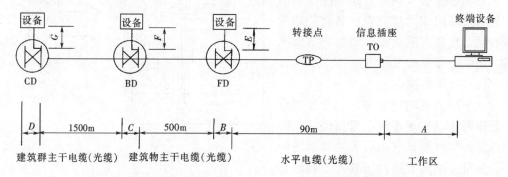

注：1. $A+B+E \leqslant 10m$，水平子系统中工作区电缆（光缆）、设备线缆和插接软线或跳线的总长度。

2. $C+D \leqslant 20m$，建筑物配线架或建筑群配线架中的接插软线或跳线长度。

3. $F+G \leqslant 30m$，在建筑物配线架或建筑群配线架中的设备电缆（设备光缆）长度。

4. 接插软线应符合设计指标的有关要求。

图4-10　综合布线系统的组网和各段线缆的长度限值

（4）综合布线系统工程设计选用的电缆、光缆、各种连接电缆、跳线、以及配线设备等所有硬件设施，均应符合标准的各项规定，确保系统指标得以实施。

（5）综合布线系统应设置汉字计算机信息管理系统。考虑到综合布线系统适用于各种通信业务和计算机网络等多种服务，而且也适用于各个单位或部门共同使用同一个建筑物的综合布线系统，使用管理跟不上，将会造成不必要的麻烦，为了保证综合布线系统的运行一目了然，规范计算机信息管理系统，人工登录各种运行状态，便于操作人员迅速准确的调度应用和及时处理故障状况。

系统分级和传输距离限值   表 4-1

系统分级	最高传输频率	对绞电缆传输距离（m）						光缆传输距离（m）		应用举例
		100Ω 3类	100Ω 5类	100Ω 5e类	100Ω 6类	100Ω 7类	100Ω 8类	多模	单模	
A	100kHz	2000	3000							PBX X.21/V.11
B	1MHz	200	260							N-ISDN CSMA/CD 1BASE5
C	16MHz	100	160							CSMA/CD 10BASE-T Token Ring 4Mbps Token Ring 16Mbps
D	100MHz		100							CSMA/CD 100BASE-T Token Ring 16Mbps B-ISDN（ATM） TP-PMD
E	200MHz			100	100					CSMA/CD 1000BASE-TX 155Mbps ATM
F	600MHz					100				CSMA/CD 1000BASE-TX 622Mbps ATM
G	1200MHz						100			1.2Gbps ATM
光缆								2000	3000	CSMA/CD FIBER Token Ring FDDI LCF FDDI SM FDDI ATM

注：1. 100m距离包括连接软线（跳线）、工作区和设备区接线在内的10m允许总长度，链路的技术条件按90m水平电缆，7.5m长的连接电缆及同类的3个连接器来考虑，如果采用综合性的工作区和设备区电缆附加总长度不大于7.5m，则此类用途是有效的。

    2. 3000m是国际标准规定的极限，不是介质极限。

（6）在系统设计时，全系统所选用的线缆、连接硬件、跳线、连接线等必须与选定的类别相一致。如采用屏蔽措施时，则全系统必须按屏蔽设计。

（7）在系统设计时，若选用5类标准，则线缆、连接硬件、跳线、连接线等全系列必须都是5类。如果采用屏蔽措施，则全系统所有部件都应选用屏蔽的硬件，而且按设计要求做良好的接地。

（8）系统设计应根据不同对象采用不同方式：

1）对于功能比较明确的专业建筑物，信息插座的位置可以按照实际需要确定。其中办公用房按照普通办公楼的要求布置，机房部分可以按近、远期分别处理。近期机房按实际需要布线。远期机房水平线路可以暂时不布线，配线架预留余量。

2）机关或企事业单位的普通办公楼，信息插座的配置按规定设计。

3）使用对象不明确的建筑物，采用开放式布线结构。

二、工作区子系统的设计

（一）工作区子系统设计概述

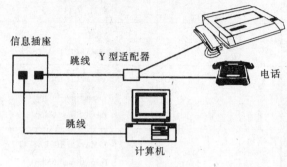

图 4-11 终端连接系数

工作区子系统由终端设备连接到信息插座的跳线组成。它包括信息插座、信息模块、网卡和连接所需的跳线，并在终端设备和输入/输出（I/O）之间搭接，相当于电话配线系统中连接话机的用户线及话机终端部分。典型的终端连接系统如图 4-11 所示。终端设备可以是电话、微机和数据终端，也可以是仪器仪表、传感器的探测器。

一个独立的工作区。通常是一部电话机和一台计算机终端设备。设计的等级为基本型、增强型、综合型。目前普遍采用增强型设计等级，为语音点与数据点互换奠定了基础。

工作区可支持电话机、数据终端、微型计算机、电视机、监视及控制等终端设备的设置和安装。

（二）工作区设计要点

工作区设计要考虑以下几点：

（1）工作区内线槽要布置得合理、美观；

（2）信息座要设计在距离地面 30cm 以上；

（3）信息座与计算机设备的距离保持在 5m 范围内；

（4）购买的网卡类型接口要与线缆类型接口保持一致；

（5）所有工作区所需的信息模块、信息座、面板的数量；

（6）RJ45 所需的数量。

RJ45 头的需求量一般用下述方式计算：

$$m = n \times 4 + n \times 4 \times 15\%$$

式中　　m——RJ45 的总需求量；

　　　　n——信息点的总量；

$n \times 4 \times 15\%$——留有的富余量。

信息模块的需求量一般为：

$$m = n + n \times 3\%$$

式中　m——信息模块的总需求量；

n——信息点的总量；

$n \times 3\%$——富余量。

（三）信息插座连接技术要求

每个工作区至少要配置一个插座盒。对于难以再增加插座盒的工作区，要至少安装两个分离的插座盒。

信息插座是终端（工作站）与水平子系统连接的接口，如图 4-12 所示。

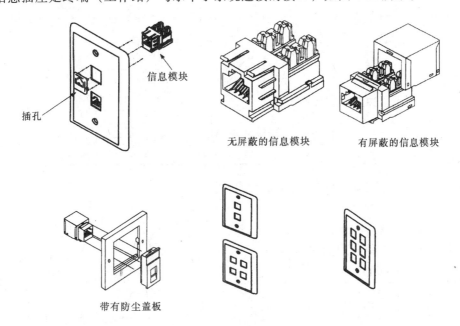

图 4-12 信息插座盒

每个对线电缆必须都终接在工作区的一个 8 脚（针）的模块化插座（插头）上。

综合布线系统可采用不同厂家的信息插座和信息插头。这些信息插座和信息插头基本上都是一样的。在终端（工作站）一端，将带有 8 针的 RJ45 插头跳线插入网卡；在信息插座一端，跳线的 RJ45 头连接到插座上。

8 针模块化信息输入/输出（I/O）插座是为所有的综合布线系统推荐的标准 I/O 插座。它的 8 针结构为单一 I/O 配置提供了支持数据、语音、图像或三者组合所需的灵活性。

RJ45 头与信息模块压线时有 2 种方式：

（1）按照 T568B 标准布线的 8 针模块化 I/O 引线与线对的分配如图 4-13 所示。

为了允许在交叉连接外进行线路管理，不同服务用的信号出现在规定的导线对上。为此，8 针引线 I/O 插座已在内部接好线。8 针插座将工作站一侧的特定引线（工作区布线）接到建筑物布线电缆（水平布线）上的特定双绞线对上。I/O 引针（脚）与线

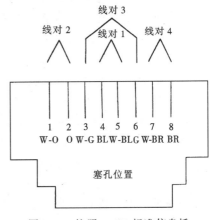

图 4-13 按照 T568B 标准信息插座 8 针引线/线对安排正视图

113

对分配如表 4-2 所示。

I/O 引线（脚）与线对的分配　　　　　　　　　　表 4-2

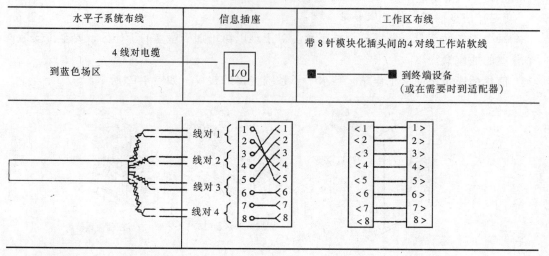

水平子系统布线	信息插座	工作区布线
4 线对电缆 到蓝色场区	I/O	带 8 针模块化插头间的 4 对线工作站软线 到终端设备 （或在需要时到适配器）

　　按照标准端接信息插座线对标准颜色见表 4-3。

　　（2）按照 T568A（ISDN）标准布线的 8 针模块化引针与线对的分配如图 4-14 所示。

颜 色 标 准　　　　表 4-3

导线种类	颜　　色	缩　　写
线对 1	白色—蓝色＊蓝色	W-BLBL
线对 2	白色—橙色＊橙色	W-OO
线对 3	白色—绿色＊绿色	W-GG
线对 4	白色—棕色＊棕色	W-BRBR

图 4-14　按照 T568A 标准信息插座 8 针引线/线对安排

三、水平子系统的设计

（一）水平干线子系统设计概述

水平干线子系统设计涉及到水平子系统的传输介质和部件集成，主要有六点：

（1）确定线路走向；

（2）确定线缆、槽、管的数量和类型；

（3）确定电缆的类型和长度；

（4）订购电缆和线槽；

（5）如果打吊杆走线槽，则需要用多少根吊杆；

（6）如果不用吊杆走线槽，则需要用多少根托架。

　　确定线路走向一般要由用户、设计人员、施工人员到现场根据建筑物的物理位置和施工难易度来确定。

　　信息插座的数量和类型、电缆的类型和长度一般在总体设计时便已确立，但考虑到产品质量和施工人员的误操作等因素，在订购时要留有余地。

　　订购电缆时，必须考虑：

(1) 确定介质布线方法和电缆走向；

(2) 确认到设备间的接线距离；

(3) 留有端接容差。

电缆的计算公式有三种，现将三种方法提供给读者参考：

(1) 订货总量（总长度 m）＝所需总长＋所需总长×10％＋n×6

式中：所需总长为 n 条布线电缆所需的理论长度；

所需总长×10％为备用部分；

n×6 为端接容差。

(2) 整幢楼的用线量＝ΣNC

式中　　N——楼层数；

　　　　C——每层楼用线量，$C = [0.55×(L+S)+6]×n$；

其中　　L——本楼层离水平间最远的信息点距离；

　　　　S——本楼层离水平间最近的信息点距离；

　　　　n——本楼层的信息插座总数；

0.55——备用系数；

　　6——端接容差。

(3) 总长度＝$A＋B/2×n×3.3×1.2$

式中　　A——最短信息点长度；

　　　　B——最长信息点长度；

　　　　N——楼内需要安装的信息点数；

　　　3.3——系数 3.3，将米（m）换成英尺（ft）；

　　　1.2——余量参数（富余量）。

用线箱数＝总长度/1000＋1

双绞线一般以箱为单位订购，每箱双绞线长度为 305m。

设计人员可用这三种算法之一来确定所需线缆长度。

在水平布线通道内，关于电信电缆与分支电源电缆要说明以下几点：

(1) 屏蔽的电源导体（电缆）与电信电缆并线时不需要分隔；

(2) 可以用电源管道障碍（金属或非金属）来分隔电信电缆与电源电缆；

(3) 对非屏蔽的电源电缆，最小的距离为 10cm；

(4) 在工作站的信息口或间隔点，电信电缆与电源电缆的距离最小应为 6cm。

水平间设计的最后一点是确定水平间与干线接合配线管理设备。

打吊杆走线槽时，一般是间距 1m 左右一对吊杆。吊杆的总量应为水平干线的长度（m）×2（根）。

使用托架走线槽时，一般是 1～1.5m 安装一个托架，托架的需求量应根据水平干线的实际长度去计算。

（二）水平干线子系统布线线缆种类

在水平干线布线系统中常用的线缆有四种：

(1) 100Ω 非屏蔽双绞线（UTP）电缆；

(2) 100Ω 屏蔽双绞线（STP）电缆；

（3）50Ω 同轴电缆；

（4）62.5/125μm 光纤电缆。

对于这4种电缆的种类、规格、性能在本书的第五章有详细介绍。

（三）水平干线子系统布线方案

水平布线，是将电缆线从管理间子系统的配线间接到每一楼层的工作区的信息输入/输出（I/O）插座上。设计者要根据建筑物的结构特点，从路由（线）最短、造价最低、施工方便、布线规范等几个方面考虑。但由于建筑物中的管线比较多，往往要遇到一些矛盾，所以，设计水平子系统时必须折中考虑，优选最佳的水平布线方案。一般可采用三种类型：

（1）直接埋管式；

（2）先走吊顶内线槽，再走支管到信息出口的方式；

（3）适合大开间及后打隔断的地面线槽方式。

其余都是这三种方式的改良型和综合型。现对上述方式进行讨论。

1. 直接埋管线槽方式

直接埋管布线方式如图4-15所示。是由一系列密封在现浇混凝土里的金属布线管道或金属馈线走线槽组成。这些金属管道或金属线槽从水平间向信息插座的位置辐射。根据通信和电源布线的要求、地板厚度和占用的地板空间等条件，直接埋管布线方式可能要采用厚壁镀锌管或薄型电线管。这种方式在老式的设计中非常普遍。

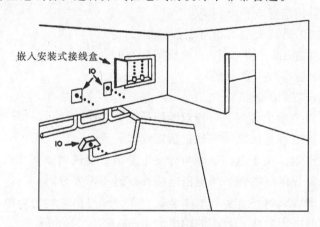

图 4-15　直接埋管布线方式

现代楼宇不仅有较多的电话语音点和计算机数据点，而且语音点与数据点可能还要求互换，以增加综合布线系统使用的灵活性。因此综合布线的水平线缆比较粗，如3类4对非屏蔽双绞线外径1.7mm，截面积17.34mm²，5类4对非屏蔽双绞线外径5.6mm，截面积24.65mm²，对于目前使用较多的SC镀锌钢管及阻燃高强度PVC管，建议容量为70%。

对于新建的办公楼宇，要求面积为8～10m²便拥有一对语音、数据点，要求稍差的是10～12m²便拥有一对语音、数据点。设计布线时，要充分考虑到这一点。

2. 先走线槽再走支管方式

线槽由金属或阻燃高强度PVC材料制成，有单件扣合方式和盒式两种类型。线槽通常悬挂在天花板上方的区域，用在大型建筑物或布线系统比较复杂而需要有额外支持物的场合。用横梁式线槽将电缆引向所要布线的区域。由弱电井出来的缆线先走吊顶内的线槽，到各房间后，经分支线槽从横梁式电缆管道分叉后将电缆穿过一段支管引向墙柱或墙壁，贴墙而下到本层的信息出口（或贴墙而上，在上一层楼板钻一个孔，将电缆引到上一层的信息出口），最后端接在用户的插座上，如图 4-16 所示。

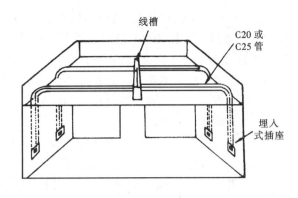

图 4-16　先走线槽再走支管布线方式

在设计、安装线槽时应多方考虑，尽量将线槽放在走廊的吊顶内，并且去各房间的支管应适当集中至检修孔附近，便于维护。如果是新楼宇，应赶在走廊吊顶前施工，这样不仅减少布线工时，还利于已穿线缆的保护，不影响房内装修。一般走廊处于中间位置，布线的平均距离最短，节约线缆费用，提高综合布线系统的性能（线越短传输的质量越高）。尽量避免线槽进入房间，否则不仅费钱，而且影响房间装修，不利于以后的维护。弱电线槽能走综合布线系统、公用天线系统、闭路电视系统（24V 以内）及楼宇自控系统信号线等弱电线缆。这可降低工程造价。同时由于支管经房间内吊顶贴墙而下至信息出口，在吊顶与其他的系统管线交叉施工，减少了工程协调量。

3．地面线槽方式

地面线槽方式就是弱电井出来的线走地面线槽到地面出线盒或由分线盒出来的支管到墙上的信息出口。由于地面出线盒或分线盒或柱体直接走地面垫层，因此这种方式适用于大开间或需要打隔断的场合。

地面线槽方式有如下优点：

（1）用地面线槽方式，信息出口离弱电井的距离不限。地面线槽每 4～8m 接一个分线盒或出线盒，布线时拉线非常容易，因此距离不限。

强、弱电可以同路由。强、弱电可以走同路由相邻的地面线槽，而且可接到同一线盒内的各自插座。当然地面线槽必须接地屏蔽，产品质量也要过关。

（2）适用于大开间或需打隔断的场合。如交易大厅面积大，计算机离墙较远，用较长的线接墙上的网络出口及电源插座，显然是不合适的。这时在地面线槽的附近留一个出线盒，联网及取电都解决了。又如一个楼层要出售，需视办公家具确定房间的大小与位置来打隔断，这时离办公家具搬入和住入的时间已经比较近了，为了不影响工期，使用地面线槽方式是最好的方法。

（3）地面线槽方式可以提高商业楼宇的档次。大开间办公是现代流行的管理模式，只有高档楼宇才能提供这种没有杂乱无序线缆的大开间办公室。

地面线槽方式的缺点也是明显的，主要体现在如下几个方面：

（1）地面线槽做在地面垫层中，需要至少 6.5cm 以上的垫层厚度，这对于尽量减少挡板及垫层厚度是不利的。

（2）地面线槽由于做在地面垫层中，如果楼板较薄，有可能在装潢吊顶过程中，被吊杆打中，影响使用。

（3）不适合楼层中信息点特别多的场合。如果一个楼层中有 500 个信息点，按 70 号线槽穿 25 根线算，需 20 根 70 号线槽，线槽之间有一定空隙，每根线槽大约占 100mm 宽度，20 根线槽就要占 2.0m 的宽度，除门可走 6～10 根线槽外，还需开 1.0～1.4m 的洞，但弱电井的墙一般是承重墙，开这样大的洞是不允许的。另外地面线槽多了，被吊杆打中的机会相应增大。因此我们建议超过 300 个信息点，应同时用地面线槽与吊顶内线槽两种方式，以减轻地面线槽的压力。

（4）不适合石质地面。地面出线盒宛如大理石地面长出了几只不合时宜的眼睛，地面线槽的路径应避免经过石质地面或不在其上放出线盒与分线盒。

（5）造价昂贵。如地面出线盒为了美观，盒盖是铜的，一个出线槽盒的售价为 300～400 元。这是墙上出线盒所不能比拟的。总体而言，地面线槽方式的造价是吊顶内线槽方式的 3～5 倍。目前地面线槽方式大多数用在资金充裕的金融业楼宇中。

在选型与设计中还应注意以下几点：

（1）选型时，应选择那些有工程经验的厂家，其产品要通过国家电气屏蔽检验，避免强、弱电同路对数据产生影响。敷设地面线槽时，厂家应派技术人员现场指导，避免打上垫层后再发现问题而影响工期。

（2）应尽量根据甲方提供的办公家具布置图进行设计，避免地面线槽出口被办公家具挡住，无办公家具图时，地面线槽应均匀地布放在地面出口。对有防静电地板的房间，只需布放一个分线盒即可，出线走敷设静电地板下。

（3）地面线槽的主干部分尽量打在走廊的垫层中。楼层信息点较多，应同时采用地面管道与吊顶内线槽两种相结合的方式。

四、干线子系统的设计

（一）垂直干线子系统设计简述

垂直干线子系统的任务是通过建筑物内部的传输电缆，把各个服务接线间的信号传送到设备间，直到传送到最终接口，再通往外部网络。它必须满足当前的需要，又要适应今后的发展。

干线子系统包括：

（1）竖向或横向通道，用于各条干线接线间之间的电缆布线；

（2）主设备间与计算机中心间的电缆。

设计时要考虑以下几点：

（1）确定每层楼的干线要求；

（2）确定整座楼的干线要求；

（3）确定从楼层到设备间的干线电缆路由；

（4）确定干线接线间的接合方法；

（5）选定干线电缆的长度；

（6）确定敷设附加横向电缆时的支撑结构。

在敷设电缆时，对不同的介质电缆要区别对待。

1. 光纤电缆

（1）光纤电缆敷设时不应该绞结；

（2）光纤电缆在室内布线时要走线槽；

（3）光纤电缆在地下管道中穿过时要用 PVC 管；

（4）光纤电缆需要拐弯时，其曲率半径不能小于 30cm；

（5）光纤电缆的室外裸露部分要加铁管或 PVC 管保护，管道要固定牢固；

（6）光纤电缆不要拉得太紧或太松，并要有一定的膨胀收缩余量；

（7）光纤电缆埋地时，要加铁管或 PVC 管保护。

2．同轴粗电缆

（1）同轴粗电缆敷设时不应扭曲，要保持自然平直；

（2）粗缆在拐弯时，其弯角曲率半径不应小于 30cm；

（3）粗缆接头安装要牢靠；

（4）粗缆布线时必须走线槽；

（5）粗缆的两端必须加终接器，其中一端应接地；

（6）粗缆上连接的用户间隔必须在 2.5m 以上；

（7）粗缆室外部分的安装与光纤电缆室外部分安装相同。

3．双绞线

（1）双绞线敷设时线要平直，走线槽，不要扭曲；

（2）双绞线的两端点要标号；

（3）双绞线的室外部要加套管，严禁搭接在树干上；

（4）双绞线不要拐硬弯。

4．同轴细缆

同轴细缆的敷设与同轴粗缆有以下几点不同：

（1）细缆弯曲半径不应小于 20cm；

（2）细缆上各站点距离不小于 0.5m；

（3）一般细缆长度为 183m，粗缆为 500m。

（二）垂直干线子系统的结构

垂直干线子系统的结构是一个星型结构，如图 4-17 所示。垂直干线子系统负责把各个管理间的干线连接到设备间。

（三）垂直干线子系统设计方法

确定从管理间到设备间的干线路由，应选择干线段最短、最安全和最经济的路由，在大楼内通常有如下两种方法：

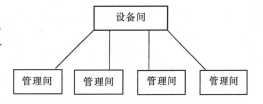

图 4-17　干线子系统星型结构

（1）电缆孔方法：干线通道中所用的电缆孔是很短的管道，通常用直径为 10cm 的钢性金属管做成。它们嵌在混凝土地板中，这是在浇注混凝土地板时嵌入的，比地板表面高出 2.5～10cm。电缆往往捆在钢绳上，而钢绳又固定到墙上已铆好的金属条上。当配线间上下都对齐时，一般采用电缆孔方法，如图 4-18 所示。

（2）电缆井方法：电缆井方法常用于干线通道。电缆井是指在每层楼板上开出一些方孔，使电缆可以穿过这些电缆井从某层楼伸到相邻的楼层，如图 4-19 所示。电缆井的大小依所用电缆的数量而定。与电缆孔方法一样，电缆也是捆在或箍在支撑用的钢绳上，钢绳靠墙上金属条或地板三角架固定住。离电缆井很近的墙上立式金属架可以支撑很多电

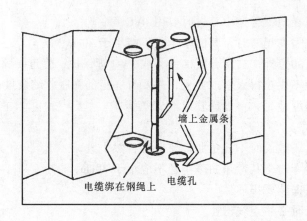

图 4-18　电缆孔方法

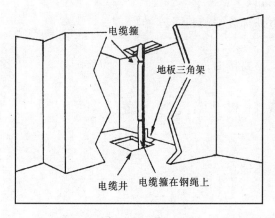

图 4-19　电缆井方法

缆。电缆井的选择性非常灵活，可以让粗细不同的各种电缆以任何组合方式通过。电缆井方法虽然比电缆孔方法灵活，但在原有建筑物中开电缆井安装电缆造价较高，它的另一个缺点是使用的电缆井很难防火。如果在安装过程中没有采取措施去防止损坏楼板支撑件，则楼板的结构完整性将受到破坏。

在多层楼房中，经常需要使用干线电缆的横向通道才能从设备间连接到干线通道，以及在各个楼层上从二级交接间连接到任何一个配线间。请记住，横向走线需要寻找一个易于安装的方便通道，因而两个端点之间很少是一条直线。

五、设备间子系统的设计

1. 设备间子系统的设计注意事项

设备间子系统是一个公用设备存放的场所，也是设备日常管理的地方，在设计设备间时应注意：

（1）设备间应设在位于干线综合体的中间位置；

（2）应尽可能靠近建筑物电缆引入区和网络接口；

（3）设备间应在服务电梯附近，便于装运笨重设备；

（4）设备间内要注意：

1）室内无尘土，通风良好，要有较好的照明亮度；

2）要安装符合机房规范的消防系统；

3）使用防火门，墙壁使用阻燃漆；

4）提供合适的门锁，至少要有一个安全通道；

（5）防止可能的水害（如暴雨成灾、自来水管爆裂等）带来的灾害；

（6）防止易燃易爆物的接近和电磁场的干扰；

（7）设备间空间（从地面到天花板）应保持 2.55m 高度的无障碍空间，门高为 2.1m，宽为 90m，地板承重压力不能低于 $500kg/m^2$。

2．设备间设计要素

（1）最低高度；

（2）房间大小；

（3）照明设施；

（4）地板负重。

3．设备间子系统设计时对环境问题的要求

（1）温度和湿度

网络设备间对温度和湿度是有要求的，一般将温度和湿度分为 A、B、C 三级，设备间可按某一级执行，也可按某几级综合执行。具体指标见表 4-4。

设备间温度和湿度指标 表 4-4

级别 项目	A 级		B 级	C 级
	夏季	冬季		
温度（℃） 相对湿度（%）	22±4 40~65	18±4 35~70	12~30 30~80	8~35
温度变化率（℃/h）	<5 要不凝露	>0.5 要不凝露	<15 要不凝露	

（2）尘埃

设备对设备件的尘埃量是有要求的。一般可分为 A、B 两级。具体指标见表 4-5。

尘 埃 量 度 表 表 4-5

级别 项目	A 级	B 级
粒度（μm） 个数（粒/m³）	>0.5 $<10^7$	>0.5 $<1.8\times10^7$

设备间的温度、湿度和尘埃对微电子设备的正常运行及使用寿命都有很大的影响，过高的室温会使元件失效率急剧增加，使用寿命下降；过低的室温又会使磁介等发脆，容易断裂。温度的波动会产生"电噪声"，使微电子设备不能正常运行。相对湿度过低，容易产生静电，对微电子设备造成干扰；相对湿度过高会使微电子设备内部焊点和插座的接触电阻增大。尘埃或纤维性颗粒积聚，微生物的作用还会使导线被腐蚀断掉。所以在设计设备间时，除了按《计算站场地技术条件》（GB 2998—89）执行外，还应根据具体情况选择合适的空调系统。

（3）照明

设备间内在距地面 0.8m 处，照度不应低于 200Lx。还应设事故照明，在距地面 0.8m 处，照度不应低于 5Lx。

（4）噪声

设备间的噪声应小于 70dB。

如果长时间在 70~80dB 噪声的环境下工作，不但影响人的身心健康和工作效率，还可能造成人为的噪声事故。

（5）电磁场干扰

设备间内无线电干扰场强，在频率为 0.15~1000MHz 范围内不大于 120dB。

设备间内磁场干扰场强不大于 800A/m。

（6）供电

设备间供电电源应满足下列要求：

频率：50Hz；

电压：380V/220V；

相数：三相五线制或三相四线制（单相三线制）。

依据设备的性能允许以上参数的变动范围，见表 4-6。

设备的性能允许电源波动范围 表 4-6

级别 项目	A 级	B 级	C 级
电压变动（%）	−5~+5	−10~+7	−15~+10
频率变化（Hz）	−0.2~+0.2	−0.5~+0.5	−1~+1
波形失真率（%）	<±5	<±5	<±10

设备间内的各种电力电缆应为耐燃铜芯屏蔽的电缆。各电力电缆（如空调设备、电源设备所用的电缆等），供电电缆不得与双绞线走向平行。交叉时，应尽量以接近于垂直的角度交叉，并采取防延燃措施。各设备应选用铜芯电缆，严禁铜、铝混用。

（7）安全

设备间的安全可分为三个基本类别：

A 级。对设备间的安全有严格的要求，有完善的设备间安全措施；

B 级。对设备间的安全有较严格的要求，有较完善的设备间安全措施；

C 级。对设备间有基本的要求，有基本的设备间安全措施。

设备间的安全要求详见表 4-7。

设 备 间 的 安 全 要 求 表 4-7

项　目	级　别		
	C 级	B 级	A 级
场地选择	—	@	@
防火	@	@	@
内部装修	—	@	B
供配电系统	@	@	B
空调系统	@	@	B
火灾报警及消防设施	@	@	B

项　目	级　别		
	C 级	B 级	A 级
防水	—	@	B
防静电	—	@	B
防雷电	—	@	B
防鼠害	—	@	B
电磁波的防护	—	@	@

注："—"为无要求；"@"为有要求或增加要求；"B"为要求。

根据设备间的要求，设备间安全可按某一类执行，也可按某些类综合执行。

（8）建筑物防火与内部装修

A 类，其建筑物的耐火等级必须符合《高层民用建筑设计防火规范》（GB 50045—95）中规定的一级耐火等级。

B 类，其建筑物的耐火等级必须符合《高层民用建筑设计防火规范》（GB 50045—95）中规定的二级耐火等级。

与 A、B 类安全设备间相关的其余工作房间及辅助房间，其建筑物的耐火等级不应低于《建筑设计防火规范》GBJ 16—87 中规定的二级耐火等级。

C 类，其建筑物的耐火等级应符合《建筑设计防火规范》（GBJ 16—87）中规定的二级耐火等级。

与 C 类设备间相关的其余基本工作房间及辅助房间，其建筑物的耐火等级不应低于《建筑设计防火规范》（GBJ 16—87）中规定的三级耐火等级。

内部装修：根据 A、B、C3 类等级要求，设备间进行装修时，装饰材料应符合《建筑设计防火规范》（GBJ 16—87）中规定的难燃材料或非燃材料，应能防潮、吸噪、不起尘、抗静电等。

（9）地面

为了方便表面敷设电缆线和电源线，设备间地面最好采用抗静电活动地板，其系统电阻应在 $1\sim10\Omega$ 之间。具体要求应符合《计算机房用地板技术条件》（GB 6650—86）标准。

带有走线口的活动地板称为异形地板。其走线应做到光滑，防止损伤电线、电缆。设备间地面所需异形地板的块数可根据设备间所需引线的数量来确定。

设备间地面切忌铺地毯。其原因：一是容易产生静电；二是容易积灰。

放置活动地板的设备间的建筑地面应平整、光洁、防潮、防尘。

（10）墙面

墙面应选择不易产生尘埃，也不易吸附尘埃的材料。目前大多数是在平滑的墙壁涂阻燃漆，或在平滑的墙壁覆盖耐火的胶合板。

（11）顶棚

为了吸噪及布置照明灯具，设备顶棚一般在建筑物梁下加一层吊顶。吊顶材料应满足防火要求。目前，我国大多数采用铝合金或轻钢作龙骨，安装吸声铝合金板、难燃铝塑板、喷塑石英板等。

（12）隔断

根据设备间放置的设备及工作需要，可用玻璃将设备间间隔成若干个房间。隔断可以选用防火的铝合金或轻钢作龙骨，安装 10mm 厚玻璃。或从地板面至 1.2m 安装难燃双塑板，1.2m 以上，安装 10mm 厚玻璃。

（13）火灾报警及灭火设施

A、B 类设备间应设置火灾报警装置。在机房内、基本工作房间、活动地板下、吊顶地板下、吊顶上方、主要空调管道中及易燃物附近部位应设置烟感和温感探测器。

A 类设备间内设置卤代烷 1211、1301 自动灭火系统，并备有手提式卤代烷 1211、1301 灭火器。

B 类设备间在条件许可的情况下，应设置卤代烷 1211、1301 自动消防系统，并备有卤代烷 1211、1301 灭火器。

C 类设备间应备置手提式卤代烷 1211 或 1301 灭火器。

A、B、C 类设备间除纸介质等易燃物质外，禁止使用水、干粉或泡沫等易产生二次破坏的灭火剂。

六、管理间子系统的设计

（一）管理间子系统设备部件

现在，许多大楼在综合布线时都考虑在每一楼层都设立一个管理间，用来管理该层的信息点，摒弃了以住几层共享一个管理间子系统的做法，这也是布线的发展趋势。

作为管理间一般有以下设备：

（1）机柜；

（2）集线器；

（3）信息点集线面板；

（4）语音点 S110 集线面板；

（5）集线器电源。

作为管理间子系统，应根据管理的信息点的多少安排使用房间的大小。如果信息点多，就应该考虑一个房间来放置；信息点少时，就没有必要单独设立一个管理间，可选用墙上型机柜来处理该子系统。

（二）管理间子系统的交连硬件部件

在管理间子系统中，信息点的线缆是通过信息员集线面板进行管理的，而语音点的线缆是通过 110 交连硬件进行管理。

信息点的集线面板有 12 口、24 口、48 口等，应根据信息点的多少配备集线面板。现重点介绍语音点的 110 交连硬件。

110 型交连硬件是 AT&T 公司为卫星接线间、干线接线间和设备的连线端接而选定的 PDS 标准。如图 4-20、图 4-21 所示。110 型交连硬件分两大类：110A 和 110P。这两种硬件的电气功能完全相同，但其规模和所占用的墙空间或面板大小有所不同。每种硬件各有优点。110A 与 110P 管理的线路数据相同，但 110A 占有的空间只有 110P 或老式的 66 接线块结构的 1/3 左右，并且价格也较低。

1. 110 型硬件

110 型硬件有两类：

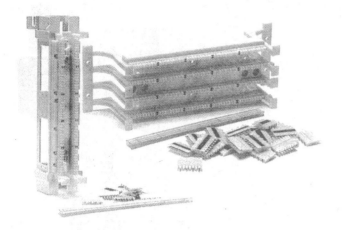

图 4-20　110 冲压模块

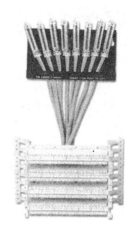

图 4-21　Siemon 公司的带预先压制
25 对连接器的 110 模块

110A——跨接线管理类；

110P——插入线管理类。

2．模块化配线架

除了使用以上冲压式模块外，还可以使用如图 4-22 所示的 RJ45 模块化配线架。目前这种做法已经越来越流行，仅仅使用跳线就可以轻松改变交接对象。

3．理线工具

合理的使用理线工具可以使布线更为整齐漂亮。如图 4-23。

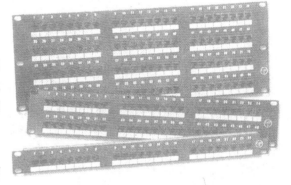

图 4-22　模块化接插板

4．19in 机架和机柜（图 2-25，图 2-26）

在设备间、管理间以及楼层布线交接处都可能要使用到机柜或机架。机柜或机架不仅用于综合布线的交接场，还用来安装一些通讯工具和设备。根据其存放内容的不同,机柜也会有很多

图 4-23　MilesTek 公司的理线工具

图 4-24　MilesTek 公司旋转门式墙面机架

不同的灵活配置。复杂的机柜甚至带有循环制冷系统。如图 4-24、图 4-25、图 4-26 所示。

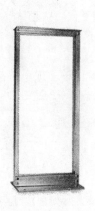

图 4-25　19in 骨架式机架　　　　　　　　　　图 4-26　19in 机架

（三）管理间子系统在干线接线间和卫星接线间中的应用

首先选择 110 型硬件，再确定其规模。

110A 和 110P 使用的接线块均是每行端接 25 对线。它们都使用 3 或 4 或 5 对线的连接块，具体取决于每条线路所需的线对数目。一条含 3 对线的线路（线路模块化系数为 3 对线）需要使用 3 对线的连接块；一条 4 对线的线路需要使用 4 对线的连接块；一条 2 对线的线路也可以使用 4 对线的连接块，因为 4 是 2 的整倍数。5 对线的连接块用于其他场合。

对于站的端接和连接电缆来说，确定场的规模或确定所需要的接线块数目意味着要确定线路（或 I/O）数目、每条线路所含的线对数目（模块化系数），并确定合适规模的 110A 或 110P 接线块。110A 交连硬件备有 100 对线和 300 对线的接线块。110P 接线块有 300 对线和 900 对线两种规模。

对于干线电缆，应根据端接电缆所需要的接线块数目来决定场的规模。

下面详细叙述 110 型设计步骤。

（1）决定卫星接线间（干线接线间）要使用的硬件类型。

110A——如果客户不想对楼层上的线路进行修改、移位或重组。

110P——如果客户今后需要重组线路。

（2）决定待端接线路的模块化系数。

这与系统有关，例如 System85 采用的模块化系数是 3 对线的线路，应查明其他厂家的端接参数。PDS 推荐标准的规定如下：

1）连接电缆端采用 3 对线；

2）基本 PDS 设计的干线电缆端接采用 2 对线；

3）综合或增强型 PDS 设计中的干线电缆端接采用 3 对线；

4）工作端接采用 4 对线。

（3）决定端接工作站所需的卫星接线数目。

工作站端接必须选用 4 对线模块化系数。

【例1】 计算含 300 对线的一个接线块可以端接多少个 4 对线线路？

一个接线块每行可端接 25 对线。含 100 对线的接线有 4 行，300 对线的接线块每块有 12 行。计算公式如下：

$$\frac{25（线对上最大数目/行）}{线路的模块化系数} = 线路数/行$$

最后的线路需用一个 100C-5 来连接多余的线对。

若线路模块化系数选取 4 个线对，且选用含 100 对线的接线块：

$$\frac{25 对}{4 对} = 线路数/行$$

一个 100 对线的接线有 4 行，所以一个接线块有 $4 \times 6 = 24$ 条线路，每条线路含 4 对线。

（4）决定所需线块的规格和数量。

【例2】

$$\frac{I/O 数}{线路数/块} = 300 对线的接线块数目$$

取整为 2，即需要 2 个含 300 对线的接线块。

（5）决定目前在卫星接线间（干线间）端接电子设备所需的 300 对线接线块的块数，等于用于端接干线所需的 300 对线接线块的块数。

（6）卫星接线间和干线接线间端接干线电缆取决于工作区的数量而不是信息插座的数量。根据干线的设计结果，就可以知道卫星接线间或干线接线间应选择什么规格的电缆来进行端接。

【例3】 已知条件如下：

增强型设计，采用 3 对线的线路模块化系数；

卫星拉接线间需要服务的 I/O 数 = 192；

干线电缆规格（增强型）为每个工作区配 3 对线，工作区总数 = 96。

计算公式： $96 \times 3 = 288$

其中 96——工作区数；

　　　×3——线路模块化系数；

　　　288——所需的干线电缆所含线对的数目。

取实际可购得的较大电缆规格：300 对线。

这就是说，用一个 300 对线的接线块就可端接 96 条 3 对线的线路。

（7）决定卫星接线间连接电缆进行端接所需的接线块数目。计算时模块化系数应为每条线路含 3 对线。

（8）决定在干线接线间端接电缆所需的接线数目。

（9）写出墙场的全部材料清单，并画出详细的墙场结构图。

（10）利用每个接线间地点的墙场尺寸，画出每个接线间的等比例图，其中包括以下信息：

    1）干线电缆孔；

    2）电缆和电缆孔的配置；

    3）电缆布线的空间；

    4）房间进出管道和电缆孔的位置；

    5）根据电缆直径确定的干线接线间和卫星接线间的馈线管道；

    6）管道内要安装的电缆；

    7）硬件安装细节；

    8）110 型硬件空间；

    9）其他设备（如多路复用器、集线器或供电设备等）的安装空间。

（11）画出详细施工图之前，利用为每个配线场和接线间准备的等比例图，从最上楼层和最远卫星接线区位置开始核查以下项目：

    1）主设备间、干线接线间和卫星接线间的底板区实际尺寸能否容纳线场硬件，为此，应对比一下连接块的总面积和可用墙板的总面积。

    2）电缆孔的数目和电缆井的大小是否足以让那么多的电缆穿过干线接线间，如果现成电缆孔数目不够，应安排楼板钻孔工作。

（四）管理间子系统在设备间中的应用

本节重点讨论管理子系统在设备间中的端接。这包括设计间布线系统，该系统把诸如 PBX 或数据交换机等公用系统设备连接到建筑布线系统。公用系统设备的布局取决于具体的话音或数据系统。

设备间用于安放建筑内部的话音和数据交换机，有时还包括主计算机，里面还有电缆和连接硬件，用以把公用系统设备连接到整个建筑布线系统。

该设计过程分为三个阶段：

（1）选择和确定主布线场交连硬件规模；

（2）选择和确定中继线（辅助场）的交连硬件规模；

（3）确定设备间交连硬件的安置地点。

主布线交连场把公用系统电缆设备的线路连接到来自干线和建筑群子系统的输入线对。典型的主布线交连场包括两个色场：白场和紫场。白场实现干线和建筑群线对的端接；紫场实现公用系统设备线对的端接，这些线对服务于干线和建筑布线系统。主布线交连场有时还可能增加一个黄场，以实现辅助交换设备的端接。该设计过程决定了主布线交连场的接线总数和类型。

在理想情况下，交连场的组织结构应使插入线或跨接线可以连接该场的任何两点。在小的交连场安装中，只要把不同颜色的场一个挨着一个安装在一起，就很容易达到上述的目标。在大的交连场安装中，这样的场组织结构使得线路变得很困难。这是因为，插入线长度有限，一个较大交连场不得不一分为三，放在另一个交连场的两边，有时两个交连场都必须一分为二。

上述是语音点的应用管理，对于不同的应用应选择不同的介质。

（五）管理间管理子系统的设计步骤

设计管理间管理子系统时，一般采用下述步骤：

（1）确认线路模块化系数是 2 对线还是 3 对线。每个线路模块当做一条线路处理，线路模块化系数视具体系统而定。例如，System85 的线路模块化系数是 3 对线。

（2）确定话音和数据线路要端接的电缆对总数，并分配好话音或数据线路所需的墙场或终端条带。

（3）决定采用何种 110 交连硬件：

1）如果线对总数超过 6000（即 2000 条线路），则使用 110A 交连硬件；

2）如果线对总数少于 6000，则可使用 110A 或 110P 交连硬件；

3）110A 交连硬件点用较少的墙空间或框架空间，但需要一名技术人员负责线路管理；

4）决定每个接线块可供使用的线对总数，主布线交连硬件的白场接线数目取决于三个因素：硬件类型，每个接线块可供使用的线对总数和需要端接的线对总数；

5）由于每个接线块端接行的第 25 对线通常不用，故一个接线块极少能容纳全部线对；

6）决定白场的接线块数目。为此，首先把每种应用（话音或数据）所需的输入线对总数除以每个接线块的可用线对总数，然后取更高的整数作为白场接线块数目；

7）选择和确定交连硬件的规模——中继线（辅助场）；

8）确定设备间交连硬件的位置；

9）绘制整个布线系统即所有子系统的详细施工图。

（4）管理间的信息点连接是非常重要的工作，它的连接要尽可能简单，主要工作是跳线。

七、建筑群干线子系统

建筑群子系统也称楼宇管理子系统。

一个企业或某政府机关可能分散在几幢相邻建筑物或不相邻建筑物内办公。但彼此之间的语音、数据、图像和监控等系统可用传输介质和各种支持设备（硬件）连接在一起。连接各建筑物之间的传输介质和各种支持设备（硬件）组成一个建筑群综合布线系统。连接各建筑物之间的缆线组成建筑群子系统。

本节重点对建筑群子系统的设计进行介绍。

（一）AT&T 推荐的建筑群子系统设计

1. 建筑群子系统布线时，AT&T PDS 推荐的设计步骤

（1）确定敷设现场的特点；

（2）确定电缆系统的一般参数；

（3）确定建筑物的电缆入口；

（4）确定明显障碍物的位置；

（5）确定主电缆路由和备用电缆路由；

（6）选择所需电缆类型和规格；

（7）确定每种选择方案所需的劳务成本；

（8）确定每种选择方案的材料成本；

（9）选择最经济、最实用的设计方案。

2. 确定敷设现场的特点

（1）确定整个工地的大小；

（2）确定工地的地界；

（3）确定共有多少座建筑物。

3．确定电缆系统的一般参数

（1）确认起点位置；

（2）确认端接点位置；

（3）确认涉及的建筑物和每座建筑物的层数；

（4）确定每个端接点所需的双绞线对数；

（5）确定有多个端接点的每座建筑物所需的双绞线总对数。

4．确定建筑物的电缆入口

（1）对于现有建筑物，要确定各个入口管道的位置；每座建筑物有多少入口管道可供使用；入口管道数目是否满足系统的需要；

（2）如果入口管道不够用，则要确定在移走或重新布置某些电缆时是否能腾出某些入口管道；在不够用的情况下应另装多少入口管道；

（3）如果建筑物尚未建起来，则要根据选定的电缆路由完善电缆系统设计，并标出入口管道的位置；选定入口管理的规格、长度和材料；在建筑物施工过程中安装好入口管道。

建筑物入口管道的位置应便于连接公用设备，根据需要在墙上穿过一根或多根管道。查阅当地的建筑法规，了解对承重墙穿孔有无特殊要求。所有易燃材料（如聚丙烯管道、聚乙烯管道）应端接在建筑物的外面。外线电缆的聚丙烯护皮可以例外，只要它在建筑物内部的长度（包括多余电缆的卷曲部分）不超过15m。如果外线电缆延伸到建筑物内部的长度超过15m，就应使用合适的电缆入口器材，在入口管道中填入防水和气密性很好的密封胶，如B型管道密封胶。

5．确定明显障碍物的位置

（1）确定土壤类型：砂质土、黏土、砾土等；

（2）确定电缆的布线方法；

（3）确定地下公用设施的位置；

（4）查清拟定的电缆路由中沿线各个障碍物位置或地理条件：

1）铺路区；

2）桥梁；

3）铁路；

4）树林；

5）池塘；

6）河流；

7）山丘；

8）砾石土；

9）截留井；

10）人孔；

11）其他。

（5）确定对管道的要求。

6．确定主电缆路由和备用电缆路由

（1）对于每一种待定的路由，确定可能的电缆结构；

（2）所有建筑物共用一根电缆；

（3）对所有建筑物进行分组，每组单独分配一根电缆；

（4）每座建筑物单用一根电缆；

（5）查清在电缆路由中哪些地方需要获准后才能通过；

（6）比较每个路由的优缺点，从而选定最佳路由方案。

7．选择所需电缆类型和规格

（1）确定电缆长度；

（2）画出最终的结构图；

（3）画出所选定路由的位置和挖沟详图，包括公用道路图或任何需要经审批才能动用的地区草图；

（4）确定入口管道的规格；

（5）选择每种设计方案所需的专用电缆；

（6）参考《AT&T SYSTIMAX PDS 部件指南》有关电缆部分中线号、双绞线对数和长度应符合的有关要求；

（7）应保证电缆可进入口管道；

（8）如果需用管道，应选择其规格和材料；

（9）如果需用钢管，应选择其规格、长度和类型。

8．确定每种方案所需的劳务成本

（1）确定布线时间

包括迁移或改变道路、草坪、树木等所花的时间；

如果使用管道区，应包括敷设管道和穿电缆的时间；

确定电缆接合时间；

确定其他时间，例如拿掉旧电缆、避开障碍物所需的时间；

（2）计算总时间；

（3）计算每种设计方案的成本；

（4）总时间乘以当地的工时费。

9．确定每种方案所需的材料成本

（1）确定电缆成本

确定每英尺（米）的成本；

参考有关布线材料价格表；

针对每根电缆查清每 100 英尺的成本；

将上述成本除以 100；

将每米（英尺）的成本乘以米（英尺）数。

（2）确定所有支持结构的成本

查清并列出所有的支持结构；

根据价格表查明每项用品的单价；

将单价乘以所需的数量。

（3）确定所有支撑硬件的成本

对于所有的支撑硬件，重复（2）项所列的三个步骤。

10．选择最经济、最实用的设计方案

（1）把每种选择方案的劳务费成本加在一起，得到每种方案的总成本；

（2）比较各种方案的总成本，选择成本较低者；

（3）确定该比较经济的方案是否有重大缺点，以致抵消了经济上的优点。如果发生这种情况，应取消此方案，考虑经济性较好的设计方案。

注：如果牵涉到干线电缆，应把有关的成本和设计规范也列进来。

（二）电缆布线方法

在建筑群子系统中电缆布线方法有四种。

1．架空电缆布线

架空安装方法通常只用于现成电线杆，而且电缆的走法不是主要考虑内容的场合，从电线杆至建筑物的架空进线距离不超过 30m（100ft）为宜。建筑物的电缆入口可以是穿墙的电缆孔或管道。入口管道的最小口径为 50mm（2in）。建议另设一根同样口径的备用管道，如果架空线的净空有问题，可以使用天线杆型的入口。该天线的支架一般不应高于屋顶 1200mm（4ft）。如果再高，就应使用拉绳固定。此外，天线型入口杆高出屋顶的净空间应有 2400mm（8ft），该高度正好使工人可摸到电缆。

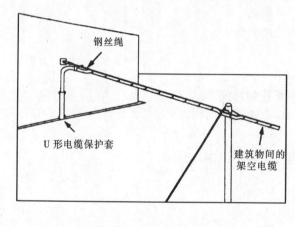

图 4-27 架空布线法

通信电缆与电力电缆之间的距离必须符合我国室外架空线缆的有关标准。

架空电缆通常穿入建筑物外墙上的 U 形钢保护套，然后向下（或向上）延伸，从电缆孔进入建筑物内部，如图 4-27 所示，电缆入口的孔径一般为 50mm，建筑物到最近处的电线杆通常相距应小于 30m。

2．直埋电缆布线

直埋布线法优于架空布线法，影响选择此法的主要因素如下：

（1）初始价格；

（2）维护费；

（3）服务可靠性；

（4）安全性；

（5）外观。

切不要把任何一个直埋施工结构的设计或方法看做是提供直埋布线的最好方法或惟一方法。在选择某个设计或几种设计的组合时，重要的是采取灵活的、思路开阔的方法。这种方法既要适用，又要经济，还能可靠地提供服务。直埋布线的选取地址和布局实际上是针对每项作业对象专门设计的，而且必须对各种方案进行工程研究后再作出决定。工程的可行性决定了何者为最实际的方案。

在选择最灵活、最经济的直埋布线线路时，主要的物理因素如下：

（1）土质和地下状况；

（2）天然障碍物，如树林、石头以及不利的地形；

（3）其他公用设施（如下水道、水、气、电）的位置；

（4）现有或未来的障碍，如游泳池、表土存储场或修路。

由于发展趋势是让各种设施不在人的视野里，所以，话音电缆和电力电缆埋在一起将日趋普遍，这样的共用结构要求有关部门从筹划阶段直到施工完毕，以至未来的维护工作中密切合作。这种协作会增加一些成本。但是，这种共用结构也日益需要用户的合作。PDS为改善所有公用部门的合作而提供的建筑性方法将有助于使这种结构既吸引人，又很经济。

请遵守所有的法令和公共法则。有关直埋电缆所需的各种许可证书应妥善保存，以便在施工过程中可立即取用。

需要申请许可证书的事项如下：

（1）挖开街道路面；

（2）关闭通行道路；

（3）把材料堆放在街道上；

（4）使用炸药；

（5）在街道和铁路下面推进钢管；

（6）电缆穿越河流。

3. 管道系统电缆布线

管道系统的设计方法就是把直埋电缆设计原则与管道设计步骤结合在一起。当考虑建筑群管道系统时，还要考虑接合井。

在建筑群管道系统中，接合井的平均间距约180m（600ft），或者在主结合点处设置接合井。

接合井可以是预制的，也可以是现场浇筑的。应在结构方案中标明使用哪一种接合井。

预制接合井是较佳的选择。现场浇筑的接合井只在下述几种情况下才允许使用：

（1）该处的接合井需要重建；

（2）该处需要使用特殊的结构或设计方案；

（3）该处的地下或头顶空间有障碍物，因而无法使用预制接合井；

（4）作业地点的条件（例如沼泽地或土壤不稳固等）不适于安装预制入孔。

4. 隧道内电缆布线

在建筑物之间通常有地下通道，大多是供暖供水的，利用这些通道来敷设电缆不仅成本低，而且可利用原有的安全设施。如考虑到暖气泄漏等条件，电缆安装时应与供气、供水、供暖的管道保持一定的距离，安装在尽可能高的地方，可根据民用建筑设施的有关条例进行施工。

（三）四种建筑群布线方法比较

上面叙述了管道内、直埋、架空、隧道四种建筑群布线方法，它们的优缺点如表4-8所示。

四种建筑群布线方法的优缺点 表 4-8

方 法	优 点	缺 点
管道内	提供最佳的机构保护	
	任何时候都可敷设电缆	挖沟、开管道和人孔的成本很高
	电缆的敷设、扩充和加固都很容易	
	保持建筑物的外貌	
直 埋	提供某种程度的机构保护	挖沟成本高
	保持建筑物的外貌	难以安排电缆的敷设位置
		难以更换和加固
架 空	如果本来就有电线杆，则成本最低	没有提供任何机械保护
		灵活性差
		安全性差
		影响建筑物美观
隧 道	保持建筑物的外貌，如果本来就有隧道，则成本最低、安全	热量或漏泄的热水可能会损坏电缆，可能被水淹没

布线设计师在设计时，不但自己要有一个清醒的认识，还要把这些情况向用户方说明。

（四）电缆线的保护

当电缆从一建筑物到另一建筑物时，要考虑易受到雷击、电源碰地、电源感应电压或地电压上升等因素，必须用保护器去保护这些线对。如果电气保护设备位于建筑物内部（不是对电信公用设施实行专门控制的建筑物），那么所有保护设备及其安装装置都必须有 UL 安全标记。

有些方法可以确定电缆是否容易受到雷击或电源的损坏，也可以知道有哪些保护器可以防止建筑物、设备和连线因火灾和雷击而遭到毁坏。

当发生下列任何情况时，线路就被暴露在危险的境地：

（1）雷击所引起的干扰；

（2）工作电压超过 300V 以上而引起的电源故障；

（3）地电压上升到 300V 以上而引起的电源故障；

（4）60Hz 感应电压值超过 300V。

如果出现上述所列的情况时就都应对其进行保护。

确定被雷击的可能性。除非下述任一条件存在，否则电缆就有可能遭到雷击：

（1）该地区每年遭受雷暴雨袭击的次数只有 5 天或更少，而且大地的电阻率小于 $100\Omega \cdot m$。

（2）建筑物的直埋电缆小于 42m（140ft），而且电缆的连续屏蔽层在电缆的两端都接地。

（3）电缆处于已接地的保护伞之内，而此保护伞是由邻近的高层建筑物或其他高层结构所提供，如图 4-28 所示。

八、电气保护

（一）设计规范

电气保护的目的是为了尽量减少电气故障对综合布线的线缆和相关连接硬件的损坏，也避免电气故障对综合布线所连接的终端设备或器件的损坏。

当综合布线的周围环境存在严重的电磁干扰（EMI）时，必须采用屏蔽等防护措施，以抑制外来的电磁干扰。

电磁干扰源主要有无线电发射设备以及变压器、电动机和电焊机等电力设备。

根据 PREN50174 规定，一些干扰源列举如下：

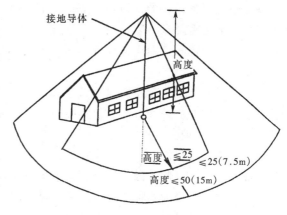

图 4-28　保护伞示意图

(1) 功率分配；

(2) 荧光灯照明；

(3) 无线电传送设备（无线电话、无线电台、电视）；

(4) UTP 对 UTP 电缆；

(5) 办公设备（复印机、打印机、电脑、碎纸机）；

(6) 雷达；

(7) 工业机器（发动机等）。

电磁干扰源可能对附近的应用系统引起干扰，造成信号失真，严重时会导致系统瘫痪。

电缆既是电磁干扰的主要发生器，也是主要的接收器。作为发生器，它辐射电磁波。灵敏的收音机、电视机和通信系统，会通过它们的天线、互连线和电源接收这种电磁波。电缆也能敏感的接收从其他临近干扰源所辐射的电磁波。为了抑制电磁干扰对综合布线产生的影响，必须采用防护措施。

综合布线的干线电缆位置应尽可能接近于接地导体（例如建筑物的钢结构），并尽可能位于建筑物的中心部位。

建筑物如若是平顶的，则该建筑物屋顶的中心部位附近产生雷电的概率最小，而且干线电缆与接地导体之间的互感作用可最大限度地减小电缆上的感应电势。应避免把电缆安排在外墙，特别是墙角，在这些地方，产生雷电干扰的概率最大。

如若建筑物为尖顶，其中心部位附近产生雷电的概率最大。在设计综合布线时，就应综合考虑防雷电措施。建筑物外线缆容易受到雷击、电源碰地、感应电势或地面电势上浮等外接影响，这些电缆进入建筑物内时，必须采用保护器。所有保护器及装置都必须有保险实验安全标志（UL）。

在下列的任一种情况下，线路均处于危险环境之中，应对其进行过压、过流保护：

(1) 雷击引起的影响；

(2) 工作电压超过 250V 的电力线碰地；

(3) 感应电势上升到 250V 以上而引起的电源故障；

(4) 交流 50Hz 感应电压超过 250V。

满足下列任何条件的，可认为遭雷击的危险影响可以忽略不计：

（1）该地区雷暴日不超过 15 天，而且土壤电阻率小于 100Ω·m；

（2）建筑物之间直埋电缆短于 42m，而且电缆的连续屏蔽层在电缆两端处都可靠接地；

（3）电缆完全处于已经接地的邻近高层建筑物或其他高层结构所提供的保护伞之内，而且电缆有良好的接地装置。建筑物接地保护伞如图 4-28 所示。

（二）电气保护

室外电缆进入建筑物时，通常在入口处经过一次转接进入室内。在转接处应加上电气保护设备。这样可以避免因电缆受到雷击、感应电势或电力线接触而给用户带来的损坏。

电气保护主要分为两种：过压保护和过流保护。这些电气保护装置通常安装在建筑物的入口专用房间或墙面上。大型建筑物中应设专用房间。

1. 过压保护

综合布线的过压保护可选用气体放电管保护器或固态保护器。

气体放电管保护器使用断开或放电气隙来限制导体和地之间的电压。放电空隙粘在陶瓷外壳内密封的两个金属电柱之间，其间有放电间隙，并充有惰性气体。当两个电机之间的电位差超过 250V 交流电源或 700V 雷电浪涌电压时，气体放电管开始出现电护，为导体和地电极之间提供一条通路。

固态保护器适合较低的击穿电压（60 ~ 90V），而且器电路不可有振铃电压。它利用电子电路将过量的有害电压泄放至地，而且不影响传输电缆的质量。固态保护器工作于一种电子开关方式。未达到击穿电压时，其性能对电路来说是透明的；可进行快速、稳定、无噪声、绝对平衡的电压箝位。一旦超过击穿电压，它便将过压引入地，然后自动恢复到原来的状态。在这典型的保护环境中，可以不断的重复该过程。因此，固态保护其对综合布线提供了最佳的保护，将逐步取代气体放电保护器。

2. 过流保护

综合布线的过流保护宜选用能自动恢复的保护器。

电缆的导线上可能出现这样或那样的电压，如果连接设备为其提供了对地的地阻通路，它就不足以使过压保护器动作，所产生的电流可能会损坏设备而着火。例如，220V 电压不足以使过压保护器动作，但有可能产生大电流进入设备。因此，必须在采取过压保护的同时，采用过流保护。过流保护串联在线路中，插接在配线架上配线模块相邻排。当发生过流时，立刻切断线路。为了方便维护，可采用能自动恢复的过流保护器。目前，过流保护器有热敏电阻和雪崩二极管可供选用，但价格较贵，故也可选用热线圈或熔丝。热线圈和熔丝都具有保护综合布线的特性，但工作原理不同，热线圈在动作时将导体接地，而熔丝动作时将导体断开。

一般情况下，过流保护器电流值整定在 350 ~ 500mA 之间起作用。

在建筑物综合布线中，只有少数线路需要过流保护。设计人员可尽量选用自动恢复的保护器。对于传输率较低的线路如语音线路，使用熔丝比较容易管理。图 4-29 是用户交换机（PBX）的寄生电流保护线路。

现代通信系统的通信线路在进入建筑物时，一般都采用过压和过流双重保护。如德国西门子公司的 Hicom 系列程控数字交换机系统采取三级保护措施，第一既是配线框上的保

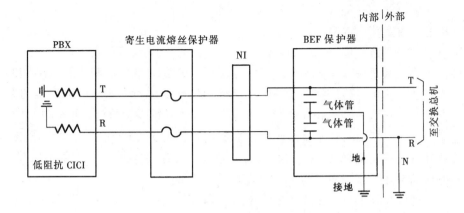

图 4-29 PBX 的寄生电流保护线路

护器，主要是防止雷电损坏交换设备；第二级是在连接用户线路、中继电路板的插头内装有过压过流保护电路，主要用于防止 220V 或 380V 市电碰到交换机；第三级是在用户板、中继板入口的电路中，防止前两级未消除的较高电压。

3. 保护器类型

目前，保护器国际上尚未有统一的技术标准。美国朗讯科技公司研制的保护器门类齐全，电气性能也比较好。南京菲尼克斯公司也有种类齐全的各种保护器供应市场。

4. 保护器板

目前，美国朗讯科技公司除了生产各种各样的保护器之外，还生产与之配套的保护器板，以满足不同环境的要求。

（三）屏蔽效应

采用屏蔽是为了在有干扰的环境下保证综合布线通道的传输性能。这里减少干扰应该包括两部分：

（1）减少电磁辐射，即减少电缆本身向外辐射的能量；

（2）提高电缆抗外来电磁干扰的能力。线对单独屏蔽的线缆还具有降低线对之间串扰的能力。

电磁干扰和辐射是整个应用系统的问题。由综合布线电缆引起的干扰只是问题的一部分，而且，辐射能量与发送信号的电压和频率有关。

屏蔽电缆的铜质层对低频磁场的屏蔽效果差，并不能抵御频率较低的干扰，如电动机等。在低频时，屏蔽电缆的干扰和非屏蔽电缆一样，50Hz 频率条件下，0.1cm 厚的铝箔或铜丝网屏蔽，只能将信号衰减 1dB。这和降低噪声电压 10% 效果相当。

当频率高于 30MHz 时，根据差分传输信号频谱（Differential Transmitted Signal Spectrum）与放射性能（Radiated Emission Performance）的关系，应用系统的电磁干扰和辐射取决于下列因素：

（1）印刷电路板的设计；

（2）输出过滤器和磁场特性；

（3）信号强度；

（4）使用的通信协议；

（5）信号输出端的平衡（LCL）及其随附的传送铜线；

（6）传送铜线及信号输出端的共模阻抗；

（7）连接件的屏蔽有效程度（如果使用屏蔽双绞电缆）。

从理论上讲，为了减少外界的电磁干扰，可采用屏蔽措施。屏蔽有静电屏蔽和磁场屏蔽两种。屏蔽的结构可以将干扰源或受干扰元件用屏蔽罩屏蔽起来。静电屏蔽的原理是，在屏蔽罩接地后干扰电流经屏蔽外层短路入地。因此屏蔽的妥善接地是十分重要的，否则不但不能减少干扰，反而会使干扰增大。如在电缆和相关硬件外层上包上一层金属材料制成的屏蔽层并有正确可靠的接地，可以有效的滤除不必要的电磁波。然而，在实际应用中，这种方法的有效程度到底如何，下面我们可以分析一下。

综合布线的整体性能取决于应用系统中最薄弱的线缆和相关硬件性能以及连接工艺。在综合布线中最薄弱的的环节是配线架与线缆连接处和信息插座与插头连接处等，而且屏蔽线缆的屏蔽层在安装中如若产生裂缝，则都构成了屏蔽通道中最薄弱的环节。

对于屏蔽通道而言，仅有一层金属屏蔽层是不够的，更重要的还是要有正确的、良好的接地装置，把干扰有效地引入大地。接地装置中的接地导线、接地方式等，都对接地效果有一定的影响。当信号频率低于1MHz时，屏蔽通道可一处接地（如语音系统）。而当频率高于1MHz时，屏蔽系统就需要多位置接地。通常的做法是在每隔1/10波长长度处接地（例如10MHz便每间隔2.1m处接地）。而接地线的长度应短于波长的1/12（例如10MHz，接地线短于1.05m）。接地导线用直径大于4mm的外包绝缘套的多股铜质导线。

为了消除电磁干扰，除了要求屏蔽没有间断点外，同时还要求整体传输通道必须达到完全360°全程屏蔽。一个完整的屏蔽通道要求处处屏蔽，一旦有任何一点的屏蔽不能满足要求，将会影响到通道的整体传输性能。对一个点到点的连接通道来说，这个要求是很难达到的，因为其中的信息插座，跳接线等都很难做到完全屏蔽，再加上屏蔽层的腐蚀、氧化、破损等因素，一个通道要做到真正意义上的完全全程屏蔽是很难的。因此，采用屏蔽双绞电缆并不能完全消除电磁干扰。另外，屏蔽层接地点安排的不合理也会引起屏蔽层上的电位差，造成屏蔽层上的电流流动，从而导致接地噪声。

施工中的磕磕碰碰会造成屏蔽层的破裂，也会引起电磁干扰，增加与外界环境的耦合，使得一对双绞线间的耦合相对减少，从而降低了线对间的平衡性能，也就不能通过平

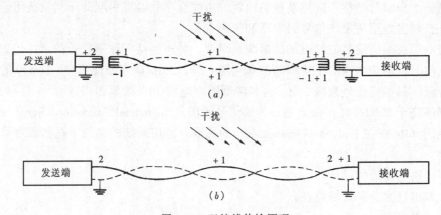

图 4-30 双绞线传输原理

（a）双绞线平衡传输原理；（b）双绞线非平衡传输原理

衡传输来避免干扰。

在平衡传输的非屏蔽传输通道中，所接收的外部电磁干扰在传输中同时载在一对线缆的两根导体上，形成大小相等，相位相反的的两个电压信号，到接收端相互抵消，从而达到消除干扰的目的。一对双绞线的绞距与所能抵抗的外部电磁干扰成正比，非屏蔽双绞电缆就是利用这一原理，并结合滤波于对称性等技术，经过精确的设计与制造而成的。双绞线平衡传输原理如图4-30（a）所示，非平衡传输原理如图4-30（b）所示。

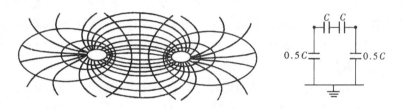

图 4-31　非屏蔽双绞线传输耦合原理

为什么非屏蔽双绞电缆具有良好的平衡性能，而屏蔽双绞电缆的平衡性较差？主要原因是非屏蔽双绞电缆内的两条导线之间的互相对耦很强，而与外界的对耦却相对较弱，如图4-31所示。屏蔽双绞电缆内的两根导线，与屏蔽层的对耦较强，而相互间的对耦却较弱，如图4-32所示。这样会使得导线间产生如下情况：

图 4-32　屏蔽双绞线传输耦合原理

（1）屏蔽改变整条电缆的电容耦合，使衰减增加；

（2）信号输出端的平衡（LCL）降级。

信号输出端的平衡降级，将在电缆内的线对间耦合较大的共模信号，该信号又与屏蔽层产生耦合，因此屏蔽层必须良好的接地。而完全屏蔽的连接器必须有正确终端（外围接触，不可有尾式连接），否则共模信号会使布线通道发出辐射。当频率增高时，情况会更严重。

任何金属物体靠近导体都会引起传输线路的不平衡，因此在导体上的屏蔽是种互为因果的做法。屏蔽会降低平衡，产生过量的不平衡零碎信号，屏蔽层越接近导体，导体对环境的对耦便越强，而平衡性也越低。因此就平衡性能来讲，非屏蔽双绞电缆比屏蔽电缆要好。

在电磁干扰比较强的或不允许有电磁辐射的环境中，若能严格按照工艺要求施工安装，则做到全程屏蔽的屏蔽通道比非屏蔽通道的传输性能好。如法国阿尔卡特公司的综合布线系统，采用全程屏蔽技术，既能抗电磁干扰，也能控制自身的电磁辐射对环境的影响。

从上面介绍可以看出，综合布线系统采用屏蔽通道还是非屏蔽通道技术，很大程度上取决于综合布线的安装工艺和应用环境。在欧洲，占主流的是屏蔽通道，德国甚至立法要求必须采用屏蔽通道技术。而在综合布线使用量最大的北美市场，却流行的是非屏蔽通道。

针对目前国内综合布线情况，非屏蔽通道是主流。非屏蔽通道无论是产品的多样性，产品的标准化程度，以及价格因素等都是屏蔽通道无法相比的。

但是如果我们在布线设计中，遇到电磁干扰较严重的场合该如何设计呢？一般情况下可以有两种解决办法，第一种办法就是采用金属桥架和金属线槽（线管）布线，金属桥架和金属线槽接地容易，且可焊接接地，牢固可靠，是现场经济实用的屏蔽技术。第二种方法就是采用光缆布线，既可以取得最佳的屏蔽效果，又可以得到极高的带宽和传输速率。

（四）线缆与其他管线之间的距离

1. 双绞电缆与电磁干扰源之间的间距

双绞电缆正常运行环境的一个重要指标是，在电磁干扰源于双绞电缆之间应有一定的距离。表 4-9 给出了电磁干扰源与双绞电缆之间的最小推荐距离（电压小于 380V）。

双绞电缆与电磁干扰源之间的最小分隔距离（mm）　　　　　表 4-9

走线方式	< 2kVA	2～5kVA	> 5kVA
接近于开放或无电磁隔离的电力线或电力设备	127	305	610
接近于接地金属导体通路的无屏蔽电力线或电力设备	64	152	305
接近于接地金属导体通路的封装在接地金属导体内的电力线	15	76	152
变压器和电动机	800	1000	1200
日光灯		305	

注：1. 表中最小分隔距离是指双绞线与电力线平行走线的间隔距离。垂直交叉走线时，除考虑变压器、大功率电动机的干扰外，其余干扰可忽略不计。

2. 对于电压大于 380V，并且功率大于 5kVA 的情况下，需要进行工程计算以确定电磁干扰源与双绞电缆分隔距离（L）。

计算公式如下：$L = $（电磁干扰源功率÷电压）÷131　　（m）

2. 光缆与其他管线之间的间距

光缆敷设时与其他管线的最小净距离应符合表 4-10 的规定。

光缆与其他管线最小净距　　　　　表 4-10

内　容	范　围	最小间隔距离（m）	
		平　行	交　叉
市话管道边线（不包括人孔）	—	0.75	0.25
非同沟的直埋通信电缆	—	0.50	0.50
直埋式电力电缆	< 35kV	0.65	0.50
	> 35kV	2.00	0.50
给水管	管径 < 30cm	0.50	0.50
	管径 30～50cm	1.00	0.50
	管径 > 50cm	1.50	0.50
高压石油、天然气管	—	10.00	0.50
热力、下水管	—	1.00	0.50
煤气管	压力 < 300kPa	1.00	0.50
	压力 300～800kPa	2.00	0.50
排水沟		0.80	0.50

（五）系统接地

1. 接地要求

综合布线接地要与设备件、配线间放置的应用设备接地系统一并考虑。符合应用设备要求的接地系统也一定满足综合布线接地的要求，所以我们先讨论设备间或机房的接地问题。

机房或设备间的接地，按其不同的作用分为直流工作接地、交流工作接地、安全保护接地。此外，为了防止雷电的危害而进行的接地，叫做防雷保护接地。为了防止可能产生或聚集静电荷而对用电设备等所进行的接地，叫做防静电接地。为了实现屏蔽作用而进行的接地，叫做屏蔽接地或隔离接地。

埋入土壤中或混凝土基础中作散流用的导体称为接地体。从引下线断接卡或换线处至接地体的连接导体称为接地线。接地体和接地线总称为接地装置。在接地装置中，用接地电阻来表示与大地结合好坏的指标。上述各种接地的接地电阻值，在国家标准《计算站场地技术要求》（GB 2887—89）中规定如下：

（1）直流工作接地电阻的大小、接法以及诸地之间的关系，应依不同微电子设备的要求而定，一般要求该电阻不应大于 4Ω；

（2）交流工作接地的接地电阻不应大于 4Ω；

（3）安全保护接地的接地电阻不应大于 4Ω；

（4）防雷保护接地的接地电阻不应大于 10Ω。

接地是以接地电流易于流动为目标，因此接地电阻越低，接地电流就越容易流动。综合布线的接地，还希望尽量减少成为干扰原因的电位变动，所以接地电阻越低越好。

在处理微电子设备的接地时要注意下述两点：

（1）信号电路和电源电路，高电平电路和低电平电路不能使用共地回路。

（2）灵敏电路的接地，应各自隔离或屏蔽，以防止地线电回流或静电感应而产生干扰。

综合布线线缆和相关连接硬件接地是提高应用系统可靠性、抑制噪声、保障安全的重要手段。因此，场地准备工程师和有关设计人员在进行设备间或机房场地设计之前，都必须对所有设备，特别是应用系统设备的接地要求进行认真研究，弄清楚接地要求及地线与地线之间的相互关系。如果应用系统接地处理不当，将会影响应用系统设备的稳定工作，严重时会损坏设备，并危及到操作人员的生命安全。

交流工作接地、安全保护接地、直流工作接地、防雷接地等四种不同的接地宜共用一组接地装置，其接地电阻按其中最小值确定。若防雷接地单独设置接地装置时，其余三种接地应共用一组接地装置，接地电阻不应大于其中最小值。为了防止雷击电压对综合布线及其连接的设备产生反击，要求防雷装置与其他接地体之间保持足够的安全距离。但在工程设计中往往很难做到，如多层建筑的防雷接地一般利用钢筋混凝土中的钢筋作为接地线和接地体，无法满足与其他接地体之间保持安全距离的要求，可能产生反击现象。此时，只能将建筑物内各种金属物体及进出建筑物的各种金属管线，进行严格的接地，而且所有的接地装置都必须共用，并进行多处连接，使防雷装置和邻近的金属物体之间保持电位相等或很小的电位差，以防止这种雷电反击现象，保障综合布线及其连接的安全。共用接地装置的接地电阻应按最小值要求，并按现行国家标准《建筑防雷设计规范》（GB 50057—

94）的要求采取相应措施。

当工程满足防雷接地装置的接地体与其他接地体之间安全距离的要求时，可单独设置防雷接地装置。

对直流工作接地特殊要求单独设置接地装置的有源设备，其接地体及与其他接地装置的接地体之间的距离，应按照有源设备及其有关规范的要求确定。

顺便指出，在 CESC 89:97.5 和 CESC 72:97.5 两个规范中都要求"综合布线系统有源设备的正极或外壳……均应接地"。综合布线应用系统的有源设备外壳均应接地是正确的，但无源设备的外壳也应接地，而综合布线应用系统的有源设备正极均应接地则是不正确的，应按照设备的接地要求进行正确接地。

2. 电缆接地

在建筑物入口处，高层建筑物每个楼层配线件，以及低矮而又宽阔的每个二级交接间，都应该设置接地装置。并且建筑物的入口区的接地装置必须位于保护器处或尽量接近保护器。

干线电缆的屏蔽层必须用截面面积 $4mm^2$ 多股铜芯接地母线焊接到干线所经过的配线间或二级交换间的接地装置上，而且干线电缆的屏蔽层必须保持连续。

建筑物引入电缆的屏蔽层必须焊接到建筑物入口区的接地装置上。

各配线间或二级交接间的接地应采用 1 根多股铜芯接地母线焊接起来，再接到接地体。高层建筑物的接地用线应尽可能位于建筑物中心部位。面积比较大的配线间、设备间，放置的应用设备比较多，接地线应采用格栅方式，尽可能使配线间或设备间内各点等电位。接地线的截面面积根据楼层高度来计算。

放置于金属线槽或金属管内的非屏蔽干线电缆，金属线槽（管）接头应连接可靠，保持电气连通，所经过的配线间用截面面积 $6mm^2$ 的辫式铜带连接到接地装置上。

接地电阻应根据应用系统的设备接地要求来定。通常，电阻值不宜大于 1Ω。当综合布线连接的应用设备或邻近有强磁场干扰，对接地电阻提出更高要求时，应取其中最小值作为设计依据。当综合布线存在两个不同的接地装置时，其接地电位差有效值不能大于 $1V$。

接地装置的设计可参考国家标准《电子计算机机房设计规范》（GB 50174—93）有关条款执行。高层建筑物的每个楼层配线间，以及在低矮而又宽阔建筑物的每个二级交接间都应该设置接地装置。在建筑物入口处的接地装置上用 5mm 多股铜芯线把入口电缆的屏蔽层与保护器接地片焊接在一起。楼层配线间必须把电缆屏蔽层连至合格的配线架（柜）接地端。屏蔽层在配线间接地时，在进入和离开屏蔽的电缆之处，采用直径 4mm 的多股铜芯线把电缆的屏蔽层焊接到合格的配线间接地端。各楼层配线间或二级交接间的接地线分别焊到接地母线上，由接地母线用一根接地线单点与接地体相连接。各楼层配线间至接地母线的连接导线应采用多股编织铜芯线，且应尽量缩短连接距离。对于面积较大的设备间，放置的有源设备比较多，还应采用格栅等措施，尽量使各接地点处于等电位。

3. 配线架（柜）

每个楼层配线架接地端子应当可靠的接到配线间的接地装置上。

（1）从楼层配线架至接地极接地导线的直流电阻不能超过 1Ω，并且要永久性的保持其连通。

（2）每个楼层配线架（柜）应该并联连接到接地极上，不能串联。如图4-33所示。

（3）如果应用系统内有多个不同的接地装置，这些接地极应该相互连接，以减少接地装置之间的电位差。

（4）布线的金属线槽或金属管必须接地，以减少电磁场干扰。

4. 接地所用电缆的要求

在距离30m以内，接地导线用直径为4mm的外包绝缘套的多股铜芯电缆。

当距离接地体超过30m时，接地电缆直径应参考表4-11的数值。

配线间中的每个配线架（柜）均要可靠地接

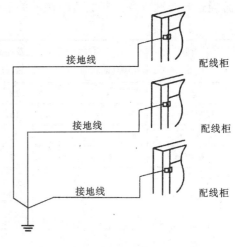

图 4-33　接地线之间并联

到配线架（柜）的接地排上，其接地导线截面面积应大于 $2.5mm^2$，接地电阻小于 1Ω。屏

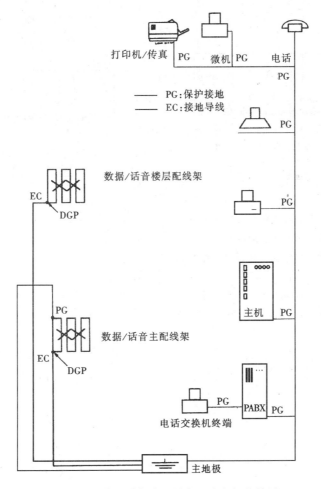

图 4-34　屏蔽通道与有源设备互连之间的关系

蔽通道与有源设备互连之间的接地关系如图 4-34 所示。

表 4-11

距离 （m）	导线直径 （mm）	电缆截面面积 （mm²）	距离 （m）	导线直径 （mm）	电缆截面面积 （mm²）
≤ 30	4.0	12	106 ~ 122	6.7	35
30 ~ 48	4.5	16	122 ~ 150	8.0	50
48 ~ 76	5.6	25	151 ~ 300	9.8	75
76 ~ 106	6.2	30			

复习思考题

1. 为什么将综合布线系统划分成 6 个子系统？有什么优点？

2. 综合布线系统的设计要点是什么？

3. 以下图示的信息插座引线标准是什么？

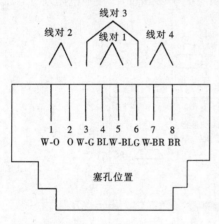
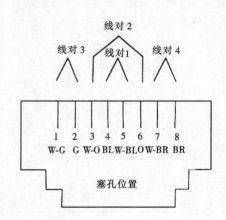

4. 字符 RJ45 是什么含义？

5. 信息插座与地面的安装距离要求是多少？

6. 设计设备间时，对温度和湿度有什么要求？

7. 试解释语音布线和信息布线各自特点？

8. 配线架用于什么场合？

9. 为了尽可能减少雷击，平顶建筑中综合布线干线电缆的布放有什么要求？

10. 为什么双绞线可以减少和抵消外部电磁耦合？

第五章　综合布线施工技术

第一节　综合布线施工基础

综合布线工程施工是实施布线设计方案，完成布线网络的关键环节，为了保证布线施工的顺利进行，在工程开工前必须做好以下各项施工准备工作。

一、施工前期准备

（一）技术资料的准备

了解综合布线设计意图、设计内容，熟悉布线实际施工图，确定布线的走向位置，明确施工要求。编制施工方案及工程预算，制定施工进度表。

（二）材料准备

综合布线工程施工过程需要许多施工材料，这些材料有的必须在开工前就备好料，有的可以在开工过程中备料。一般工程中常用的材料主要有以下几种：

（1）铜缆、双绞线、插座、信息模块、服务器、稳压电源、集线器等设备。

（2）不同规格的塑料线槽、PVC防火管、蛇皮管等布线用料。

（3）如果集线器是集中供电，则准备好导线、铁管和制定好电器设备安全措施（供电线路必须按民用建筑标准规范进行）。

（三）施工器材检验

1. 器材检验的一般要求

工程所用线缆和连接硬件的规格、形式、数量、质量等都需要进行检验并作好检验记录，无出厂检验证明材料或与设计不符的，不得在工程中使用。

2. 电缆的检验要求

（1）工程所用双绞电缆的规格、程式、形式应符合设计的规定和合同要求。

（2）双绞电缆应识别标记，包括电缆标记和标签。

（3）电缆护套需完整无损，电缆应附有出厂质量检验合格证。若用户有要求，应附有本批电缆的电气性能检验报告。

（4）双绞电缆生产厂家一般以305m，500m和1000m配盘。在本批量电缆中，从任意三盘电缆中截取100m长度进行电缆电气性能抽样测试。测试方法应符合工程验收基本连接图的要求。一般可使用现场5类电缆测试仪对电缆长度、衰减、近端串扰等技术指标进行测试。电缆芯线间、芯线与电缆内接地体、屏蔽层（总屏蔽层和线对屏蔽层）间的绝缘电阻最小值应大于或等于表5-1中的规定值（在20℃时测量，测试电压在直流100～500V之间）。

（5）每线对的屏蔽层与电缆内接地体及总屏蔽层间的绝缘电阻，最小值应大于或等于150MΩ/km（在20℃时测量，测试电压在直流100～500V之间）。

双绞电缆线对的最大环路直流电阻应符合表5-2规定。

绝缘电阻最小值	表 5-1
绝缘材料	绝缘电阻（MΩ/km）
聚烯烃	5000
聚氯乙烯	500
含氟聚合物	5000
低烟无卤热塑性材料	1500（暂定）

双绞电缆线对直流电阻		表 5-2
电缆类别	线径（mm）	最大环路直流电阻（Ω/100m）
100Ω 双绞电缆	0.40 ~ 0.65	19.20
150Ω 双绞电缆	0.60 ~ 0.65	12.00

（四）不同工种与综合布线工程施工的配合

在综合布线施工过程中，既要注意安全，又要保证施工质量。各工种之间的紧密配合对综合布线工程进度、工程造价和工程质量等都有直接影响，因此了解主体建筑工程的基本构造，做好不同工种施工中的相互沟通与配合是十分重要的。

1. 综合布线工程与主体工程的配合

在工业与民用建筑安装工程中，综合布线施工与主体建筑工程有着密切的关系。如配管、配线及配线架或配线柜的安装等都应在土建施工过程中密切配合，做好预留孔洞的工作。这样既能加快施工进度又能提高施工质量。

对于钢筋混凝土建筑物的暗配管工程，应当在浇筑混凝土前（预制板可在铺设后）将一切管路、接线盒和配线架或配线柜的基础安装部分全部预埋好。其他工程可以等混凝土凝固后再施工。表面敷设（明设）工程，也应在配合土建施工时装好，避免以后过多的凿洞破坏建筑物。对不损坏建筑的明设工程，可在抹灰工作及其表面装饰完成后再进行施工。

2. 对提交安装的房屋一般应满足的要求

在安装工程开始以前应对配线间、设备间的建筑和环境进行检查。具备下列条件方可开工：

（1）配线间、设备间、工作区土建工程已全部竣工。房屋地面应平整、光洁，门的高度和宽度应不得妨碍设备和器材的搬运，门锁钥匙要齐全。

（2）预留地槽、暗管、孔洞的位置、数量、尺寸均应符合设计要求。

（3）设备间敷设的活动地板应符合国家标准《计算机机房用活动地板技术条件》（GB 6650—86），地板板块敷设严密坚固，每平方米允许偏差不应大于 2mm，地板支柱牢固，活动地板防静电措施的接地应符合设计要求。

（4）配线间和设备间应提供可靠的施工电源和接地装置。

（5）配线间和设备间的面积和环境温度、湿度均应符合设计要求和相关规定。

（6）配线间安装有源设备（如集线器等），设备间安装计算机、交换机等设备及配线装置时，建筑物及环境条件应按上述设备安装工艺要求进行检查。

（7）配线间、设备间设备所需要的交直流供电系统，由工艺设计提出要求，在工程中实施。

布线工程除了和土建工程有着密切关系需要协调配合外，还和其他安装工程，如给水排水工程、采暖通风工程等有着密切的关系。施工前应做好图纸的会审工作，避免发生安装位置的冲突。互相平行或交叉安装时，如果不能满足安全距离的要求，应采取保护措施。

（五）施工过程中要注意的事项

（1）施工现场项目负责人要认真负责，及时处理施工过程中出现的各种情况，协调处理各方意见。

（2）如果现场施工碰到不可预见的问题，应及时向工程单位汇报，并提出解决问题的办法，供工程单位当场研究解决，以免影响工程进度。

（3）对工程单位计划不周的问题，要及时妥善解决。

（4）对工程单位新增加的点要及时在施工图中反映出来。

（5）对部分场地或工段要及时进行阶段性检查验收，以确保工程质量。

（6）制定实施性工程进度表。

在制定工程进度表时，要留有余地，还要考虑其他工程施工时可能对本工程带来的影响，避免出现不能按时完工、交工的问题。

二、金属线槽敷设

在布线路由确定以后，首先考虑进行线槽敷设。线槽按材料分有金属管、金属槽、塑料（PVC）管等类型。从布槽形式上分为工作间线槽、水平干线槽、垂直干线槽等。线槽选用什么样的材料和布线形式，则应根据用户的需求、投资等因素来确定。

（一）金属管的敷设

1. 金属管一般性要求

（1）管子表面不应有穿孔、裂缝和明显的凹凸不平，内壁应光滑，不允许有锈蚀。在易受机械损伤的地方和在受力较大处直埋时，应采用足够强度的管材。

（2）为了防止在穿电缆时划伤电缆，管口应无毛刺和尖锐棱角。

（3）为了减小直埋管在沉陷时管口处对电缆的剪切力，金属管口宜做成喇叭形。

（4）金属管在弯制后，不应有裂缝和明显的凹瘪现象。弯曲程度过大，将减小金属管的有效管径，易出现电缆穿设困难等问题。

（5）金属管的弯曲半径不应小于所穿入电缆的最小允许弯曲半径。

明配时：一般不小于管外径的 6 倍；只有一个弯时，可不小于管外径的 4 倍；整排钢管在转弯处，宜弯成同心圆的弯。

暗配时：不应小于管外径的 6 倍，敷设于地下或混凝土楼板内时，不应小于管外径的10 倍。

（6）镀锌管锌层剥落处应涂防腐漆，以增加使用寿命。

2. 金属管的加工

（1）金属管切割套丝：

在配管时，应根据实际需要长度，对管子进行切割。管子的切割可使用钢锯、管子切割刀或电动切管机，严禁用气割。

套丝可用人力或利用电动套丝机，套完丝后，应随时清扫管口，将管口端面和内壁的毛刺用锉刀锉光，使管口保持光滑，以免割破线缆绝缘护套。

（2）金属管弯曲：

在敷设金属管时应尽量减少弯头。每根金属管的弯头不应超过 3 个，直角弯头不应超过 2 个，并不应有 S 弯出现。弯头过多，将造成穿电缆困难。对于较大截面的电缆不允许有弯头。当实际施工中不能满足要求时，可采用内径较大的管子或在适当部位设置拉线盒，以利线缆的穿设。

3．金属管的连接

金属管的连接一般采用短陶管套接或管接头螺纹连接，不论采用哪种连接，均应保证连接牢固，密封良好，两管口应对准。套接的短套管或带螺纹的管接头的长度不应小于金属管外径的 2.2 倍。

金属管进入信息插座的接线盒后，暗埋管可用焊接固定，管口进入盒的露出长度应小于 5mm。明设管应用锁紧螺母或管帽固定，露出锁紧螺母的丝扣为 2～4 扣。

引至配线间的金属管管口位置，应便于与线缆连接。并列敷设的金属管管口应排列有序，便于识别。

4．金属管敷设

（1）敷设在混凝土、水泥里的金属管，其地基应坚实、平整、不应有沉陷，以保证敷设后的线缆安全运行。预埋在墙体中间的金属管内径不宜超过 50mm，楼板中的管径宜为 15～25mm，直线布管 30m 处设置暗线盒。建筑群之间金属管的埋没深度不应小于 0.8m；在人行道下面敷设时，不应小于 0.5m。

（2）金属管道应有不小于 0.1％的排水坡度。

（3）金属管内应安置牵引线或拉线。

（4）金属管的两端应有标记，表示建筑物、楼层、房间和长度。

（5）金属管明敷时应符合下列要求：

金属管应用卡子固定。这种固定方式较为美观，且在需要拆卸时方便拆卸。金属管的支持点间距，有要求时应按照规定设计。无设计要求时不应超过 3m。在距接线盒 0.3m 处，用管卡将管子固定。有弯头的地方，弯头两边也应用管卡固定。

（6）光缆与电缆同管敷设时，应在暗管内预置塑料子管。将光缆敷设在子管内，使光缆和电缆分开布放。子管的内径应为光缆外径的 2.5 倍。

（二）金属桥架的敷设

金属桥架多由厚度为 0.4～1.5mm 的钢板制成。与传统桥架相比，具有结构轻、强度高、外型美观、无需焊接、不易变形、连接款式新颖、安装方便等特点，它是建筑物内布线不可缺少的一部分。

金属桥架分为槽式桥架和梯式桥架两种类型。槽式桥架是指由整块钢板弯制成的槽形部件，而梯式桥架是指由侧边与若干个横档组成的梯形部件。

组成桥架的主要附件有三通、四通、弯通、吊支架等。这些附件的作用是用于直线段之间、直线段与弯通之间连接所必需的连接固定或补充直线段、弯通功能部件。而支、吊架则起到直接支承桥架的功能。它包括托臂、立柱、立柱底座、吊架以及其他固定用支架。

为了防止金属桥架腐蚀，其表面可采用镀锌、烤漆、喷涂粉末、热浸镀锌、镀镍锌合金纯化处理或采用不锈钢板。使用时根据工程环境、重要性和耐久性，选择适宜的防腐处理方式。一般腐蚀较轻的环境可采用镀锌冷轧钢板桥架；腐蚀较强的环境可采用镀镍锌合金纯化处理桥架，也可采用不锈钢桥架。由于综合布线中所用线缆的性能，对环境有一定的要求，为此一般在工程中常选用有盖无孔型槽式桥架（简称线槽）。

安装线槽应在土建工程基本结束以后，与其他管道（如风管、给排水管）工程施工同步进行，也可比其他管道施工稍迟一段时间安装。但尽量避免在装饰工程结束以后进行安装，否则将造成敷设线缆困难。线槽安装应符合下列要求：

（1）线槽安装位置应符合施工图规定，左右偏差视环境而定，最大不超过 50mm。

（2）线槽水平度每米偏差不应超过 2mm。

（3）垂直线槽应与地面保持垂直，并无倾斜现象，垂直度偏差不应超过 3mm。

（4）线槽节与节间用接头连接板拼接后用螺栓固定，螺栓应拧紧。两线槽拼接处水平偏差不应超过 2mm。

（5）当直线段桥架超过 30m 或跨越建筑物时，应有伸缩缝。其连接宜采用伸缩连接板。

（6）线槽转弯半径不应小于其槽内的线缆最小允许弯曲半径的最大者。

（7）盖板应紧固，并且要错位盖槽板。

（8）金属线槽敷设时，在线槽接头间距 1～1.5m 处、离开线槽两端口 0.5m 处、转弯处，应设置支架或吊架。支吊架应保持垂直、整齐牢固、无歪斜现象。

（9）为了防止电磁干扰，宜用辫式铜带把线槽连接到其经过的设备间或楼层配线间的接地装置上，并保持良好的电气连接。

（10）不同种类的线缆布放在金属线槽内，应同槽分室（用金属板隔开）布放。

三、PVC 塑料管的敷设

PVC 管的施工基本上与金属管相同，一般是在工作区暗埋线槽，操作时要注意两点，管转弯时，弯曲半径要大，以利于穿线。管内穿线不宜太多，一般要留有 50% 以上的空间。

四、塑料槽的敷设

塑料槽的规格有多种，有关内容已在相关章节中作了叙述。塑料槽的敷设类似金属槽，但操作上还有所不同。具体表现为三种方式即：在顶棚吊顶打吊杆或托式桥架；在顶棚吊顶外采用托架桥架铺设；在顶棚吊顶外采用托架加配定槽铺设。

采用托架时，一般在 1m 左右安装一个托架。固定槽时一般 1m 左右安装固定点。

固定点是指把槽固定的地方，根据槽的大小建议：

25mm×20mm～25mm×30mm 规格的槽，一个固定点应有 2～3 个固定螺栓，并水平排列。

25mm×30mm 以上规格的槽，一个固定点应有 3～4 固定螺栓，呈梯形状，使槽受力点分散分布。

除了固定点外应每隔 1m 左右，钻 2 个孔，用双绞线穿入，待布线结束后，把所布的双绞线捆扎起来。

五、布线施工常用工具

在进行综合布线时必须用到许多的工具，如果专用工具选用的适当，不但能使布线工作顺利进行，同时可极大的提高工作效率，保证布线的高质量和规范性。一般在布线时常用的工具有剥线钳、切线钳、压线钳、冲压工具和钓线带等。

（一）剥线钳

剥线钳是一种轻型的用于剥去非屏蔽双绞线外护套的常用工具。它不仅能将双绞线的外衣削去，且不对电缆的线芯有任何损伤。

图 5-1 中的剥线钳使用了高度可调的刀片，通常可自行调整切入的深度使之与导线的

包皮厚度相符。有些剥线钳采用弹簧张力维持合适的切割深度。

（二）同轴电缆剥线钳

图 5-2 的剥线钳是相对廉价的一种，刀的深度是固定的，它可以用于剥 RG-59 和 RG-6 同轴电缆以连接 F 型和旋转卡入式连接器。

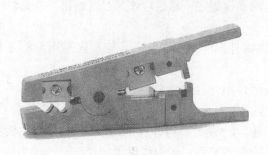 

图 5-1　剥线钳　　　　　　　　　　　　图 5-2　廉价的同轴电缆剥线钳

剥线时，把同轴电缆放入剥线钳上不同孔径的剥线孔内，可以用剥线刀切割不同层的外套。以导线为轴旋转剥线钳一周，然后向电缆末端拉，除去已经切断的外皮。剥线刀则留在切割位置避免刮伤导线导致导线发生折断。

图 5-3 中是一种非常省力的剥线工具。另外，它的剥线刀的深度是可调的，可以针对不同类型的电缆调节剥线刀位置。

同轴电缆剥线钳通常标有刻度，帮助操作人员确定对不同类型的接头（F 型或 BNC 型）应切割的外皮的长度。

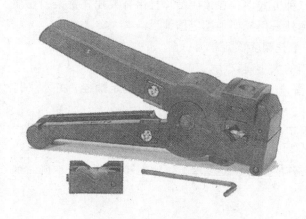  

图 5-3　重载同轴电缆剥线钳　　　　　　图 5-4　光纤剥线钳

（三）光纤剥线钳

光纤在综合布线中较常采用，它的外护套直径、覆层厚度、缓冲层厚度等都是标准的而且精度很高，施工时需要特别的剥线工具，如图 5-4 所示的光纤剥线钳，能够剥去某层外皮而不会损伤下面的一层。典型的光纤剥线钳就像一个普通的多用剥线钳，其上带有不同刻度以切割不同深度的外套。

（四）切线钳

使用普通电工的老虎钳可以切断同轴电缆、UTP、STP 等电缆，甚至可以剪断光纤，但是使用通用的老虎钳在剪断电缆的同时会把电缆压平，造成电缆损伤，特别在剪断作为加强筋的芳族聚酰胺纤维时，会比较吃力。图 5-5 所示的是一种专用剪断同轴电缆和双绞线的切线钳，它使用了曲线的刀刃而没有采用平的刀片，能够保持电缆的外形。

（五）压线钳

压线钳是一种将模块化环箍和同轴电缆连接器与电缆相连的专用工具。使用时压线钳均匀地施力于各个插头或连接器，保证一个压接过程顺利完成。常用的有：

1. 双绞线压线钳

双绞线压线钳必须能够用于不同规格的插头。压线的过程包括：剥去双绞线的外护套，将每根线插入插头中（以正确的次序），用压线钳压合插头。模块化插头（如图 5-6 所示）与线缆的连接是通过插头上的刀片切入导线的绝缘层与导线直接接触而实现的。压接不但可以使电缆和插头连接，还将插头上的接触刀片压到合适的位置以便可以插入插座之中。最后，压接模具将模块的应力凹槽压下紧贴线缆，使插头固定在线缆上。

图 5-5　典型的切线钳　　　　　　　图 5-6　8 针模块化插头（即 RJ-45 连接器）

图 5-7 中的压线钳能够根据压接模块插头的不同使用不同的模具，它最少应有 8 针模具（RJ-45）和 6 针模具（RJ-11，RJ-12）。如果还要做电话线，那么，还应有一个 4 针模具。

2. 同轴电缆压线钳（图 5-8）

同轴电缆压线钳有可换模具式和固定模具两种，低档一些的同轴电缆的压接工具，可压接 F 型，RG-58、RG-59 和 RG-6 型接头，较好的压线钳能够压接 RG-11 和细缆网所用的 BNC 接头。图 5-8 的压线钳，可以更换压接模具，能够压接 RG-6、RG-9、RG-58、RG-59、RG-62 和有线电视 F 型等类型的接头。

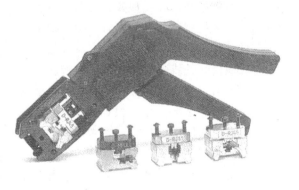

（六）冲压工具

双绞线的一端连接在插座，交叉互

图 5-7　带 RJ-11、RJ-45 和 MMJ 模具的压线钳

连模块（66 模块）或使用绝缘置换连接器（IDC）的配线架（110 模块）上。实际上，IDC 是具有 V 型豁口的小刀片，当把导线压入豁口时，刀片割开导线的绝缘层，与其中的导体形成接触。将导线压入 IDC 连接器的工具是冲压工具。

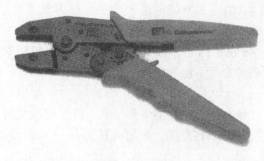

图 5-8　压线钳

必须使用相应的刀具。刀具的一面是只用于冲压的，另外一面在冲压后能够切割剩余的线头。通常使用冲压—切割面，而对于在交叉互连的雏菊链，不能使用冲压—切割的一面，而要使用仅用于冲压的一面。

冲压工具中最廉价的类型是"无弹力式"，使用此工具时需要用更大的力气才能保证冲压良好。图 5-9 是一个典型的无弹力式冲压工具。

质量好一些的冲压工具是装有弹簧的"强力式"冲压工具，当下压达到一定弹力时，弹簧撤销强力，压力加大使压接完成。弹力式工具通常有两档：高弹力和低弹力。图 5-10 是强力式冲压工具，它中间的旋钮可以调节弹簧的弹力。

图 5-9　无弹力式冲压工具

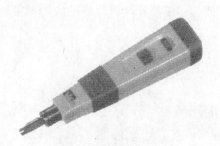

图 5-10　可调弹力的冲压工具

（七）钓线带

钓线带是进行布线移动、添加、改变线路工作的一种辅助设备。实际上，它是一根长的电线、钢带或玻璃纤维细线，既柔软，可以穿过弯管和角落，又有刚性，可以拉着电缆穿过导线管而不会断裂和打结。钓线带用于其他方式无法到达的隐蔽区域，例如，当需要通过房间的吊顶引一根电缆到新的墙面出口，把钓线带导入天花板并避开障碍物最后到达墙面出口，然后，把电缆或拉线绳接在钓线带上，收回钓线带。

钓线带有各种长度见图 5-11，一般为 50ft 或 100ft，它们盘绕在盒子里，根据需要拉长或收回。电工布线也可以使用。

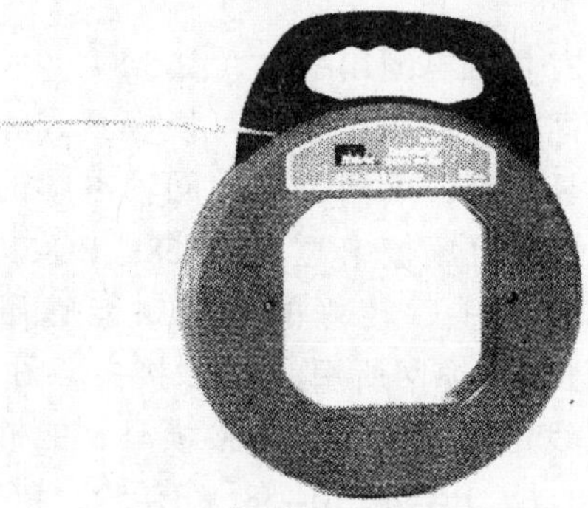

六、布线备件

布线施工时除了需要一定工具外，还需必备一些常用的耗材，常见的辅助器材有：多种颜色的电工胶带；管道胶带；塑料制的扎线带；用于永久捆

图 5-11　IDEAL 公司钓线带

扎、固定的导线钩和捆线带；用于临时分类和捆扎线缆、电缆标签或专用电缆标记系统、标线机或其他做永久标记的机器、线头或扁型线连接器。

布线工程用的最多的是扎线带和电缆标记。

扎线带能够使线缆看起来更整洁和有条理。但是，多数扎线带是一次性的，如图 5-12 所示维可牢尼龙搭扣则可以快速方便地捆扎和释放电缆，并有很多颜色和规格可供选择使用。

电缆标记对已经安装好的布线系统进行电缆标识是非常重要的。进行电缆标记最简单的方法是使用数码带，这些带子的数字从 0 到 9，分不同颜色，如黑色、白色、灰色、褐色、红色、橙色、黄色、绿色、蓝色和紫色等，采用这些色带在电缆的两端（配线架

图 5-12 可重复用的扎线带

和墙面版）做标记，然后记录在案。清晰的布线标记和完整的布线记录，对今后布线系统的检修和改造都会带来很大的方便。

七、综合布线常用的线缆

综合布线解决的是通信线路和通道传输问题。目前，通信分为无线通信和有线通信两种。无线通信是利用卫星、微波、红外线来充当传输导体；有线通信是利用电缆或光缆或电话线来充当传输导体的，综合布线工程常指有线通信。目前，在通信线路上使用的传输介质有：双绞线、同轴电缆、光导纤维、大对数线等。

（一）双绞线

双绞线是一种综合布线工程中最常用的传输介质，它是由两根具有绝缘保护层的铜导线组成。把两根绝缘的铜导线按一定密度互相绞在一起，可降低信号干扰的程度，每一根导线在传输中辐射出来的电波会被另一根线上发出的电波抵消。双绞线一般由两根为 22号或 24 号或 26 号绝缘铜导线相互缠绕而成。如果把一对或多对双绞线放在一个绝缘套管中便成了双绞线电缆。与其他传输介质相比，双绞线在传输距离、信道宽度和数据传输速度等方面均受一定限制，但价格较为低廉。

1. 双绞线的种类

双绞线可分为非屏蔽双绞线（UTP，也称无屏蔽双绞线）和屏蔽双绞线（STP）两大类如下所示：

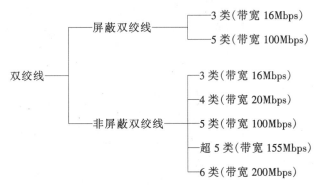

屏蔽双绞线电缆的外层由铝泊包裹着，其特点是抗干扰、电学特性较非屏蔽电缆好，但它必须使用标准接头，终端不容易接入，故没有被广泛应用。

非屏蔽双绞线结构简单，种类较多，常用的有 3、5 类线，其构造如图 5-13 所示。

国际电气工业协会（EIA）为双绞线电缆定义了 5 种不同质量的型号。综合布线使用

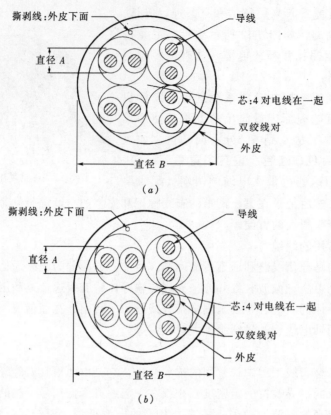

(a)

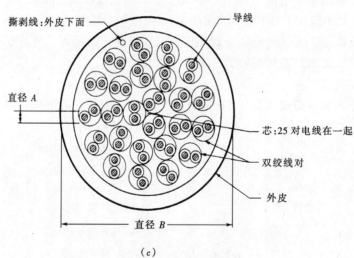

(b)

(c)

图 5-13 非屏蔽双绞线

(a) 3类4对24AWG非屏蔽电缆；(b) 5类4对24AWG非屏蔽双绞线；

(c) 5类25对24AWG非屏蔽双绞线

第3、4、5类。这三类分别定义为：

第3类：指目前在 ANSI 和 EIA/TIA568 标准中指定的电缆。该电缆的传输特性最高规格为 16MHz，用于语音传输及最高传输速率为 10Mbps 的数据传输。

第4类：该类电缆的传输特性最高规格为 20MHz，用于语音传输和最高传输速率

16Mbps 的数据传输。

第 5 类：该类电缆增加了绕线密度，外套是一种高质量的绝缘材料，传输特性的最高规格为 100MHz，用于语音传输和最高传输速率为 100Mbps 的数据传输。

在双绞线电缆内，不同线对具有不同的绞距长度。一般地说，4 对双绞线绞距周期在 38.1mm 长度内，按逆时针方向扭绞，一对线对的扭绞长度在 12.7mm 以内。

2．双绞线测试要求

对于双绞线（无论是 3 类、5 类，还是屏蔽、非屏蔽），我们最关心的是有线通道高质量的信号传输性能，因此布线工程中要测试影响传输效果的主要技术指标：

（1）衰减

衰减是指沿链路的信号损失度量。衰减随频率而变化，所以应测量在应用范围内的全部频率上的衰减（表 5-3）。

各种连接为最大长度时各钟频率下的衰减极限　　　　　表 5-3

频率 （MHz）	最大衰减（20℃）					
	信道（100m）			链路（90m）		
	3 类	4 类	5 类	3 类	4 类	5 类
1	4.2	2.6	2.5	3.2	2.2	2.1
4	7.3	4.8	4.5	6.1	4.3	4.0
8	10.2	6.7	6.3	8.8	6.0	5.7
10	11.5	7.5	7.0	10.0	6.8	6.3
16	14.9	9.9	9.2	13.2	8.8	8.2
20		11.0	10.3		9.9	9.2
22			11.4			10.3
31.25			12.8			11.5
62.5			18.5			16.7
100			24.0			21.6

（2）近端串扰

近端串扰损耗是测量一条 UTP 链路中从一对线到另一对线的信号耦合。对于 UTP 链路来说这是一个关键的性能指标，也是最难精确测量的一个指标，尤其是随着信号频率的增加其测量难度就更大。

串扰分近端串扰和远端串扰，布线通道测试主要测量近端串扰。由于线路损耗，远端串扰的量值影响较小，在 3 类、5 类系统中忽略不计。

近端串扰并不表示在近端点所产生的串扰值，它只是表示在近端点所测量到的串扰值。这个量值会随电缆长度不同而变，电缆越长而变得越小同时发送端的信号也会衰减，对其他线对的串扰也相对变小。衰减和近端串扰测试值的参照值可查表 5-4。

（3）直流电阻

线路直流环路电阻大，会消耗一部分信号并转变成热量，对信号的传输效果带来直接的影响。直流环路电阻是指一对导线电阻的和，ISO/IEC11801 的规定不得大于 19.2Ω，每对间的差异不能太大（小于 0.1Ω），否则表示接触不良，必须检查连接点。

（4）特性阻抗

与环路直接电阻不同，特性阻抗包括电阻及频率自 1～100MHz 的电感抗及电容抗，它与一对电线之间的距离及绝缘的电气性能有关。各种电缆有不同的特性阻抗，对双绞线电缆而言，则有 100Ω、120Ω 及 150Ω 几种。

特定频率下的测试近端串扰极限　　　　　　　　表 5-4

| 频　率
（MHz） | 最大衰减（20℃） | | | | | |
| | 信道（100m） | | | 链路（90m） | | |
	3 类	4 类	5 类	3 类	4 类	5 类
1	39.1	53.3	60.0	40.1	54.7	60.0
4	29.3	43.3	50.6	30.7	45.1	51.8
8	24.3	38.2	45.6	25.9	40.2	47.1
10	22.7	36.6	44.0	24.3	38.6	45.5
16	19.3	33.1	40.6	21.0	35.3	42.3
20		31.4	39.0	33.7		40.7
22			37.4			39.1
31.25			35.7			37.6
62.5			30.6			32.7
100			27.1			29.3

（5）衰减串扰比

在某些频率范围，串扰与衰减量的比例关系是反映电缆性能的另一个重要参数。衰减串扰比有时也以信噪比表示，它由最差的衰减量与近端串扰量值的差值计算。较大的衰减串扰比值表示对抗干扰的能力更强，系统要求至少大于 10dB。

（6）电缆特性

通讯信道的品质是由它的电缆特性来描述的。电缆特性是在考虑到干扰信号的情况下，对数据信号强度的一个度量。如果电缆特性过低将导致数据信号在被接收时，接收器不能分辨数据信号和噪声信号，最终引起数据错误。因此，为了使数据错误限制在一定范围内，必须定义一个最小的可接收的电缆特性（表 5-5）。

双绞线电缆的标准测试数据　　　　　　　　表 5-5

类　型	3 类	4 类	5 类
衰减	$\leqslant 2.320\mathrm{sqrt}(f) + 0.238(f)$	$\leqslant 2.050\mathrm{sqrt}(f) + 0.1(f)$	$1.9267(f) + 0.75(f)$
分布容量（以 1kHz 计算）	$\leqslant 330\mathrm{pf}/100\mathrm{m}$	$\leqslant 330\mathrm{pf}/100\mathrm{m}$	$\leqslant 330\mathrm{pf}/100\mathrm{m}$
直流电阻 20℃测量校正值	$\leqslant 9.38\Omega/100\mathrm{m}$	$\leqslant 9.38\Omega/100\mathrm{m}$	$\leqslant 9.38\Omega/100\mathrm{m}$
直流电阻偏差 20℃测量校正值	5%	$100\Omega \pm 15\%$	5%
阻抗特性 1MHz 至最高的参考频率值	$100\Omega \pm 15\%$	$100\Omega \pm 15\%$	$100\Omega \pm 15\%$
返回损耗测量长度 > 100m	12dB	12dB	23dB
近端串扰测量长度 > 100m	43dB	58dB	64dB

3.非屏蔽双绞线电缆的优点

（1）无屏蔽外套，直径小，节省所占用的空间；

（2）质量小、易弯曲、易安装；

（3）将串扰减至最小或加以消除；

（4）具有阻燃性；

（5）具有独立性和灵活性，适用于结构化综合布线。

（二）同轴电缆

1.同轴电缆结构

同轴电缆由两部分导体组成，内部中心导线和金属屏蔽网两部分，金属屏蔽网与中心导线用绝缘层隔开。结构如图 5-14 所示。

同轴电缆可分为两种基本类型，基带同轴电缆和宽带同轴电缆。目前基带常用的电缆，其屏蔽线是用铜做成网状的，特征阻抗

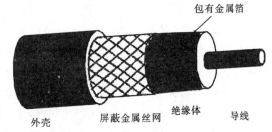

图 5-14　同轴电缆结构

为 50Ω，如 RG-8、RG-58 等。宽带常用的电缆，其屏蔽层通常是用铝冲压成的，特征阻抗为 75Ω，如 RG-59 等。

在同轴电缆网络中，一般可分为 3 类：主干网、次主干网、线缆。

主干线路在直径和衰减方面和其他线路不同，前者通常由防护层的电缆构成。次主干电缆的直径比主干电缆小，当在不同建筑物的层次上使用次主干电缆时，要采用高增益的分布式放大器，并要考虑沿着电缆与用户出口的接口。

2.同轴电缆的主要电气参数

（1）同轴电缆的特性阻抗

同轴电缆的平均特性阻抗为 $50 \pm 2\Omega$，沿单根同轴电缆阻抗的周期性变化可达 $\pm 3\Omega$ 的弦波中心平均值，其长度小于 2m。

（2）同轴电缆的衰减

500m 长的电缆段的衰减值，当用 10MHz 的正弦波进行测量时，不超过 8.5dB（17dB/km），而用 5MHz 的正弦波进行测量时不超过 6.0dB（12dB/km）。

（3）同轴电缆的传播速度

最低传播速度为 $0.77c$（c 为光速）。

（4）同轴电缆直流回路电阻

电缆的中心导体的电阻，加上屏蔽层的电阻总和不超过 10mΩ/m（在 20℃测量）。

（5）对电缆进行测试的主要参数有

1）导体或屏蔽层的开路情况；

2）导体和屏蔽层之间的短路情况；

3）导体接地情况；

4）在各屏蔽接头之间的短路情况。

（三）光缆

光纤，即光导纤维是一种传输光束的细而柔韧的媒质。光导纤维电缆由一捆纤维组成，简称为光缆，光缆是数据传输中最有效的一种传输介质。

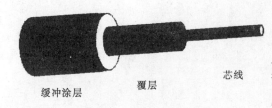

缓冲涂层　　覆层　　　芯线

图 5-15　光纤结构示意图

1. 光纤结构

光纤由线芯和包层组成，包层的主要作用是使传输的光在线芯内部传输，以引起全部的内部反射。其结构如图 5-15 所示。绝大多数光纤由固体的石英玻璃纤芯和包层组成，并且有外包层保护。外包层的作用是避免受到物理的损害和潮湿的影响。当用于连接和终结时，要去掉外包层。

2. 光纤类型

光纤主要有两种基本的类型，即单模光纤和多模光纤。单模光纤的纤芯直径很小，在给定的工作波长上只能以单一模式传输，传输频带宽，传输容量大。光信号可以沿着光纤的轴向传播，因此光信号的损耗很小，离散也很小，传播的距离较远。多模光纤是一种在给定的工作波长上，能以多个模式同时传输的光纤。多模光纤的纤芯直径一般为 $50 \sim 200\mu m$，而包层直径的变化范围为 $125 \sim 230\mu m$。与单模光纤相比，多模光纤的传输性能要差，性能比较见表 5-6。

光纤单、多模特性比较　　表 5-6

单　　　模	多　　　模
用于高速度、长距离 成本高 窄芯线，需要激光源 耗散极小，高效	用于低速度、短距离 成本低， 宽芯线，聚光好 耗散大，低效

3. 光纤特性

(1) 光纤衰减

光纤最重要的特性是光的衰减特性和损耗特性（当光通过光纤时）。光的衰减特性是两个因素作用的结果，这两个因素分别是：吸收和散射。吸收是由光通过玻璃纤维中的分子时，光能转化为动能引起的。散射是当光碰到玻璃纤维中不同的原子时就会发生散射，而且它是各向异性的。以各种角度散射在光纤数值孔径外部的光将会被包层吸收或又返回到原光源。散射随着波长而变，与光波长的四次方的倒数成正比。假如将光的波长加倍，会减少 24 倍或 16 倍的散射损耗。

(2) 模内色散

光纤的信息传播能力受两个独立的散射分量所影响，这两个散射分量是模内色散和彩色色散。模内色散是光脉冲在光纤内传输时产生的脉冲展宽现象。这种展宽随光纤直径和总长度的增加而增加。模内色散和材料色散两者限制了光纤的传输带宽，但它们影响的大小随光纤类型而异。

(3) 损耗

由于压力的作用，光纤会产生附加损耗。实际上，光纤是一个很好的压力传感器，特别是当它处于安装的具体环境中时，光纤应作专门设计，以避免受到压力的损害。无论是生产光纤、安装光纤还是测试光纤都必须遵循光纤上的最小压力以及压力变化规律，必须使它所受的了压力最小。

第二节　铜缆布线施工技术

铜缆布线施工的主要任务是，将线缆按选择好的路径顺利的牵引和布放。对室内布线来说，因为绝大多数的线缆是走地板下或顶棚内，如图 5-16 所示，故布线施工人员就必须对地板和吊顶内的情况要了解的十分清楚。也就是说，要准确地知道，什么地方能布线，什么地方不易布线，并向用户方说明选择布线路由的理由，从而保证施工布线的可靠性、安全性和经济性。

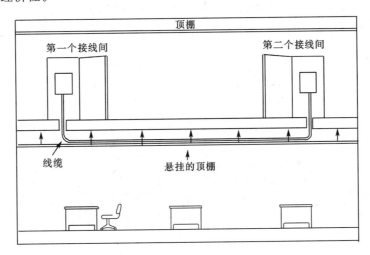

图 5-16 路由选择

一、线缆的牵引准备

用一条拉线（通常是一条绳）或一条软钢丝绳将线缆牵引穿过墙壁管路、顶棚和地板管路。所用的方法取决于要完成作业的类型、线缆的质量、布线路由的难度（例如：在具有硬转弯的管道布线要比在直管道中布线难），还与管道中要穿过的线缆的数目有关，在已有线缆的拥挤的管道中穿线要比空管道难。为了方便牵引，拉线与线缆的连接点应尽量平滑，一般要采用电工胶带紧紧地缠绕在连接点外面，以保证平滑和牢固。

二、牵引"4 对"线缆

标准的"4 对"线缆很轻，通常不要求做更多的准备，只要将它们用电工带与拉绳捆扎在一起就可以了。

如果牵引多条"4 对"线穿过一条路由，可用下列方法：

（1）将多条线缆聚集成一束，并使它们的末端对齐。

（2）用电工带或胶布紧绕在线缆束外面，在末端处绕 50～100mm 长距离，如图 5-17 所示。

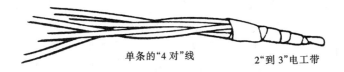

单条的"4 对"线   2"到 3"电工带

图 5-17 牵引线缆——将多条"4 对"
线缆的末端缠绕上电工带

（3）将拉绳穿过电工带缠好的线缆，并打好结，如图 5-18 所示。

如果在拉线缆过程中，连接点散开了，则要收回线缆和拉绳重新制作更牢固的连接，为此，可以采取下列一些措施：

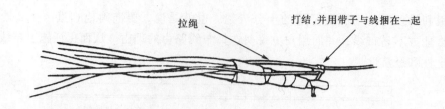

图 5-18　牵引线缆——固定拉绳

1）除去一些绝缘层以暴露出 50～100mm 的裸线，并将线缆分成两股，如图 5-19 所示。

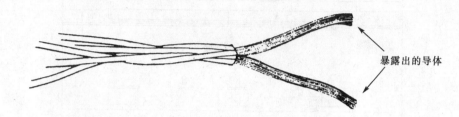

图 5-19　牵引线缆——留出裸线

2）将两股导线互相缠绕起来形成环，如图 5-20 所示。

3）将拉绳穿过此环，并打结，然后将电工带缠到连接点周围，要缠得结实和不滑，然后进行牵引。

编织的多胶绞合金属线

图 5-20　牵引线——编织导线以建立一个环，供连接拉绳用

三、建筑物主干线电缆施工

主干缆是建筑物的主要线缆，它为从设备间到每层楼上的管理间之间传输信号提供通路。在新的建筑物中，通常有竖井通道。在竖井中敷设主干线缆一般有两种方式，即向下垂放电缆和向上牵引电缆。

（一）向下垂放线缆

向下垂放线缆的一般步骤是：

（1）首先把线缆卷轴放到最顶层。

（2）在离房子的开口处（孔洞处）3～4m 处安装线缆卷轴，并从卷轴顶部馈线。

（3）在线缆卷轴处安排所需的布线施工人员（人数视卷轴尺寸及线缆质量而定），每层上要有一个施工人员以方便引导下垂的线缆。

（4）开始旋转卷轴，将线缆从卷轴上拉出。

（5）将拉出的线缆引导进竖井中的孔洞。在此之前先在孔洞中安放一个塑料的套状保护物，以防止孔洞不光滑的边缘擦破线缆的外皮，如图 5-21 所示。

（6）慢慢地从卷轴上放缆并进入孔洞向下垂放，直到下一层布线人员能将线缆引到下一个孔洞。

（7）按前面的步骤，继续慢慢地放线，并将线

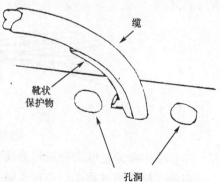

图 5-21　保护线缆的塑料靴状物

缆引入各层的孔洞。

如果要经由一个大孔敷设垂直主干线缆，就无法使用一个塑料保护套了，这时最好在孔中心安放一个滑车轮，通过它来向下垂放线缆。当线缆到达目的地时，把每层上的线缆绕成卷放在架子上固定起来，等待下一步的端接。

（二）向上牵引线缆

向上牵引线缆可用电动牵引绞车，如图5-22所示。

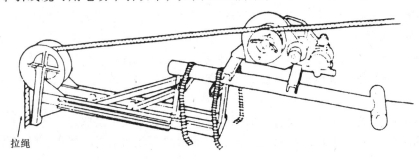

拉绳

图 5-22　电动牵引绞车

（1）按照线缆的质量，选定绞车型号，并按绞车制造厂家的说明书进行操作。先往绞车中穿一条绳子。

（2）启动绞车，并往下垂放一条拉绳（确认此拉绳的强度能保护牵引线缆），拉绳向下垂放直到安放线缆的底层。

（3）如果缆上有一个拉眼，则将绳子连接到此拉眼上。

（4）启动绞车，慢慢地将线缆通过各层的孔向上牵引。

（5）缆的末端到达顶层时，停止绞车。

（6）在地板孔边沿上用夹具将线缆固定。

（7）当所有连接制作好之后，从绞车上释放线缆的末端。

四、建筑群间电缆布线施工

在建筑群中敷设线缆，一般采用两种方法，即地下管道敷设和架空敷设。

（一）管道内敷设线缆

在管道中敷设线缆时，常见的有"小孔到小孔"、"在小孔间的直线敷设"、"沿着拐弯处敷设"三种敷设形式，其施工方法同建筑物主干线电缆布线施工相似，但敷设时要用人力还是机器施工，取决于下列因素：

（1）管道中有没有其他线缆。

（2）管道中有多少拐弯。

（3）线缆有多粗和多重。

由于上述因素，很难确切地说是用人力还是用机器来牵引线缆，只能依照具体情况来解决。

（二）架空敷设线缆

架空线缆就是利用电线杆将线缆架空敷设。架空布放的线缆有两种类型，即自支持的或不能自支持的。对于不能自支持的，需要钢绳固定电缆，一般施工步骤如下：

（1）电杆以 30～50m 的间隔距离为宜。

（2）根据线缆的质量选择钢丝绳，一般选 8 芯钢丝绳。

（3）先接好钢丝绳。

（4）架设线缆。

（5）每隔 0.5m 架一个挂钩，固定线缆。

五、建筑物内水平布线施工

建筑物内水平布线，常用的有暗道布线、顶棚布线、墙壁线槽布线等形式。

（一）暗道布线施工

暗道布线是在浇筑混凝土时已把管道预埋好，管道内有牵引电缆线的钢丝，安装人员只需索取管道图纸来了解地板的布线管道系统，确定"路径在何处"，就可以做出施工方案了。

对于老的建筑物或没有预埋管道的新的建筑物，要向业主索取建筑物的图纸，并要到布线的建筑物现场，查清建筑物内电、水、气管路的布局和走向，然后，详细绘制布线图纸，确定布线施工方案。

对于没有预埋管道的新建筑物，施工可以与建筑物装修同步进行，这样既便于布线，又不影响建筑物的美观。

管道一般从配线间埋到信息插座安装孔。布线时，安装人员只要将 4 对线或多条 4 对线缆按前述要求牵引线缆。牵引时电缆线固定在信息插座的拉线端，从管道的另一端牵引拉线就可将线缆引到配线间。

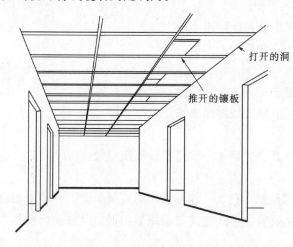

图 5-23　移动镶板的悬挂式顶棚

（二）顶棚顶内布线施工

水平布线最常用的方法是在顶棚吊顶内布线。具体施工步骤如下：

（1）确定布线路由。

（2）沿着所设计的路由，打开顶棚，用双手推开每块镶板，如图 5-23 所示进行布线。

如果是布多条 4 对线，线缆很重，为了减轻压在吊顶上的压力，可使用 J 形钩、吊索及其他支撑物，来支撑线缆。

假设要布放 24 条 4 对的线缆，到每个信息插座安装孔有两条线缆及 24 个线缆箱，此时可将线缆箱放在一起并使线缆接管嘴向上。24 个线缆箱按图 5-24 所示分成 4 个组安装，每组有 6 个线缆箱。

（3）加标注。在箱上写标注，在线缆的末端注上标号。

（4）在离管理间最远的一端开始，把线缆按要求拉到管理间。

（三）墙壁线槽布线

在墙壁上布线槽一般按下列步骤操作：

（1）确定布线路由。

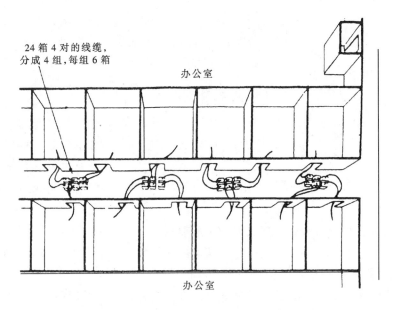

24 箱 4 对的线缆，
分成 4 组，每组 6 箱

办公室

办公室

图 5-24 共布 24 条 24 对线缆，每一信息点布放一条 4 对的线

（2）沿着路由方向放线（讲究直线美观）。

（3）线槽每隔 1m 要安装固定螺钉。

（4）布线（布线时线槽容量为 70%）。

（5）盖塑料槽盖。槽盖应错位盖好。

六、铜缆连接施工

布放线缆只是综合布线施工的一部分，线缆布完后，施工人员还要利用线缆相关连接硬件对线缆进行端接或直接连接，以构成一个完整的信息传输通道。这些连接线缆的连接硬件主要有两大类，一类是信息插座、插头及连接块，另一类是配线架。而配线架又分为两类，即 110 系列和模块化系列。

综合布线工程施工，在配线架上连接线缆，常用的连接结构有两种连接方式，一种是交叉连接方式，另一种是互连接方式。典型的连接结构如图 5-25 和图 5-26 所示。从图中可以看出，互连接结构比交叉连接结构简单。在配线间的标准机柜内放置配线架和应用系

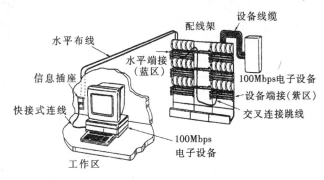

水平布线

信息插座

快接式连线

工作区

配线架

设备线缆

水平端接
（蓝区）

100Mbps电子设备

设备端接（紫区）

交叉连接跳线

100Mbps
电子设备

图 5-25 交叉连接结构

统设备；在工作区放置终端设备。应用系统设备用两端带有连接器的接插软线，一端连接到水平子系统的信息插座上，另一端连接到配线架上。水平线缆一端连接到工作区的信息

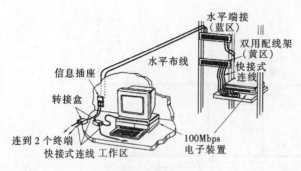

图 5-26　互连结构

插座上，另一端连接到配线架上。干线线缆的两端分别连接在不同的配线架上。下面仅以交叉连接方式为例，来讨论铜缆的连接施工。

（一）线缆端接的一般性要求

（1）线缆在端接前，必须检查标签颜色和数字含义，并按顺序端接。

（2）线缆中间不得有接头。

（3）线缆端接处必须卡接牢固、接触良好。

（4）线缆端接应符合设计和厂家安装手册要求。

（5）双绞电缆与连接硬件连接时，应认准线号、线位色标，不得颠倒和错接。

（二）110 交叉连接结构

交叉连接有夹接式（110A）和接插式（110P）两种情况。这两种连接硬件都完成同样的功能，它们均用来在设备间、配线间及二级交接间中，端接线缆或连接线缆。施工过程主要分两大步骤进行，第一步先进行连接硬件的安装，第二步再进行交叉连接的施工，直到完成整个布线安装。

110A 和 110P 类型交叉连接场主要硬件

（1）夹接式（110A）配线模块

110A 装置由若干个配线模块组合而成，如图 5-27。每个 110A 配线模块包含有焊接的金属片的夹子，这些夹子用来端接 0.5mm 的导线，它永久性附着的索引条有一个用来端接 25 对线的槽行，进来的线通过颜色编码从左向右沿着配线模块的前方输出。110A 硬件的特点是具有"支撑腿"，这些支撑腿使配线架离开墙，在配线模块后面建立走线的空间。

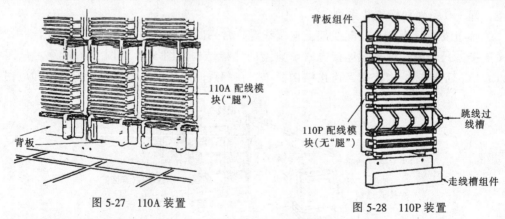

图 5-27　110A 装置

图 5-28　110P 装置

（2）插接式（110P）配线模块

与 110A 不同的是，110P 没有"支撑腿"，但有水平过线槽及背板组件。这些槽允许安装者向顶布线或自底布线。110P 硬件与专门用来提供进线缆空间的背板一起使用。110P 装置如图 5-28 所示。

（3）110 连接块

110 连接块是一个小型的阻燃的塑料段，内含熔锡（银）的接线柱，可压到配线模块上去。在配线模块中将线放置好，连接块中的尖夹子建立电气的触点而无需剥除线对的绝缘包皮。110 连接块如图 5-29 所示。

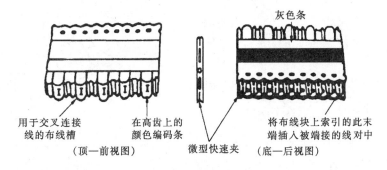

灰色条

用于交叉连接线的布线槽   在高齿上的颜色编码条   将布线块上索引的此末端插入被端接的线对中

（顶—前视图）   微型快速夹   （底—后视图）

图 5-29　110 连接块

（4）F 交叉连接线

这是 0.5mm 的软线，它们有 1、2 和 3 对各种类型和不同的尺寸，可用于不同区域之间的交叉连接。

（5）托架

托架是一个小的塑料部件，将它装扣到配线模块的"支撑腿"上去，用来保持在一列顶部和底部的交叉连接线，如图 5-30。

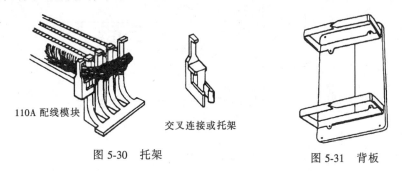

110A 配线模块   交叉连接或托架

图 5-30　托架   图 5-31　背板

（6）背板

它是一个平的金属的或塑料的制板，用来将配线模块分开，以便提供走线空间。此背板上安装有两个布线环，以保持交叉连接线。参看图 5-31。

（7）电源适配器跳线

电源适配器跳线用来在配线间中将附属的电源连接到一个 4 对的连接块上。电源适配器跳线一端有一条具有 6 导线模块化插头的一对电缆，另一端是一对 110 快接式跳线插头，以便连到连接块。

（8）快接式跳线

参看图 5-32，它是用于 110P 硬件的快接式跳线，是预先连接好的。它们有 1 对、2 对、3 对和 4 对线的，其长度有各种尺寸。

（9）110 跳线过线槽

110 跳线过线槽是一个水平的过线槽，通常放在每一对配线模块之间或每列的顶部或底部，以便布放快接式跳线，并保持较长的线在其中，使得整个交连场整齐美观。110跳线过线槽如图5-33所示。

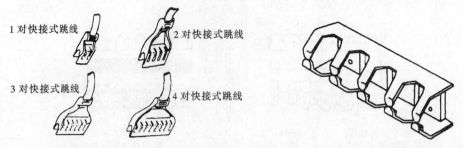

| 图 5-32 快接式跳线 | 图 5-33 110跳线过线槽 |

除以上连接硬件外，还有标识条、连接夹和连接线、终端绝缘子、测试软线等硬件。

（三）夹接式连接场施工

典型的110连接场安装如图5-34所示。

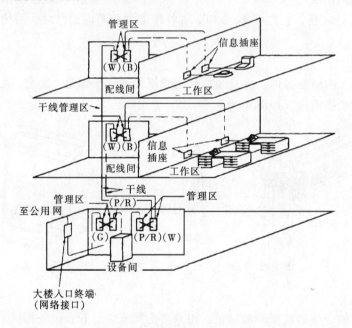

图 5-34 典型的110连接场安装

（1）将配线模块用金属螺钉安装到设备间或配线间合适的墙面上，拧紧螺钉。注意面板应保持在一个垂直面上。

（2）切断线缆，并剥除线缆上的一段外护套或外皮。切断线缆时要留有足够长的线缆。如果采用的线缆多于25对（有几个25对，如100对线则有4个25对束组），然后要小心地把线缆分组，将每一25对束组的末端用带子捆扎起来（约5cm长），并用线缆带将其固定在配线板的后面。

（3）将固定配线模块顶部的螺钉去掉，将底部螺钉放松，把一个个捆好的25对束组穿过线槽，由B—W（蓝—白）组开始，使其穿过左上角的槽，然后是O—W（橙—白）组，使其穿过右上角的槽，然后依照图5-35的布局，将每一对束组穿过相应的配线模块

166

上的槽。当所有的束组都穿过布线板上的合适的槽以后，将模块用螺钉拧紧使其固定到墙上。

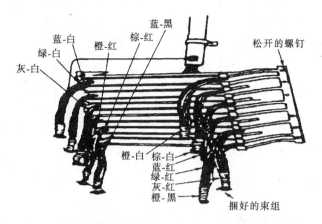

图 5-35　将捆好的 25 对束组穿过配线模块的槽

（4）在其他的配线模块上重复同样的过程，将 25 对束组馈送到配线模块的后面后，再按照图的颜色编码顺序将束组穿过配线模块上合适的槽。逐个把束组中的线对放到配线模块的索引条中去。

（5）使用工具将线对压入配线模块并将伸出的导线头切断。然后用锥形钩清除切下的碎线头。用手指将连接块加到配线模块的索引条上，一块块地自左至右将连接块加上，直到整个配线模块全填满连接块为止，如图 5-36 所示。

（6）将标签保持器（带有标签的）插到配线模块中，以标识此区域。

（四）接插式连接场施工

1．安装配线板

（1）在墙上安装配线模块的配线板

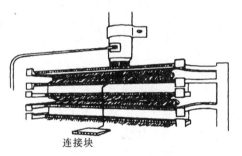

图 5-36　放置 110 连接块

在墙上直接安装配线模块，要求墙面应光滑。安装时，首先在安装位置标出两条位置线，做出标记，然后把配线模块配线板的 4 个固定槽，固定到墙中螺钉上去，以便安装配线模块。如图 5-37 所示。

图 5-37 中：19.57cm 是安装配线模块配线所要求的水平距离。

172.72cm 是地板和顶部水平位置线之间所需的垂直距离。

2.22cm 是每个配线模块之间应保持的水平距离。

44.45cm 是地板和底部位置线之间需留的垂直距离。

"＋"标记用于安装槽螺钉的位置。水平距离偏差或垂直距离偏差，可通过配线板的螺钉孔调整。

（2）在托架上安装配线板

在安装位置安装 110 固定托架，再将配线模块的配线板装设在 110 安装托架上，如图 5-38 所示。

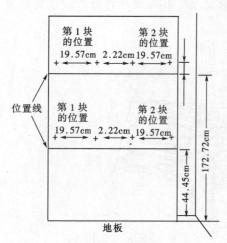

图 5-37　固定配线模块的配线板到墙　　　图 5-38　在托架上安装配线模块配线板

2. 安装配线模块（连接块）和跳线过线槽

（1）将配线模块放到配线板上，对准其上的螺钉孔并用两个铆钉将配线模块固定到模块线架上，依此方法将所有的配线模块都装完为止。

（2）切割电缆并剥除其外护套以暴露出足够长度的导线。当线缆的外护套去掉后，要立即对导线分组并打捆（用电工带），以防止线对错乱，应保持线对与未除去外护套前的状况一致。

（3）将捆好的导线束组穿过配线模块两边的线缆槽，将捆好的束组中的线对安放到索引条上。注意将配线模块上左端的束组中的线对安放到上面的索引条上去，而右边束组中的线对安放到下面的索引条上去。

（4）用工具使线对压入就位并切除线头。注意：使用工具时切勿拿反了，否则不是切去线头而是把导线切断了。切完后如果有短的导线碎头留在配线模块里面，则可用锥形钩工具来清除它们，参看图 5-39。

（5）在配线模块配线架之间安装一个快接式跳线过线槽，安放上一块 110 连接块，并用工具使其就位，记住放连接块时要使其灰色面向下，如图 5-40 所示。

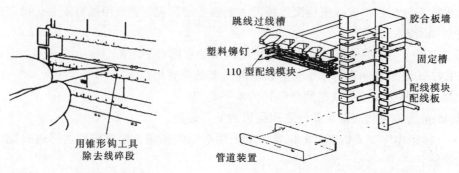

图 5-39　除去切下的导线碎段　　　　图 5-40　安置配线模块和跳线过线槽

（6）按上述过程进行操作，直到施工图中规定的所有终端块配线板、配线模块、连接块和跳线管道全部安装好为止。

（7）将标签纸滑到标签保持器中去，然后将标签保持器嵌入到配线模块中去。

（五）交叉连接方法

1．制作110A交叉连接

下面的步骤可用于1、2、3、或4对线的交叉连接线。

（1）将F交叉连接线插入到包含指定线对的110连接块槽中，用手指轻轻地将交叉连接线压下。施工人员可在用户所需的任何点上完成此工作，如图5-41所示。

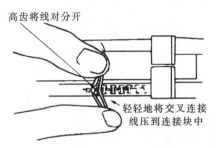
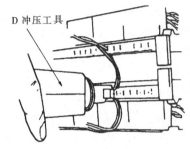

图 5-41　将 F 交叉连接线插入连接块中　　　　图 5-42　用工具将交叉连接线压入连接块

（2）使用D冲压工具将交叉连接线对压入连接器并切去无用的导线头，参看图5-42。

（3）将交叉线拾起并使它穿过一个扇形槽，用手指伸入线圈中以建立交叉连接线的松弛部分，参看图5-43。

（4）然后将末端接的一端引到要端接处的扇形槽中，同样用手指在另一端建立交叉连接线的松弛环，然后将交叉连接线的此端置于指定的"对"位置的连接块上，再用手指将交叉连接线压入连接块，以便保持住交叉连接线。参看图5-44。

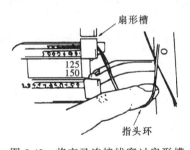
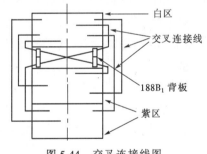

图 5-43　将交叉连接线穿过扇形槽　　　　图 5-44　交叉连接线图

2．制作110P交叉连接

（1）选择一定长度的跳线（插头有1、2、3、4对的，长度有0.6~21m）。为了避免在管道中产生跳线拥挤的情况，跳线的长度要选择合适，这样也便于日后对跳线进行维护。

（2）将跳线压到配线模块配线板的连接块上，以产生交叉连接。

（3）解开交叉连接线：

1）使用尖嘴钳，小心地夹住交叉连接，拉交叉连接线直到把它拉出为止。

2）如果拉出的交叉连接线不再端接到其他位置上，则将它们拿开。如果需要重新端接，且长度又足够的话，则按前面介绍的过程进行端接。

七、信息插座端接

（一）信息插座安装基本要求

（1）信息插座面板有直立和水平等形式，其面应有盖板，一般应牢固地安装在平坦的地方。安装在活动地板或地面上的信息插座，应固定在接线盒内。接线盒盖可开启并与地面垂直。接线盒应严密防水、防尘。

（2）安装在墙体上的插座宜高出地面 300mm，若地面采用活动地板时，应加上活动地板内净高尺寸。

（3）信息插座底座的固定方法因施工现场条件而定，宜采用扩张螺钉、射钉等方式。固定螺钉要牢固，不应产生松动现象。

（4）信息插座应有标签，以颜色、图形、文字表示所接终端设备的类型。

（5）信息插座模块化的插针与电缆连接应按照 T568B 标准布线和按照 T568A（ISDN）标准接线。

（二）通用信息插座端接

综合布线所用的信息插座多种多样，信息插座应在内部作固定线连接。信息插座的核心是模块化插孔。双绞电缆在与信息插座的模块插孔连接时，必须按色标和线对顺序进行卡接。插座类型、色标和编号应满足有关的规定。镀金的模块插座孔可保持与模块化插头弹簧片间稳定、可靠的电连接。由于弹簧片与插孔间的摩擦作用，电接触随插头的插入而得到进一步加强。插孔主体设计采用了整体锁定机制。这样，当模块化插头插入时，插头和插孔的接触面处可产生最大的拉拔强度。信息插座的面板应有防尘、防潮的功能。信息出口应有明确的标记，面板应符合标准。

双绞电缆与信息插座的卡接端子连接时，应按先近后远，先下后上的顺序进行卡接。

双绞电缆与接线模块（IDC、RJ45）卡接时，应按设计和厂家规定进行操作。

下面给出的步骤用于连接 4 对双绞电缆到墙上安装的信息插座。用此法也可将 4 对双绞电缆连接到掩埋型的信息插座上。

（1）将已装好的电气接线盒信息插座上的螺钉拧开，如图 5-45，然后将端接夹拉出来拿开。

（2）从墙上的信息插座安装孔中将双绞电缆拉出 20cm 长，用斜口钳从双绞电缆上剥除 10cm 的外护套，将导线穿过信息插座底部的孔。

（3）把导线压到合适的插孔槽中去，参看图 5-46。

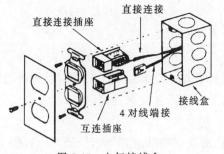

图 5-45　电气接线盒

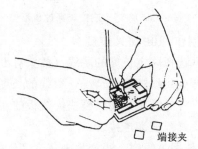

图 5-46　将导线压到合适的槽中去

（4）使用斜口钳将导线的末端割断，将端接夹放回，并用拇指稳稳地压下。

（5）重新组装信息插座，将分开的盖和底座扣在一起，再将连接螺钉拧上，把组装好的信息插座放到墙上，最后进行固定。

（三）模块化信息插座端接

信息插座模块分为单孔和双孔，每孔都有一个8位（8路）插脚（针）。这种插座的高性能、小尺寸及模块化特点，为设计综合布线提供了灵活性。它还标明多种不同颜色电缆所连接的终端，保证了快速、准确的安装，如图5-47所示。图中给出了M100模块化插座的操作方法。

接线时要注意：线对的颜色必须与M100侧面的颜色相匹配。T568B接线选项①～④为蓝对端接，⑤～⑥为绿对端接，⑦～⑧为橙对端接，⑨～⑩为棕对端接。

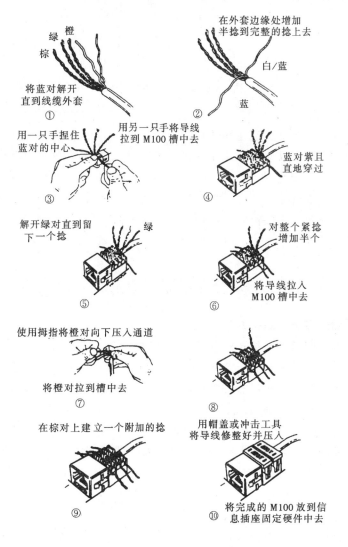

图5-47 模块化信息插座

（四）配线板端接

配线板是提供电缆端接的装置，安装夹片可支持多至24个任意组合的模块化插座，并在线缆卡入配线板时提供弯曲保护。这种配线板可固定在一个标准的48.3cm配线柜上。

图5-48中给出了在一个M1000配线板的M100模块化插座上端接电缆的基本步骤。

（1）在端接线缆之前，首先整理线缆。松松地将线缆捆扎在配线板的任一边上，最好

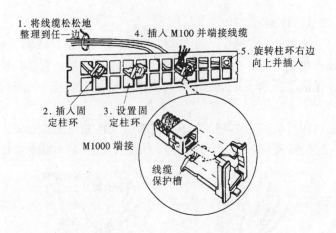

1. 将线缆松松地整理到任一边
4. 插入 M100 并端接线缆
5. 旋转柱环右边向上并插入
2. 插入固定柱环
3. 设置固定柱环
M1000 端接
线缆保护槽

图 5-48　配线板端接的步骤

是捆到垂直通道的托架上。

（2）以对角线的形式将固定柱环插到一个配线板孔中去。

（3）设置固定柱环，以便柱环挂住并向下形成一个角度以有助于线缆的端接。

（4）插入 M100，将线缆末端放到固定柱环的线槽中去，并按照上述 M100 模块化信息插座的安装过程对其进行端接。

（5）最后一步是向右边旋转固定柱环，完成此工作时必须注意合适的方向，以避免将线缆缠绕到固定柱环上。

第三节　光缆传输通道施工技术

一、光缆传输通道施工基础知识

在一个建筑群之间通过光纤传输信息，其传输效率会大大提高，因此光纤较适合大规模的综合布线。由于光缆是通过石英玻璃而不是通过铜来传播信号，且价格较铜缆高许多，因此光缆施工与线缆施工虽有许多相同之处，但也有一些特殊要求需特别注意。本节将侧重讨论光缆施工与电缆施工的不同之处。

（一）光纤施工注意事项

（1）在进行光纤接续或制作光纤连接器时，施工人员必须戴上眼镜和手套，穿上工作服，并远离人群，注意环境要保持洁净。

（2）决不允许观看已通电的光源、光纤及其连接器，更不允许用光学仪器去观看已通电的光纤传输通道器件。

（3）维护光缆传输系统，只有在断开所有光源的情况下，才能进行操作。

（二）光缆的检验要求

（1）工程所用的光缆规格、型号、数量应符合设计的规定和合同要求。

（2）光缆所附标记、标签内容应齐全和清晰。

（3）光缆外护套须完整无损，光缆应附有出厂质量检验合格证。若用户要求，应附有本批量光缆的性能检验报告。

（4）剥开光缆头，有 A、B 端要求的要识别端别，在光缆外端应标出类别和序号。

（5）光缆开盘后应先检查光缆外观有无损伤，光缆端头封装是否良好。

（6）综合布线工程采用 $62.5/125\mu m$ 或 $50/125\mu m$ 渐变折射型多模光缆和 $8.3/125/\mu m$ 突变型单模光缆时，现场检验应测试光纤衰减常数和光纤长度。

（7）光纤接插软线（光跳线）检验应符合下列规定：

1）光纤接插软线应具有经过防火处理的光纤保护包皮，两端的活动连接器（活接头）端面应装配有合适的保护盖帽。

2）每根光纤接插软线的光纤类型应有明显的标记，选用应符合设计要求。

（三）其他元器件的检验要求

（1）光纤连接器的型号、数量和位置应与设计相符。

（2）光纤插座面板应有发射（TX）和接收（RX）明显标记。

（3）配线设备的使用应符合下列规定：

1）光缆交接设备的型号、规格应符合设计要求。

2）光缆交接设备的编排及标记名称，应与设计相符。各类标记名称应统一，标记位置应正确、清晰。

（四）光缆布线施工的基本要求

光缆敷设的一般要求：

（1）光缆布放前应核对规格、型号、数量与设计规定是否相符。

（2）光缆的布放应平直，不得产生扭绞、打圈等现象，不应受到外力挤压和损伤。

（3）光缆布放前，其两端应贴有标签，以表明起始和终端位置。标签书写应清晰、正确。

（4）光缆与建筑物内其他管线应保持一定的间距，与其他弱电线缆也应分管布放。各线缆间的最小净距应符合设计要求。

（5）光缆布放时应有冗余。光缆在设备端预留长度一般为 5～10m。有特殊要求的应按设计要求预留长度。

（6）敷设光缆最好以直线方式。如有拐弯，光缆的弯曲半径，在静止状态至少应为光缆外径的 10 倍，在施工过程中至少应为 20 倍。

（7）在光缆布放的牵引过程中，吊挂光缆的支点相隔间距不应大于 1.5m。

（8）布放光缆的牵引力应小于线缆允许张力的 80%。对光缆瞬间最大牵引力不应超过光缆允许的张力。在以牵引方式敷设光缆时，主要牵引力应加在光缆的加强芯上。敷设时应控制光缆的敷设张力，避免使光纤受到过度的外力（弯曲、侧压、牵拉、冲击等）影响。

二、光缆布线施工

（一）通过建筑物各层的槽孔垂直敷设光缆

在新建的建筑物中，通常在垂直方向上有一层层对准的封闭型的小房间，常称为弱电间。在这些封闭型的小房间中留有长 15cm、宽 10cm 的槽或一系列 10～15cm 直径的孔，如图 5-49 所示。

这些孔和槽从顶到地下室的每一层都有，光缆就可通过各楼层这些孔来垂直敷设。在弱电间中敷设光缆可有两种选择，

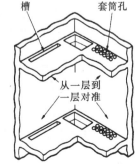

图 5-49　封闭型的配线间

即向下垂放和向上牵引。通常向下垂放比向上牵引容易些，所以一般都向下垂放施工。

在密封的建筑层槽孔敷设光缆时，应按以下的步骤进行：

（1）在离建筑顶层槽孔1～1.5m处安放光缆卷轴（光缆通常是绕在线缆卷轴上，而不是放在纸板箱中），以便在卷筒转动时能控制光缆。要将光缆卷轴置于平台上，以便保持在所有时间内光缆与卷筒轴心都是垂直的。放置卷轴时要使光缆的末端在其顶部，然后从卷轴顶部牵引光缆。为了保证安全，在从卷轴上牵引光缆之前，必须将卷轴固定住，以防止它自身滚动。

（2）转动光缆卷轴，并将光缆从其顶部牵出。牵引光缆时要保证不超过最小弯曲半径和最大张力的规定。

（3）引导光缆进入槽孔中去。如果是一个小孔，则首先要安装一个塑料保护靴，以防止光缆与混凝土边沿产生磨擦而损坏光缆。如果通过大的开孔下放光缆，则在孔的中心上安装一个滑车轮，然后把光缆拉出并绕到车轮上去。

（4）慢慢地从光缆卷轴上牵引光缆，直到下面一层楼的人能将光缆引入到下一个槽孔中去为止。

在每一层楼上重复上述步骤。当光缆达到最底层时，要使光缆松弛的盘在此处。

（二）管道内敷设光缆

若欲利用管道来敷设光缆，就要为光缆专门留一条管道。如果光缆必须与电缆走一条管道，则可在较大的管道中为光缆安装一个内管来敷设光缆，以便将光缆与电缆分开。不管是在光缆管道中单独敷设光缆还是将光缆与其他线缆敷设在一条通道中，在敷设光缆时都必须保证最小弯曲半径和最大张力的规定。

在同一时刻安装两条或更多条光缆时，总拉力会减少20%。例如：若同时安装两条LGBC-006A型光缆（每条最大张力为560N），则最大拉力为900N，即（560＋560）×（1－20%）≈900N。

1. 敷设要求

（1）在牵引光缆前，必须检查管道，并保证没有堵塞物及倒塌的段落，保证管道畅通无阻。

（2）当在管道中敷设多条光缆时，尽量不要同时牵引光缆。对于每一条新的光缆要用一条新的拉绳，以避免拉绳断开而出问题。

（3）将光缆馈送到管道的入口处以减小张力（因为硬要把光缆在馈线端牵引进来，则张力会增加2～100倍）。

（4）当使用滑车轮拉线时要采用一个拉力计以保证张力小于450N。

（5）使用滑车轮时应采用一条纱线牵引带（因为其他类型的带子强度不够，在牵引时有可能会断开）。

（6）将推荐用的润滑剂涂在光缆内管及管道内以减小牵引光缆时的张力。

（7）用稳定的速度来牵引光缆（大约每分钟牵引23m），在牵引光缆时应避免中途停止，因为重新开始牵引时张力会很大。

（8）检查管道的内径是否大于等于20mm。

2. 牵引光缆

牵引光缆前先检查整个管道中是否已有拉光缆用的绳子。如果没有，即导管是空的，则首先要用蛇线盒将一条鱼线装入整个导管中去。如果导管中已有线缆，现在要往其中再敷设光缆，则需往导管中装进一条新的鱼线，以防止新装的光缆与已有的线缆互相绞在一起。通过光缆中的纱线直接与牵引光缆的细线相连接。

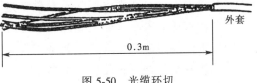

图 5-50　光缆环切

在离光缆末端 0.3m 之处，用光缆环切器对光缆外护套进行环切，参看图 5-50，并将环切开的外护套从光纤上滑去。

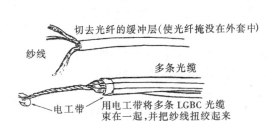

图 5-51　把光缆和纱线用电工带系捆起来

在光缆上将环切段的外套去掉后，露出纱线与光纤，先将纱线与光纤分离开来，然后将纱线绞起来并用电工胶带将其末端缠起来，参看图 5-51。

将与纱线分开的光纤切断并除去，切割时应使留下的部分掩没在外护套中。

将光缆端的纱线与牵引光缆的拉线用缆结连接起来，如图 5-52 所示。

切去多余的纱线，利用套筒或电工胶带将绳结和光缆末端缠绕起来，检查一下确保没有粗糙之处，以保证在牵引光缆时不增加摩擦力，然后进行光缆的牵引。

（三）通过吊顶（顶棚）来敷设光缆

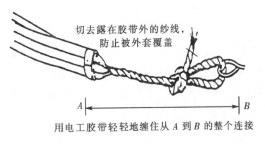

用电工胶带轻轻地缠住从 A 到 B 的整个连接

图 5-52　准备牵引光缆的连接

在许多场合，将牵引光缆通过吊顶，下放到门厅或走廊，然后引进配线间后进行连接。具体按下列方法施工：沿着所选择的光纤敷设路径打开吊顶。在绝大多数情况下，每隔一段距离打开敷设路径旁的一块顶板（60cm×60cm）。有时要将顶板卸下，站在梯子上通过吊顶上的路径敷设光缆。进行此工作时应注意，不要使光缆打结，不要超过光缆允许的最小弯曲半径，不要挤压光缆。需要时，移动梯子，继续往前敷设光缆直到出口点。

（四）在水平管道中敷设光缆

当需要在拥挤区内敷设非填充的光缆，并要求对非填充光缆进行保护时，可将光缆敷设在一条管道中。

1. 敷设要求

（1）牵引光缆之前，检查管道有无堵塞。即：要求管道是清洁的并且是连续的没有折叠部分。

（2）对管道进行清洁处理和加润滑剂以减小摩擦力。

（3）平稳而缓慢地牵引，在牵引过程中不要使光缆打结和停顿。

（4）在牵引光缆的同时，切勿将一条拉线（作为将来的鱼线）同时拉入管道中去。

（5）如果要与电缆敷设在同一管道内，必须用内管将光缆与电缆隔离开来。

（6）牵引光缆经过的管道边沿必须圆滑，并最好用保护材料将光缆保护起来。

2. 牵引光缆

在牵引光缆之前，检查施工现场及作业情况，看看是否满足上述的敷设要求。如果符合，就可以按下述步骤在水平管道中敷设光缆。

（1）在管道的入出口处用套筒将管道的尖边盖起来，以保护光缆的外护套不被划破。

（2）将光缆连接到用来牵引光缆的媒体上。在离光缆末端20～25cm处，用R4366工具环切光缆外护套并除去此段外护套。

（3）将纱线与光纤分开后，割去光纤及中心支持物，只留下纱线。然后牢固地将纱线系到线网眼夹上去。

（4）用电工带将光缆和拉线的连接点牢固地绕扎起来，并检查有无粗糙的边角，以防牵引光缆时摩擦力过大。

（5）如果在管道路线中的任何点上都安装了拉线盒，那么将光缆牵引到第1个拉线盒，并使其出来进入到楼层的一个蛇形管中去，然后再将光缆馈回到管道的剩余部分中去，在每一个拉线盒处重复此过程。

（五）架空敷设光缆

架空敷设光缆的方法基本上与架空敷设电缆相同，其差别是光缆不能自支持。因此在架空敷设光缆时必须将它固定到两个建筑物或两根电杆之间的钢绳上。

三、光纤连接施工技术

光纤连接就是将来自不同地点的光纤，通过光纤连接硬件直接互相连接起来。根据链路需要，连接方式又分为交叉连接和互连。交叉连接是指光纤通过连接模块，利用光纤跳线（两头有端接好的连接器）为可重新安排链路（增加新的链路或拆除不用的链路）而采取的连接形式。互连是指一种直接将来自不同地点的光纤通过光纤连接模块互相连接起来而不必通过光纤跳线的连接形式。

图5-53为光纤通过连接模块连接示意图。

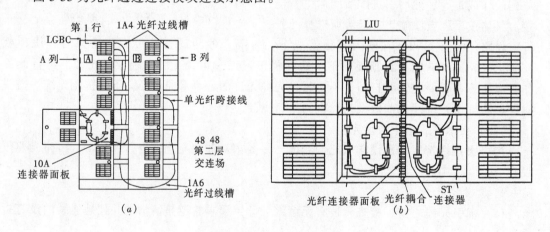

图 5-53　光纤连接示意图

（a）光纤交叉连接模块；（b）光纤互连模块

（一）光纤交叉连接和互连的基本硬件

组成交叉连接和互连的元件基本上是一样的，常用的有：

1. 光纤互连装置

光纤互连装置（LIU）是综合布线中常用的标准光纤交连硬件，是一个具有识别线路

176

用的附有标签的箱子，如图 5-54 所示。该硬件用来实现交叉连接和互连的管理功能，还直接支持带状光缆和束管式光缆的跨接线。

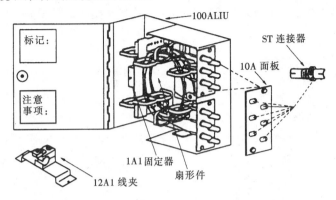

图 5-54 光纤连接盒

　　光纤互连装置被设计成模组化的封闭盒，由工业聚酯材料制成。其容量范围是从 12、24 到 48 根光纤。不同根数的光纤采用不同型号的光纤互连装置。其类型有：100A、200A 和 400A。

　　2. 光纤连接器嵌板

　　装设在光纤互连装置内。光纤连接器嵌板的主要作用是，用来固定光纤互连装置中 ST 耦合器。

　　3. 光纤耦合器（ST 耦合器）

　　光纤耦合器（ST 耦合器）是交叉连接和互连的基本元件之一。装在光纤互连装置内主要起连接光纤连接器的作用。

　　4. 附加元件

　　在交叉连接和互连中，还有一些附加元件，如用于光纤跳线的水平、垂直过线槽等。

　　5. 扇形件

　　标准扇形件装设在光纤互连装置内，与光纤互连装置配合使用，使具有阵列连接器的光缆在端接嵌板处变换成 12 根单独的光纤。每根光纤都有特别结实的缓冲层，以便在操

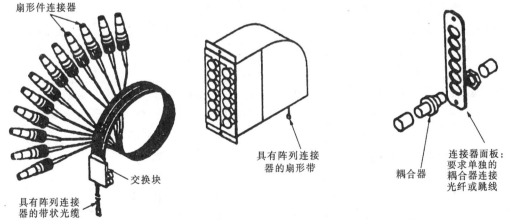

图 5-55 标准光纤扇形件及 ST 连接面板

177

作时得到更好的保护。标准光纤扇形件及 ST 连接面板如图 5-55 所示。

6. 光纤接线盒

通用光纤接线盒主要作用是为轻装型光缆、带状光缆或跨接线光缆的接合提供保护外壳。

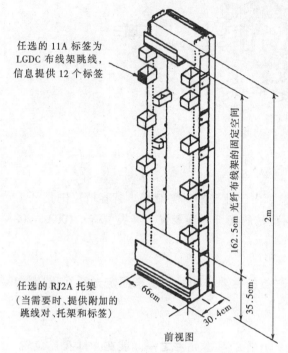

任选的 11A 标签为 LGDC 布线架跳线，信息提供 12 个标签

162.5cm 光纤布线架的固定空间

2m

35.5cm

任选的 RJ2A 托架（当需要时、提供附加的跳线对、托架和标签）

66cm

30.4cm

前视图

图 5-56　光纤交叉连接架

7. 光纤交叉连接架

光纤交叉连接架由几组排列接线板组成，是光纤线路的端接和交连的地方。其中每一个接线板可端接和交叉连接 576 个端接点。光纤交叉连接架利用大小不同的凸缘网格架来组成框架结构，架内安装有用螺栓固定的夹子，以便引导和保护光缆。各种模块化的搁板可以容纳所有的光缆、连接器和接合装置，同时也用作接合和端接单元。光纤交叉接线架如图 5-56 所示。

8. 光纤连接装置

光纤连接装置主要作用是进行光纤线路端接、接续和交连的装置。它可以是一个固定的盒子，也可以是一个可抽出的抽屉。它的模块化设计允许灵活地把一个线路直接连到一个设备线路或利用短的互连光缆把两个线路交连起来。所有的光纤装置均可安装在 48.26cm 或 58.42cm 的标准框架上，也可直接挂在设备间或配线间的墙壁上。选型时，可根据功能和容量选择光纤连接装置。

（二）光纤连接场

综合布线中若光纤较多，光纤连接就需要使用多个模块，构成光纤连接场进行光纤的连接。根据使用模块的多少、用户对链路的要求、连接形式不同等具体情况，光纤连接场又分为光纤交连场和光纤互连场。

1. 光纤交连场

光纤交连场使得每根输入光纤可以通过两端均有套箍的跨接线光缆连接至输出光纤。光纤交连场可由若干模块组成，每个模块可端接 12 根光纤。

参看图 5-53 （a）所示，光纤交连模块包括一个 100A 光纤互连装置、两个 10A 连接器面板和一个 1A4 跨接线过线槽（如果光纤交连模块不止 1 列，则还需配备 1A6 水平捷径过线槽）。一个光纤交连场可以将 6 个模块堆积在一起，高度为 172.72cm。如果需要附加端接，则要用 1A6 捷径过线槽将各列光纤互连装置互连在一起。

2. 光纤互连场

光纤互连场使得每根输入光纤可以通过套箍直接连至输出光纤。

光纤互连场包括若干模块，每个模块可以使 12 根输入光纤连至 12 根输出光纤。参看图 5-53 （b）所示。一个光纤互连模块包括两个 100A 光纤互连模块和两个 10A 连接器面板。

注：如果是电缆、光缆的混合线缆的互连和交连，可参照 110 型电缆配线架和 200A 型光纤互连装置来完成。

3．光纤交连和互连场排列

（1）单列交连场

安装一列交连场，可把第 1 个光纤互连装置放在规定空间的左上角。其他的扩充模块放在第 1 模块的下方，直到一列交连场总共 6 个模块放完为止。在这一列的最后一个模块下方应增加一个 1A6 光纤过线槽。如果需要增加列数，每个新增的列都应先增加一个 1A6 过线槽，并与第 1 列下方已有的过线槽对齐。

（2）多列交连场

安装的交连场不止一列时，应把第 1 个光纤互连装置放在规定空间的最下方，而且先给每列 12 行配上一个 1A6 光纤过线槽。把它放在最下方光纤互连装置的底部且至少应比楼板高出 30.5cm。

（三）光纤互连模块装配

以 400A1 型光纤互连模块为例，介绍光纤互连模块的装配。400A1 型光纤互连模块可端接 48 根光纤或容纳 24 个接续，加上 24 个端接。可安装 8 个 1000ST 耦合器嵌板，用来将 ST 光纤连接器对接起来。400A1 光纤互连模块还能容纳多达 4 个 FDDI 连接器面板。安装 400Al 如图 5-57 所示。

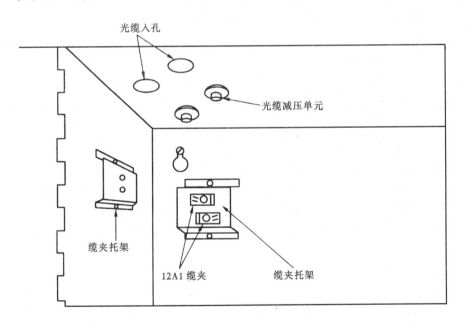

图 5-57 安装 400Al 光纤互连装置

400A1 光纤互连模块中的跳线路由与 100A2 光纤互连模块和 200A 光纤互连模块中的不同，在其右边顶部、底部提供装有黑色橡皮的孔眼。这些孔眼供交叉连接跳线从上面的 400A1 光纤互连模块进入下面的 400A1 光纤互连模块。跳线不外露，因此不受污染。图 5-58 为 400A1 光纤互连模块元件安示示意图。

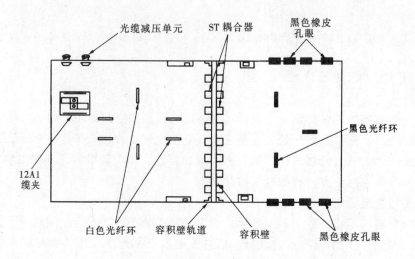

图 5-58 400A1 LIU 元件安装

模块元件安装好，光缆从外面进入后由图 5-58 中的 12A1 缆夹固定，光缆末端到缆夹至少要留出 1.5m，以便对光缆中的光纤末端进行加工。

（四）光纤连接

光纤与光纤的连接常用的方法有两种，一种是拼接技术，另一种是端接技术。前者常用于长距离光纤连接，后者常用于短距离光纤连接。下面将分别进行讨论。

1. 光纤拼接技术

它是将两段断开的光纤永久性地连接起来。这种拼接技术又有两种：一种是熔接技术，另一种是机械拼接技术。

（1）光纤熔接技术

光纤熔接技术是用光纤熔接机进行高压放电使待接续光纤端头熔融，合成一段完整的光纤。这种方法接续损耗小（一般小于 0.1dB），而且可靠性高，是目前使用的最为普遍的一种方法。利用光纤熔接机熔接光纤的具体操作过程如下：

光纤连接之前首先要将光纤外面的所有覆层和缓冲层去掉并擦干净。除去涂覆层时不能伤害光纤的表面，不能使光纤的强度下降。去掉二次涂覆层可使用专用的剥线钳，去掉一次涂覆层可以采用浸透酒精（无水乙醇）的纱布擦洗，或加热后用酒精棉擦，或用有机溶剂泡洗等。对于熟练操作者来说，经常是用单面刀片在手指头上削去整个包层，然后用酒精棉擦净即可。由于该过程去掉了光纤外面的所有保护层，因此，机械强度会明显下降，所以，接续后一定要加以保护。

（2）光纤机械拼接技术

机械拼接技术也是一种较为常用的拼接方法，它通过一根套管将两根光纤的纤芯校准，以确保连接部位的准确吻合。机械拼接主要分单股光纤的微截面处理技术和抛光加箍技术。使用光纤接续（Light Splice，缩写 CSL）装置，可对单模或多模光纤进行永久性的机械式接续。它可在各种建筑环境下满足用户布线的要求。

2. 光缆端接技术

光纤端接与拼接不同，它用于需要进行多次拔插的光纤连接部位的接续，属非永久性的光纤互连。常用于配线架的跨接线以及各种插头与应用设备、插座的连接等场合。光纤端接在管理、维护、更改链路等方面非常有用。光纤的端接一般分为成品端接、半成品端接、现场端接三种形式。

成品端接就是光纤两端的连接器是由生产厂商事先接好的，因此它的连接质量一般都比较好。成品端接的优点是方便，缺点是不灵活。

半成品端接也可称为抽头拼接，它使用的是一段半成品的跨接线，一端已由厂商预先装好合适的连接器，另一端则是未加工的光纤。使用时可以根据实际需要，采用拼接技术或端接技术把光纤未加工的一端连到其他光纤装置上。半成品端接的灵活性较强，但方便性稍差。

现场端接就是根据实际需要，现场完成光纤连接器的安装工作。现场端接的灵活性很强，但技术要求也很高。

第四节 电缆传输通道的测试

一、电缆传输通道测试概述

电缆是传递信息的介质，线缆及相关连接硬件安装的质量对通信的应用起着决定性的作用。目前使用最广泛的电缆是同轴电缆和非屏蔽双绞线（通常叫做 UTP）。根据所传送信号的速度，UTP 又分为 3、4、5 类。由于大多用户考虑到将来升级到高速网络的需要，一般都安装 UTP5 类线。在实际应用中，人们对综合布线的设计与施工比较关心，往往对综合布线的测试不够重视，直至由于线缆的故障导致通信或计算机网络瘫痪后，才意识到综合布线测试的重要性。因此电缆的测试是综合布线工程中非常重要的一个环节，其测试主要有两个目的，一是检测所安装的电缆是否合格和能否支持将来的高速网络，二是减少仅仅因线路连接错误要返工而所造成的浪费。

在综合布线中，最常见的连接故障有：

（1）开路、短路：在施工时由于工具或接线以及墙内穿线技术问题等原因造成这类故障。

（2）反接：同一对线在两端针位接反，一端为 1&2，另一端为 2&1。

（3）错对：将一对线接到另一端的另一对线上。比如一端是 1&2，另一端接在 4&5 针上。

（4）串绕：所谓串绕就是将原来的两对线分别拆开而又重新组成新的线对。如图 5-59 所示。

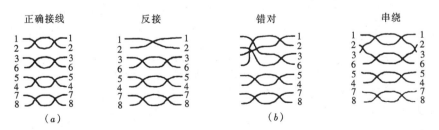

图 5-59 线对正确与不正确的连线

（a）线对连接正确；（b）线对连接不正确

对于线缆连接故障，如若能在施工中及时发现并消除，则对保证施工质量、降低施工成本等方面将起到积极作用，线缆测试仪则在这方面起到了十分显著的作用。由于测试的对象不同，对测试仪器的功能要求也不同。比如，在现场安装的综合布线人员希望使用的是操作简单，能快速测试与定位连接故障的测试仪器，而施工监理或工程测试人员则要使用具有权威性的高精度的综合布线认证工具。再如，有些测试需要将测试结果存入计算机，在必要时可绘出链路的特性分析图，而有些则只要求存入测试仪的存储单元中。

综合布线的测试，从工程的角度来说可以分为两类，即电缆传输链路验证测试和电缆传输通道认证测试。电缆传输链路验证测试一般是指，在施工的过程中由施工人员边施工边测试，主要测试电缆的基本安装情况，以保证所完成的每一个连接的正确性。通常这种测试只注重综合布线的连接性能，而对综合布线电气特性并不关心；电缆传输通道认证测试是指电缆除了正确的连接以外，还要检测安装好的电缆的电气参数，是否达到有关标准的要求，对综合布线依照某一个标准进行逐项的比较，以确定综合布线是否全部达到设计要求，并出具可供认证的测试报告。

二、电缆传输链路的验证测试

（一）随装随测电缆

在新建的建筑物中，敷设线缆是伴随建筑施工进行的。当水平线缆布完，尤其是装潢之后，想改变已布放的线缆是非常困难的。因此，安装人员可以边施工边测试，这样既可以保证质量又可以提高施工的速度。

在工作区，线缆与相关连接硬件连接或信息插座接线的安装人员做完一个接头时，可立即检验电缆的端接情况（这时插座还没有被嵌入墙上接线盒）。只要连上测试仪，在极短的时间里就可以证实刚刚做的连接是否正确。如果发现有问题，安装人员可以在面板未被固定在接线盒之前，及时找出连接故障并马上改正。故障排除后，可以用测试仪再次验证连接的正确性。当所有的连接和终接工作完成时，连通测试也就基本完成了。这种施工与测试结合的方法十分方便，同时也为认证节省了大量的时间。

（二）验证测试仪及其操作说明

对速度与质量要求比较高的工程来说，在施工中常使用单端电缆测试仪来进行"随装随测"电缆。F620 是一种常用的单端电缆测试仪，它可以完成全部的综合布线验证测试。

1．F620 单端测试仪特点

（1）单端测试连接的每对电缆，无需远端单元。

（2）测试各种电缆及其连接方式：UTP，STP，FTP，COAX。

（3）按照国际布线标准 ISO/IEC11801：1995（E）测试端到端的连通，找出开路、短路、错对、反接、串绕等综合布线故障，可对故障定位，报告开路和短路的精确距离及单端测量电缆长度。

（4）操作简单：旋钮式功能开关选择测试，两行背景液晶显示。

（5）智能电源管理，普通电池可连续工作 50h 以上。

（6）可以测试的电缆：

长度范围：　　　　　0.5～300m；

分辨率：　　　　　　0.5m；

精度：　　　　　　　5%±1m；

显示单位：　　　　　m 或 ft；

电源：　　　　　　　两节 AA 型 1.5V 碱性电池。

（7）输入保护：可承受电话振铃电压，过压有声音警告提示。

2．F620 的操作与使用

（1）通过按钮 SETUP，▲，▼选定被测试电缆的类型、接线标准等。

（2）将测试仪的旋钮转至 TEST 位置。

（3）插入待测电缆，测试仪将自动完成测试。

（4）按钮的选择测试

设置（SETUP）菜单可选择电缆类型、接线标准等，然后选择旋钮的三个位置就可完成所测试内容。

测试（TEST）：测试电缆的通断、连接状态及长度，并给出通过或不通过显示；

长度（Length）测试：提供每对双绞线的长度；

接线图（WireMap）测试：详细显示双绞电缆的接线关系。

测试时，如果发现了连接错误，液晶屏将显示错误类型与故障位置。如果接线正确，测试仪将显示通过（PASS）并报告电缆的长度。

三、电缆传输通道的认证测试

综合布线的通道性能不仅取决于布线的施工工艺，还取决于采用的线缆及相关连接硬件的质量，所以对电缆传输通道必须作认证测试。认证测试并不能提高综合布线的通道性能，只是确认所安装的线缆及相关连接硬件及其安装工艺是否达到设计要求和有关标准要求。只有使用能满足特定要求的测试仪器并按照相应的测试方法进行测试，所得到的结果才是有效的。

（一）认证测试内容

（1）测试链路：即测试综合布线中的固定连接部分（不包括用户端使用的电缆）。

通道测试：即测试完整的端到端的链路整体性能。

（2）定义要测试的传输参数。

（3）为 3、4、5 类链路的每一种链路结构定义参数，通过（不通过）的测试极限。

（4）测试报告最少需包含的项目。

（5）定义现场测试仪的性能要求以及如何验证这些要求。

（6）现场测试仪的测试结果与实验室的比较方法。

（二）认证测试标准

要测试已经完成的综合布线工程，必须有一个公认的标准。目前我国关于综合布线工程尚无可行的标准及规范。我们可以参照美国国家标准协会 EIA/TIA-568A，EIA/TIATSB-67，国际布线标准 ISO/IEC11801：1995（E）等国际上现行的一些标准来测试综合布线工程。

（三）认证测试的主要参数

美国国家标准协会 EIA/TIA 的《现场测试非屏蔽双绞电缆布线系统传输性能技术规范》（TSB—67）是作为非屏蔽双绞电缆（UTP）布线性能现场测试规范，在 1995 年 10 月被正式通过的。它是由一些美国国家标准协会 EIA/TIA 的专家经过数年的编写与修改而制定的，TSB—67 比较全面地定义了电缆布线的现场测试内容、方法以及对测试仪器的要求。

TSB—67 包含了验证 TIA/568 标准定义的 UTP 布线中的电缆与连接硬件的规范。对UTP 链路测试的主要参数有：

1．接线图

接线图测试的目的是检查电缆中的每对线的连接是否正确。

2. 链路长度

链路长度测试是指链路的物理长度。链路的长度可以用电子长度测量来估算，电子长度测量是基于链路的传输延迟和电缆的 NVP 值而实现的（NVP 表示电信号在电缆中传输速度与光在真空中传输速度之比）。当测量了一个信号在链路往返一次的时间后，就得知电缆的 NVP 值，从而计算出链路的电子长度。NVP 的计算公式如下：

$$NVP = 2 \times L / \ (T \times c)$$

式中　　L——电缆长度；

　　　　T——信号传送与接收之间的时间差；

　　　　c——真空状态下的光速，$c = 3 \times 10^8 \text{m/s}$。

一般 UTP 的 NVP 值为 72%，但不同厂家的产品会稍有差别。

3. 衰减

衰减是信号沿链路损失的度量，是指信号在一定长度的线缆中的损耗。衰减与线缆的长度有关，长度越长，信号损失也越多，同时，衰减随频率而变化，所以应测量应用范围内全部频率上的衰减。

4. 近端串扰

串扰分近端串扰（NEXT）和远端串扰（FEXT）。近端串扰是指线对在发送信号的过程中，一对线对信号对相邻的另一线对的影响。近端串扰是评价链路传输能力的重要指标。远端串扰的量值影响较小，一般测试主要测量的是近端串扰。

近端串扰并不表示在近端点所产生的串扰值，它只是表示在所在端点所测量的串扰数值。该量值会随电缆长度的增长而衰减变小。同时发送端的信号也衰减，对其他线对的串扰也相对变小。实验证明，只有在 40m 内测得的 NEXT 是较真实的，如果另一端是远于40m 的信息插座，它会产生一定程度的串扰，但测试仪可能没法测试到该串扰值。基于这个理由，对 NEXT 最好在两个端点都要进行测量。现在的测试仪也有能在一端同时进行两端的 NEXT 的测试。

5. 直流环路电阻

直流环路电阻在信号的传递中会消耗一部分能量并使之转变成热量。因此 ISO 11801规定，100Ω 非屏蔽双绞线直流环路电阻不得大于 19.2Ω/100m；150Ω 屏蔽双绞线直流环路电阻不得大于 12Ω/100m。每对间的差异不能太大（小于 0.1Ω）。

6. 特性阻抗

与直流环路电阻不同，特性阻抗包括电阻及频率 1～100MHz 间的电感抗及电容抗，它与一对电线之间的距离及绝缘体的电气特性有关。各种电缆有不同的特性阻抗，对双绞电缆而言，则有 100Ω、120Ω 及 150Ω 几种。

（四）认证测试仪的种类与技术指标

认证测试仪有由模拟测量技术构成的测量仪和由数字测试技术构成的测量仪两种类型。模拟测量技术是通过多次发送不同频率的正弦信号对电缆通道进行测试，其测量的精确度已不能满足要求。而目前应用较多的是数字式测试仪。

1. DSP-100 数字式网络布线测试仪

DSP-100 采用了专门的数字技术测试电缆，不仅完全满足 TSB-67 所要求的二级精度标准（已经过 UL 独立验证），而且还具有更加强大的测试和诊断功能。测试电缆时，DSP-100 发送一个和网络实际传输的信号一致的脉冲信号，然后再对所采集的时域响应信号进行数字信号处理（DSP），从而得到频域响应。这样，一次测试就可替代上千次的模拟信号。

（1）DSP-100 数字式网络布线测试仪特点

1）测量速度快。17s 内即可完成一条电缆的测试，包括双向的 NEXT 测试（采用智能远端单元）。

2）测量精度高。数字信号的一致性、可重复性、抗干扰性都优于模拟信号。DSP-100 是第一个达到二级精度的电缆测度仪。

3）故障定位准。由于 DSP-100 可以获得时域和频域两个测试结果，从而能对故障进行准确定位。如一段 UTP5 类线连接中误用了 3 类插头和连线，插头接触不良和通信电缆特性异常等。

（2）DSP-100 测试仪的组成

测试仪外形见图 5-60。它主要由主机和远端单元组成。

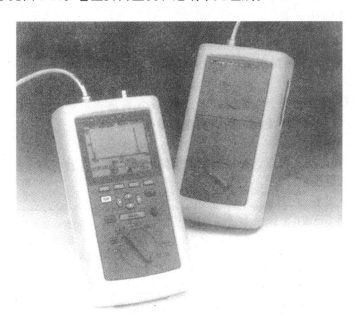

图 5-60　DSP-100 测试仪

主机的四个功能键取决于当前屏幕显示：

TEXT 键自动测试；

EXIT 键从当前屏幕显示或功能退出；

SAVE 键保存测试结果；

ENTER 键确认操作。

DSP-100 测试仪的远端很简洁，RJ-45 插座处有通过 PASS，未通过 FAII 的指示灯显示。

（3）使用方法：根据要求设置测试参数：

1）将测试仪旋钮转至 SETUP。

2）根据屏幕显示选择测试参数，选择后的参数将自动保存到测试仪中，直至下次修改。

3）将测试仪和远端单元分别接入待测链路的两端。

4）将旋转钮转至 AUTOTEST，按下 TEST 键，测试仪自动完成全部测试。

5）按下 SAVE，输入被测链路编号、存储结果，全部测试结束后，可将测试仪直接接入打印机。

如果在测试中发现某项指标未通过，将旋钮转至 SINGLE TEST，根据中文速查表进行相应的故障诊断测试。查找故障后，排除故障，重新进行测试直至指标全部通过为止。

2.Fluke 620 局域网电缆测试仪

Fluke 620 是惟一既不需要远端连接器也不需要另外安装人员在电缆的另一端帮助的电缆测试仪。Fluke 620 使安装者在安装测试时运用自如。只要配上一个连接器，安装者通过 Fluke 620 立刻就能证实线缆的接法与接线。在电缆一端根本不需要任何端头、连接器或远端单元，Fluke 620 就能从另一端测试出线缆中的开路、短路和至开路、短路处距离以及串扰现象。因为不必等到连接器全部安装好才测试，从而节省大量的时间和资源。

Fluke 620 操作方法如下：

Fluke 620 上有一个旋钮，用它可以选择被测试电缆的电缆类型、连线标准（例如 10Base-T，2 对）、电缆种类和线缆测试范围。

（1）用户选择的菜单如下：

1）长度单位选择（m 或 ft）；

2）通过（pass）或未通过（fail）音响选择；

3）调整对比度；

4）对专用电缆进行校准。

（2）旋钮选择开关的三种工作状态：

1）测试（Test）提供被测电缆通过（未通过）报告。如果未通过，620 提供附加的诊断信息。

2）长度测试（Length）表示电缆长度的准确测试。

3）连接图（Wire Map）显示了双绞线详细的连接状况。

四、光纤传输通道测试

光纤是传输光波的通道。光纤传输具有传输频带宽、损耗小、抗干扰性强等特点，在今后的综合布线工程中，光纤的应用将会越来越广泛，因此光纤测量技术的研究与应用，已越来越有着重要的现实意义。

（一）光纤测试主要参数

1.光纤的连续性

光通过光纤传输时，如果在光纤中有断裂或其他的不连续点，在光纤输出端的光功率就会减少或者根本没有输出。测量光纤的连续性，反映了光纤是否断裂及它的传导性能，因此对光纤连续性进行测试是基本的测量之一。

2.光纤的衰减

光纤的衰减是指光信号在光纤里的损失。光纤的衰减主要是由光纤本身的固有吸收和散射造成的。通常用光纤的衰减系数 α 来表示，单位是 dB/km。

$$\alpha = \left\{ 10\lg \frac{p_i}{p_0} \right\} \Big/ L$$

式中 p_i 是注入光纤的光功率；p_0 是经过光纤传输后在光纤末端输出的光功率；L 是光纤的长度。

3．光纤的带宽

带宽反映了光纤的频率特性。带宽越宽，信息传输速率就越高。带宽也是光纤传输系统重要的参数之一。

（二）光纤传输通道测试

光纤传输通道测试的目的是要确定光纤链路上的传输损耗及光纤本身的连通性，从而有助于找出光纤链路存在的问题，及时排除光纤传输通道的故障，为保证光信号的顺利传输具有十分重要的意义。通常我们在综合布线工程中对光缆布线系统的测试方法有：连续性测试、端—端损耗测试、收发功率测试和反射损耗测试四种。

1．连续性测试

光缆的连续性测试目的，主要是为了检查光缆是否存在断裂或其他的不连通点。

连续性测试十分简单，只需在光纤一端导入光线，如红色激光、发光二极管、手电光等可见光，在光纤的另外一端监视光的输出即可。如果在光纤输出端，光功率减少或没有输出，则说明光纤中有断裂点或不连通点。

2．端—端损耗测试

光波在光纤中传播时自身会产生一定的损耗，这个损耗主要由光纤本身的长度和传导性能决定。除此之外传输损耗还与节点至配线架之间的连接（如各种连接器）、光纤与光纤互连（如光纤熔接或机械连接部分）、为将来预留的损耗富裕量，包括检修连接、热偏差、安全性方面的考虑以及发送装置的老化所带来的影响等因素有关。

对于各个主要连接部件所产生的光波损耗值可用表5-7表示。

FDDI 连接部件损耗值 μ　　　　　　　　　　　　　　表 5-7

连接部件	说　明	损　耗	单　位	连接部件	说　明	损　耗	单　位
多模光纤	导入波长：$850\mu m$	$3.5 \sim 4.0$	dB/km	连接器		> 1.0	dB/个
多模光纤	导入波长：$1300\mu m$	$1.0 \sim 1.5$	dB/km	光旁路开关	在未加电的情况下	2.5	dB/个
单模光纤	导入波长：$1300\mu m$	$1.0 \sim 2.0$	dB/km	拼接点	熔接或机械连接	0.3（近似值）	dB/个

端—端的损耗测试采取插入式测试方法，使用一台功率测量仪和一个光源，先在被测光纤的某个位置作为参考点，测试出参考功率值，然后再进行端—端测试并记录下信号增益值，两者之差即为实际端到端的损耗值。用该值与 FDDI 标准值相比就可确定这段光缆的连接是否有效。图 5-61 所示即为端—端损耗测试示意图。

操作时，先测量从已知光源到直接相连的功率表之间的损耗值 P_1，后

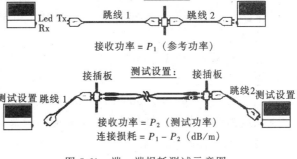

图 5-61　端—端损耗测试示意图

测量从发送器到接收器的损耗值 P_2。然后计算出端到端功率损耗 A。

$$A = P_1 - P_2$$

3. 收发功率测试

收发功率测试是测定布线系统光纤链路的有效方法，使用的设备主要是光纤功率测试仪和一段跳接线。在实际应用情况中，链路的两端可能相距很远，但只要测得发送端和接收端的光功率，即可判定光纤链路的状况。

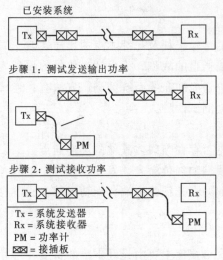

图 5-62　收发功率测试示意图

测试时，在发送端将测试光纤取下，用跳接线取而代之，跳接线一端为原来的发送器，另一端为光功率测试仪，使光发送器工作，即可在光功率测试仪上测得发送端的光功率值。在接收端，用跳接线取代原来的跳线，接上光功率测试仪，在发送端的光发送器工作的情况下，即可测得接收端的光功率值。

发送端与接收端的光功率值之差，就是该光纤链路所产生的损耗。图 5-62 所示即为收发功率测试的操作过程。

4. 反射损耗测试

反射损耗测试是光纤线路检修非常有效的手段。它使用光纤时间区域反射仪（OTDR）来完成测试工作，基本原理就是利用导入光与反射光的时间差来测定距离，如此可以准确判定故障的位置。OTDR将探测脉冲注入光纤，在反射光的基础上估计光纤长度。OTDR测试适用于故障定位，特别是用于确定光缆断开或损坏的位置。

五、光纤测试仪的组成和使用

（一）光纤测试仪的组成

目前测试综合布线系统中光纤传输系统的性能，常用美国朗讯科技公司生产的 938 系列光纤测试仪（光功率计）。下面仅以图 5-63 所示的 938A 光纤测试仪为例，简单介绍光纤测试仪的使用方法。

1. 主机

它包含一个检波器、光源模块（OSM）接口、发送和接收电路及供电电源。主机可独立地作为光功率计使用，不要求光源模块。

2. 光源模块

它包含有发光二极管（LED），在 660nm、7800nm、820nm、850nm、870nm、1300nm、1550nm 波长上作为测量光衰减或损耗的光源，每个模块在其相应的波长上发出能量。

3. 光连接器的适配器

它允许连接一个 Biconic、ST、SC 或其他光缆连接器至 938A 主机，对每一个端口（输

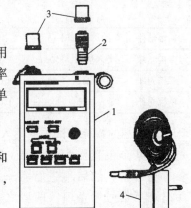

图 5-63　938A 光损耗测试仪
1—主机；2—光源模块；3—光纤连接适配器；4—电源适配器

入和输出）要求一个适配器，安装连接器的适配器时不需要工具。

4. AC电源适配器

当由 AC 电源给主机供电时，AC 适配器不对主机中的可充电电池进行充电。如果使用的是可充电电池，而必须由外部 AC 电源对充电电池进行充电。

（二）光纤测试仪操作使用说明

1. 初始的校准

为了获得准确的测试结果，保持光界面的清洁，可用一个沾有酒精（乙醇）的棉花球来轻拭界面。将电源开关 POWER 置于 ON 的位置，并等待两个液晶显示画面出现，再重复的按"SELECT"按钮，使指示器移到所选的波长上，拧紧防尘盖，按下"ZEROSET"按钮，调零的顺序由 9 开始至 0 结尾。

2. 安装光源模块

将要安装的光源模块上的键与主要 938A 中对应的槽对准，然后将模块压进 938A 主机直到完全吻合，如图 5-64 所示。

3. 损耗（衰减）测试

利用主机（光功率计），可独立的测试光纤及其元部件（衰减器、分离器、跳线等）或光纤链路的衰减（损耗）。测试一条光纤链路的步骤如下：

（1）完成测试仪的调零。

（2）用测试跳线将 938A 的输入端口与光能源连接起来。

（3）如果用的是一个变化的输出源，则将输出能级调到最大值。如果用两个变化的输出源，调整两个源的输出能级，直到它们是等同的为止。

（4）通过按下 REL（dB）按钮，选择 REL（dB）方式，显示的读数为 0.00dB。

（5）断开（注意：从光功率计输入端口上）测试跳线，并将它连接到光纤链路上，如图 5-65 所示。

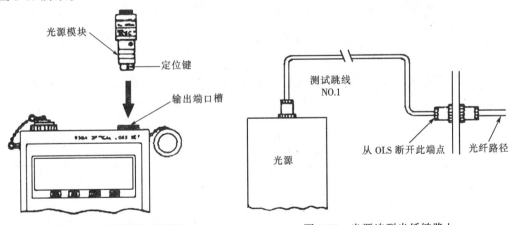

图 5-64　光源模块的安装　　　　　图 5-65　光源连到光纤链路上

（6）在光纤路径相反的一端，连接另一条同一类型的测试跳线到光功率计的输入端口，且此跳线的另一端连到被测的光纤链路，该光纤跳线的损耗将以 dB 显示。

（7）为了消除测试中产生的方向偏差，要求在两个方向上测试光纤路径，然后取损耗的平均值作为结果，如图 5-66 所示。

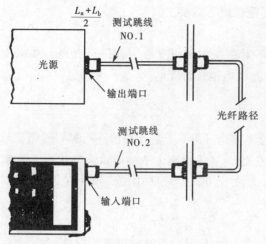

$$\frac{L_a + L_b}{2}$$

测试跳线 NO.1

光源

输出端口

测试跳线 NO.2

输入端口

光纤路径

图 5-66　测试仪连接到光纤上

六、用 938 系列光纤测试仪来进行光纤路径测试的步骤

（一）测试光纤链路所需的硬件

（1）两个 938A 光纤损耗测试仪（OLTS），用来测试光纤传输损耗；

（2）为了使在两个地点进行测试的操作员之间进行通话，需要有无线对讲机（至少要有电话）；

（3）4 条光纤跳线，用来建立 938A 测试仪与光纤路之间的连接；

（4）红外线显示器，用来确定光能量是否存在；

（5）测试人员必须戴上墨镜。

（二）光纤链路损耗测试步骤

（1）设置测试设备。按 938A 光纤损耗测试仪的指令来设置。

（2）OLTS（938A）调零。调零用来消除能级偏移量，当测试非常低的光能级时，不调零则会引起很大的误差，调零还能消除跳线的损耗。为了调零，在位置 A 用一跳线将 938A 的光源（输出端口）和检波器插座（输入端口）连接起来，在光纤路径的另一端（位置 B）完成同样的工作，测试人员必须在两个位置（A 和 B）上对两台 938A 调零，如图 5-67 所示。

位置 A

光源

检波器

OLTS

光纤路径

测试连接点

位置 B

光源

检波器

OLTS

图 5-67　对两台 938A 进行调零

（3）连续按住 ZERO SET 按钮 1s 以上，等待 20s 的时间来完成自校准，如图 5-68 所示。

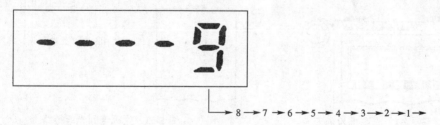

8 → 7 → 6 → 5 → 4 → 3 → 2 → 1

图 5-68　938A 调零

（4）测试光纤路径中的损耗（位置 A 到位置 B 方向上的损耗），如图 5-69 所示。

（5）测试光纤的路径中的损耗（位置 B 到位置 A 方向上的损耗），参看图 5-70。

（6）计算光纤路径上的传输损耗。

190

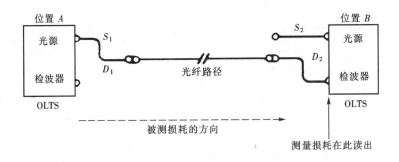

图 5-69　在位置 B 测试的损耗

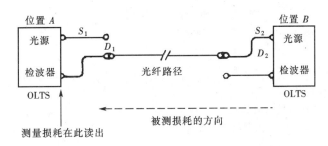

图 5-70　在位置 A 测试的损耗

计算光纤路径上的传输损耗，然后将数据认真地记录下来。

计算公式：

$$平均损耗 = ［损耗（A 到 B 方向）＋损耗（B 到 A 方向）］/2$$

（7）记录所有的数据

当一条光纤路径建立好后，测试光纤路径的初始损耗时，要认真地将安装系统时所测试的初始损耗记录在案。光纤投入运行后，若出现某条光纤路径工作不正常时要进行测试

检查，这时的测试值要与最初测试的损耗值进行比较。若高于最初测试损耗值，则表明光纤路径存在问题，可能是测试设备的问题，也可能是光纤路径的问题，总之要找出问题的原因所在，及时消除故障，保证线路的正常工作。

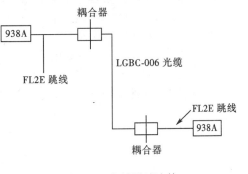

（8）重新测试

如果测出的数据高于最初记录的损耗值，那么要对所有的光纤连接器进行清洗。另外，测试人员还要检查对设备的操作是否正确，再次检查测试跳线连接条件。光纤测试连接如图 5-71 所示。

图 5-71　光纤测试连接

（9）测试数据要全部记录入记录单，如表 5-8 所示。

光纤损耗测试数据单　　　　　　　　　　　　　　　表 5-8

光纤号 NO.	波　长 （nm）	在 A 位置的损耗 读数 L_x（dB）	在 B 位置的损耗 读数 L_y（dB）	总损耗为（$L_A + L_B$）/2（dB）
1				

光纤号 NO.	波 长 （nm）	在 A 位置的损耗 读数 L_x（dB）	在 B 位置的损耗 读数 L_y（dB）	总损耗为（$L_A + L_B$）/2（dB）
2				
:				
:				
N				

复 习 思 考 题

1．综合布线施工前要做好哪些施工前期准备？

2．为什么综合布线施工需要与其他工种紧密配合？

3．金属桥架敷设时应满足哪些要求？

4．简述牵引线缆的一般步骤？

5．铜缆施工常用的连接结构有哪些？各有什么特点？

6．110A、110P 配线模块在铜缆连接中主要起什么作用？它们的区别是什么？

7．信息插座安装有哪些要求？

8．光缆与铜缆有什么区别？光缆施工要注意哪些问题？

9．光纤交叉连接与互连的主要区别是什么？

10．什么是光纤连接场？光纤连接一定需要光纤连接场吗？

11．光纤的拼接与端接有什么不同？各应用于什么样的场合？

12．为什么施工中要注意光纤连接器的极性问题？

13．综合布线工程测试的目的是什么？

14．综合布线工程测试的主要内容有哪些？

15．什么是线缆的验证测试？什么是线缆的认证测试？

16．线缆测试所依据的标准主要有哪些？

17．TSB—67 测试的主要内容是什么？

18．简述 DSP—100 测试仪的使用？

19．铜缆与光缆测试各有什么特点？

20．光缆连续性测试有什么目的？

第六章　综合布线设计应用举例

第一节　住宅小区综合布线系统

住宅小区的综合布线系统是小区内的传输网络。它既使语音和数据通信设备、交换设备以及其他信息管理系统彼此相连，又使这些设备与外部通信网络相连接。综合布线系统是开放式星型拓扑结构，能满足电话、数据、图文、图像等多媒体业务的需要，能支持当前普遍采用的各种局部网络及计算机系统。

在工程设计中，应综合考虑技术、经济的因素，根据工程项目的需要采用低配置或高配置或超前配置系统。低配置综合布线系统的电话配线仍采用传统的市话配线方式，数据传输采用五类或五类以上双绞电缆及配线设备；高配置综合布线系统的电话及数据传输采用五类或五类以上双绞线及配线设备；超前配置的综合布线系统则为光缆到住户的全光缆系统，采用光缆（多模或单模）及光配线设备。

在对计算机（数据网络）和电话缆线数量没有特殊需要的情况下，建筑终期对计算机（数据网络）电缆根数的需求按每住户 1 根 4 对双绞电缆设计，对电话电缆根数的需求按每住户 2 根 4 对双绞电缆设计。

图 6-1 中所标出建筑物配线设备（BD）、楼层配线设备（FD）、集合点配线设备（CP，CP 模块端子间的连接为无跳线的连接）的容量为计算容量，在实际工程设计中还应根据配置的冗余及综合布线系统产品提供商所提供的配线设备规格来确定所选用这些配线设备的容量。图 6-1 中的 TO 表示计算机（数据网络）插座，TP 表示电话插座。

根据实际工程要求，HUB 可为集线器或交换机。

数据网络的带宽提高是异常迅猛的，Internet 带宽每 9 个月翻一番，加拿大 Canarie 公司提出 2005 年前千兆 Internet 到家。目前数据网络在设计和实施中为用户提供的网络带宽为 10Mbps，但考虑到网络带宽今后的发展，在设计中应考虑网络传输时所使用电缆的对数为 4 对，即考虑千兆以太网到户（家）。

根据住宅楼的层数可将住宅楼分成多层住宅楼和高层住宅楼，在下面的举例中我们将多层住宅的层数定为 6 层，高层住宅的层数定为 18 层。

一、多层住宅综合布线系统

多层住宅的综合布线系统根据所支持内容不同可分为：支持数据的多层住宅综合布线系统（电话配线仍采用传统的市话配线方式）和支持数据和语音的多层住宅综合布线系统。

1. 支持数据的多层住宅综合布线系统

支持数据的多层住宅综合布线系统设计方案有四种，这四种设计方案中小区光缆从室外引入楼内方式相同，并且均为每套住宅的计算机（数据网络）配备 1 根 4 对双绞电缆或 1 根 2 芯（或 4 芯）光缆，只是由设备间至各住户计算机（数据网络）插座线路的路径不同。

（1）第一种设计方案

在一层的设备间内设置了 HUB1、HUB2 及 192 对 110 模块或 48 个 RJ45 模块的 BD/FD，在其他单元的一层设置了 48 对 110 模块的 CP（CP 模块端子间的连接为无跳线的连接）。从室外引入 1 根光缆（6 芯多模或单模光纤）与 HUB1 连接，HUB1 用两端带 RJ45 插头的电缆与 HUB2 连接，HUB1 和 HUB2 用两端带 RJ45 插头或一端带 RJ45 插头、另一端带 110 插头的电缆与 BD/FD 连接，从 BD/FD 引至其他单元 CP 各 2 根五类 25 对双绞电缆或 12 根五类 4 对双绞电缆。由 BD/FD 和各单元的 CP 引至各自单元每个住户各 1 根五类 4 对双绞电缆。HUB 总的端口数量为 48 口（本建筑物的用户数量），HUB 也可为多台 HUB 进行堆叠（如可采用 2 台 24 端口的 HUB 或 4 台 12 端口的 HUB 等）。支持数据的多层住宅综合布线系统第一种设计方案见图 6-1 中的做法，图中电缆旁边的数字为五类 4 对双绞电缆的根数。

（2）第二种设计方案

在一层的设备间内设置了 HUB1、HUB2 及 148 对 110 模块或 37 个 RJ45 模块的 BD/FD，在 FD 至 BD/FD 有可能电缆的长度大于 90m 的单元（如 1 单元）设置了 HUB3 及 52 对 110 模块或 13 个 RJ45 模块的 FD，在其他不超长单元的一层设置了 48 对 110 模块的 CP。从室外引入 1 根光缆（6 芯多模或单模光纤）与 HUB1 连接，HUB1 用两端带 RJ45 插头的电缆与 HUB2 连接，HUB1 和 HUB2 用两端带 RJ45 插头或一端带 RJ45 插头、另一端带 110 插头的电缆与 BD/FD 连接。从 BD/FD 引至 2、4 单元 CP 各 2 根五类 25 对双绞电缆或 12 根五类 4 对双绞电缆，从 BD/FD 引至 1 单元 FD 的电缆为 1 根五类 4 对双绞电缆，HUB3 用两端带 RJ45 插头或一端带 RJ45 插头、另一端带 110 插头的电缆与 FD 连接。由 BD/FD、

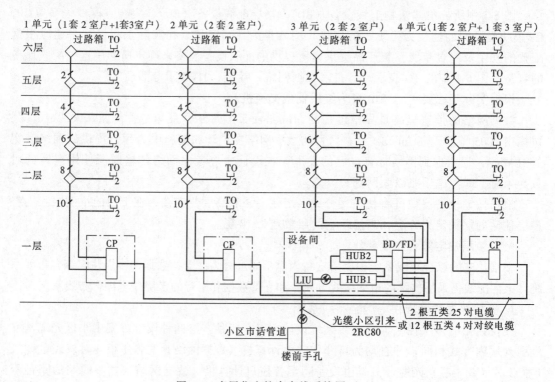

图 6-1 多层住宅综合布线系统图（一）

1单元的 FD 和 2、4 单元的 CP 引至各自单元每个住户各 1 根五类 4 对双绞电缆。HUB3 的端口数量要求为 12 口（本单元的用户数量），HUB1 和 HUB2 的端口数量应大于 37 口。在 1 单元 HUB3 处需设置 220V、10A 带保护接地的单相电源插座。支持数据的多层住宅综合

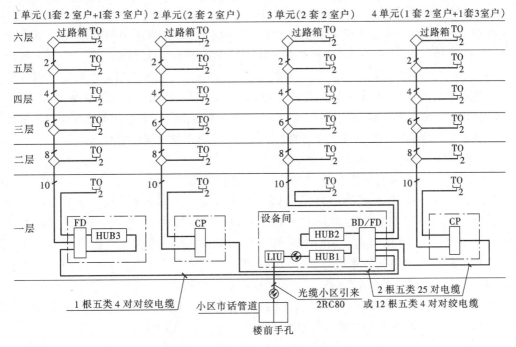

图 6-2 多层住宅综合布线系统图（二）

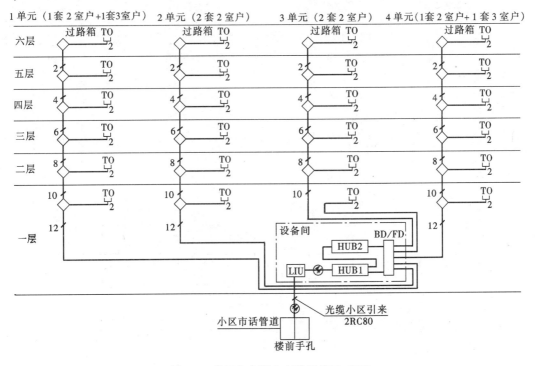

图 6-3 多层住宅综合布线系统图（三）

布线系统第二种设计方案见图6-2中的做法，图中电缆旁边的数字为五类4对双绞电缆的根数。

（3）第三种设计方案

在一层的设备间内设置了HUB1、HUB2及192对110模块或48个RJ45模块的BD/FD。从室外引入1根光缆（6芯多模或单模光纤）与HUB1连接，HUB1用两端带RJ45插头的电缆与HUB2连接，HUB1和HUB2用两端带RJ45插头或一端带RJ45插头、另一端带110插头的电缆与BD/FD连接。由BD/FD引至各单元每个住户各1根五类4对双绞电缆。HUB总的端口数量要求为48口（本建筑物的用户数量），HUB可为多台HUB进行堆叠（如可采用2台24端口的HUB或4台12端口的HUB等）。支持数据的多层住宅综合布线系统第三种设计方案见图6-3中的做法，图中电缆旁边的数字为五类4对双绞电缆的根数。

（4）第四种设计方案

本设计方案为光缆到住户的全光缆系统，是超前的综合布线系统。在一层的设备间内设置了HUB1、HUB2及96芯或192芯（即考虑冗余度，为每个住户提供2芯备用）的光纤配线架。从室外引入1根光缆（6芯多模或单模光纤）与HUB1连接，HUB1用两端带连接器的光纤跳线与HUB2连接，HUB1和HUB2用两端带连接器的光纤跳线与光纤配线架连接。由光纤配线架引至各单元每个住户各1根2芯或4芯光缆（为每个住户提供2芯备用）。HUB总的端口数量要求为48口（本建筑物的用户数量），HUB可为多台HUB进行堆叠。支持数据的多层住宅综合布线系统第四种设计方案见图6-4中的做法，图中光缆旁边的数字为2芯或4芯光缆的根数。

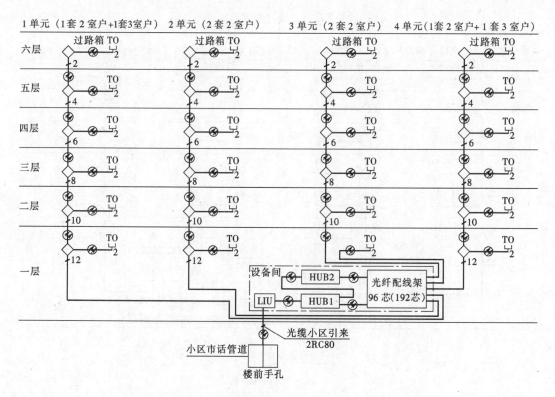

图6-4　多层住宅综合布线系统图（四）

2．支持数据和语音的多层住宅综合布线系统

支持数据和语音的多层住宅综合布线系统设计方案有三种，这三种设计方案中小区光缆从室外引入楼内方式相同，并且均为每套住宅的电话配备2根4对双绞电缆、每套住宅的计算机（数据网络）配备1根4对双绞电缆，只是由设备间至各住户电话、计算机（数据网络）插座线路的路径不同。

（1）第一种设计方案

在一层的设备间内设置了HUB1、HUB2及480对110模块（用于语音）、48个RJ45模块（用于数据）的BD/FD，在其他单元的一层设置了144对110模块的CP。从室外引入1根光缆（6芯多模或单模光纤）与HUB1连接，HUB1用两端带RJ45插头的电缆与HUB2连接，HUB1和HUB2用两端带RJ45插头的电缆与BD/FD连接；从室外引入的HYV-150×2×0.5电话电缆与BD/FD连接。从BD/FD引至其他单元CP各2根五类25对双绞电缆（用于数据）、4根三类25对双绞电缆（用于语音）。由BD/FD和各单元的CP引至各自单元每个住户各3根4对双绞电缆。HUB总的端口数量为48口（本建筑物的用户数量），HUB也可为多台HUB进行堆叠（如可采用2台24端口的HUB或4台12端口的HUB等）。支持数据和语音的多层住宅综合布线系统第一种设计方案见图6-5中的做法，图中电缆旁边的数字为4对双绞电缆的根数。

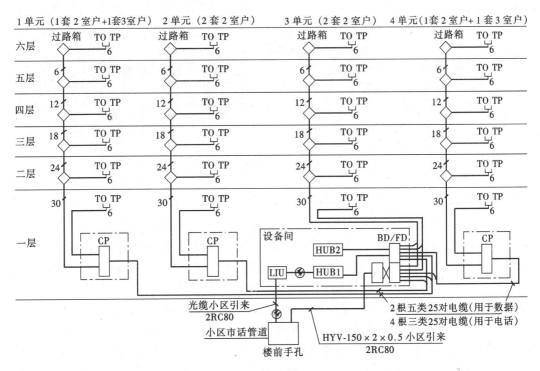

图6-5　多层住宅综合布线系统图（五）

（2）第二种设计方案

在一层的设备间内设置了HUB1、HUB2及264对110模块（用于语音）、48个RJ45模块（用于数据）的BD/FD，在其他单元的一层设置了120对110模块（用于语音）、12个RJ45模块（用于数据）的FD。从室外引入1根光缆（6芯多模或单模光纤）与HUB1连

接，HUB1 用两端带 RJ45 插头的电缆与 HUB2 连接，HUB1 和 HUB2 用两端带 RJ45 插头的电缆与 BD/FD 连接；从室外引入的 HYV-150×2×0.5 电话电缆与 BD/FD 连接。从 BD/FD 引至其他单元的 FD 各 2 根五类 25 对双绞电缆（用于数据）、1 根三类 25 对双绞电缆（用于语音）。由 BD/FD 和各单元的 FD 引至各自单元每个住户各 3 根 4 对双绞电缆。HUB 总的端口数量为 48 口（本建筑物的用户数量），HUB 也可为多台 HUB 进行堆叠（如可采用 2 台 24 端口的 HUB 或 4 台 12 端口的 HUB 等）。支持数据和语音的多层住宅综合布线系统第二种设计方案见图 6-6 中的做法，图中电缆旁边的数字为 4 对双绞电缆的根数。

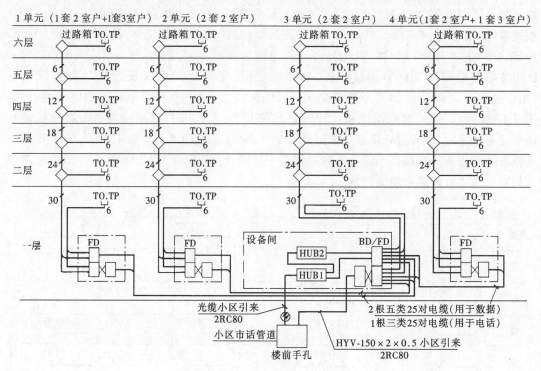

图 6-6　多层住宅综合布线系统图（六）

（3）第三种设计方案

在一层的设备间内设置了 HUB1、HUB2 及 480 对 110 模块（用于语音）、48 个 RJ45 模块（用于数据）的 BD/FD。从室外引入 1 根光缆（6 芯多模或单模光纤）与 HUB1 连接，HUB1 用两端带 RJ45 插头的电缆与 HUB2 连接，HUB1 和 HUB2 用两端带 RJ45 插头的电缆与 BD/FD 连接；从室外引入的 HYV-150×2×0.5 电话电缆与 BD/FD 连接。由 BD/FD 引至各单元每个住户各 3 根 4 对双绞电缆。HUB 总的端口数量为 48 口（本建筑物的用户数量），HUB 也可为多台 HUB 进行堆叠（如可采用 2 台 24 端口的 HUB 或 4 台 12 端口的 HUB 等）。支持数据和语音的多层住宅综合布线系统第三种设计方案见图 6-7 中的做法，图中电缆旁边的数字为 4 对双绞电缆的根数。

二、高层住宅综合布线系统

高层住宅综合布线系统根据所支持内容不同可分为：支持数据的高层住宅综合布线系统（电话配线仍采用传统的市话配线方式，见电话配线系统部分）和支持数据和语音的高层住宅综合布线系统。

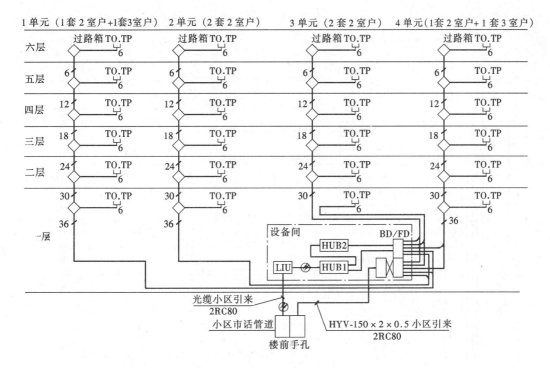

图 6-7 多层住宅综合布线系统图（七）

1. 支持数据的高层住宅综合布线系统

支持数据的高层住宅综合布线系统设计方案有四种，这四种设计方案中小区光缆从室外引入楼内方式相同，并且均为每套住宅的计算机（数据网络）配备 1 根 4 对双绞电缆或 1 根 2 芯（或 4 芯）光缆，只是由设备间至各住户计算机（数据网络）插座线路的路径不同。

（1）第一种设计方案

在一层的设备间内设置了 HUB 群 1、HUB 群 2 及 576 对 110 模块或 144 个 RJ45 模块的 BD/FD。HUB 群 1 由 HUB1、HUB2 和 HUB3 组成，HUB 群 2 由 HUB4、HUB5 和 HUB6 组成。从室外引入 1 根光缆（8～12 芯多模或单模光纤）与 HUB1 和 HUB4 连接，HUB1 用两端带 RJ45 插头的电缆与 HUB2、HUB3 连接，HUB4 用两端带 RJ45 插头的电缆与 HUB5、HUB6 连接。HUB1～HUB6 用两端带 RJ45 插头或一端带 RJ45 插头、另一端带 110 插头的电缆与 BD/FD 连接。由 BD/FD 引至每个住户各 1 根 4 对双绞电缆。HUB 总的端口数量要求大于等于 144 口（本建筑物的用户数量），HUB 群 1、HUB 群 2 可为多台 HUB 进行堆叠（如可各采用 3 台 24 端口的 HUB 或各采用 2 台 24 端口的 HUB 和 2 台 12 端口的 HUB）。支持数据的高层住宅综合布线系统第一种设计方案见图 6-8 中的做法，图中电缆旁边的数字为 4 对双绞电缆的根数，$n = 2 \sim 6$（准确数字由工程设计根据所需进线光缆数量及备用管数量确定）。

（2）第二种设计方案

在一层的设备间内设置了 HUB1 及 72 对 110 模块或 18 个 RJ45 模块的 BD，在一层至十八层的各层弱电竖井内设置了 HUB2 及 36 对 110 模块或 9 个 RJ45 模块的 FD。从室外引

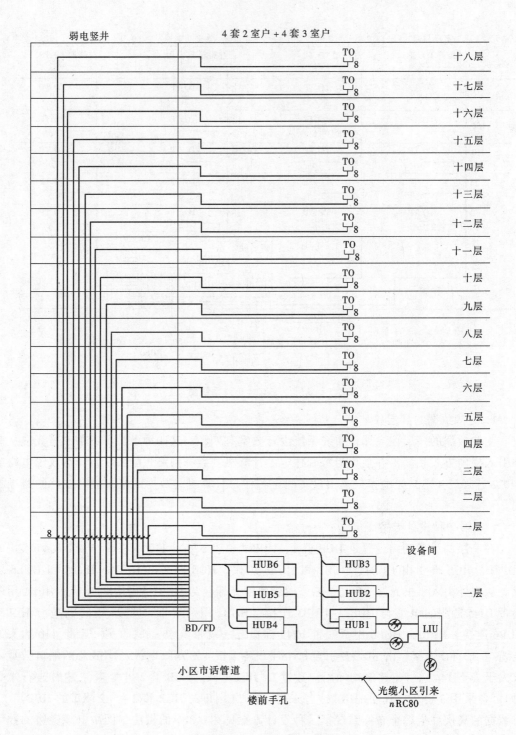

弱电竖井 | 4套2室户 + 4套3室户

十八层
十七层
十六层
十五层
十四层
十三层
十二层
十一层
十层
九层
八层
七层
六层
五层
四层
三层
二层
一层

设备间

一层

BD/FD

HUB6 HUB3
HUB5 HUB2
HUB4 HUB1 LIU

小区市话管道
楼前手孔
光缆小区引来
nRC80

图 6-8 高层住宅综合布线系统图(一)

入 1 根光缆(8~12 芯多模或单模光纤)与 HUB1 连接,HUB1 用两端带 RJ45 插头或一端
带 RJ45 插头、另一端带 110 插头的电缆与 BD 连接。从 BD 引至一层至十八层 FD 各 1 根 4
对双绞电缆,各层 HUB2 用两端带 RJ45 插头或一端带 RJ45 插头、另一端带 110 插头的电
缆与 FD 连接。由 FD 引至相应层每个住户各 1 根 4 对双绞电缆。HUB2 的端口数量要求为

8 口（本层的用户数量），HUB1 的端口数量应大于等于 HUB2 的数量。在一层至十八层的各层弱电竖井内需设置 220V、10A 带保护接地的单相电源插座。支持数据的高层住宅综合布线系统第二种设计方案见图 6-9 中的做法，图中的 $n = 2 \sim 6$（准确数字由工程设计根据所需进线光缆数量及备用管数量确定）。

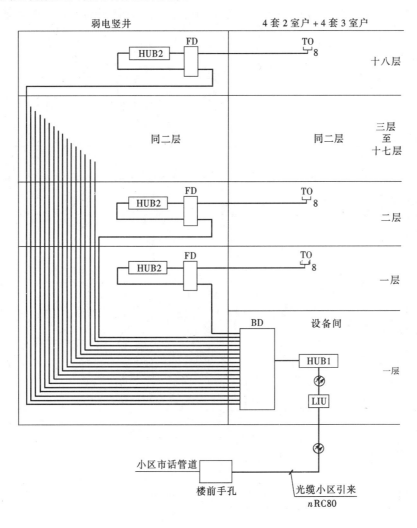

图 6-9　高层住宅综合布线系统图（二）

（3）第三种设计方案

在一层的设备间内设置了 HUB1、HUB2 及 108 对 110 模块或 27 个 RJ45 模块的 BD/FD，在六层、十一层、十六层（或每两层、每三层或每若干层，建议不超过五层）的弱电竖井内设置 HUB3 及 164 对 110 模块或 41 个 RJ45 模块的 FD。从室外引入 1 根光缆（8 ~ 12 芯多模或单模光纤）与 HUB1 连接，HUB1 用两端带 RJ45 插头的电缆与 HUB2 连接，HUB1 和 HUB2 用两端带 RJ45 插头或一端带 RJ45 插头、另一端带 110 插头的电缆与 BD/FD 连接。从 BD/FD 引至六层、十一层、十六层的 FD 各 1 根 4 对双绞电缆，各层 HUB3 用两端带 RJ45 插头或一端带 RJ45 插头、另一端带 110 插头的电缆与 FD 连接。由 BD/FD 和六层、十一层、十六层的 FD 引至每个住户各 1 根 4 对双绞电缆。六层、十一层、十六层的 HUB3 的端口数量要求大于等于 40 (五层的用户数量),设备间内的 HUB1、HUB2 总的端口数量要求大于等于 27,设备间的 HUB 和各层的 HUB 可为多台 HUB 进行堆叠。在六层、十一层、十六层的各层弱电竖井内需设置 220V、10A 带保护接地的单相电源插座。支持数据的高层住宅综合布线系统第三种设计方案见图 6-10 中的做法,图中电缆旁边的数字为 4 对双绞电缆的根数,n = 2 ~ 6 (准确数字由工程设计根据所需进线光缆数量及备用管数量确定)。

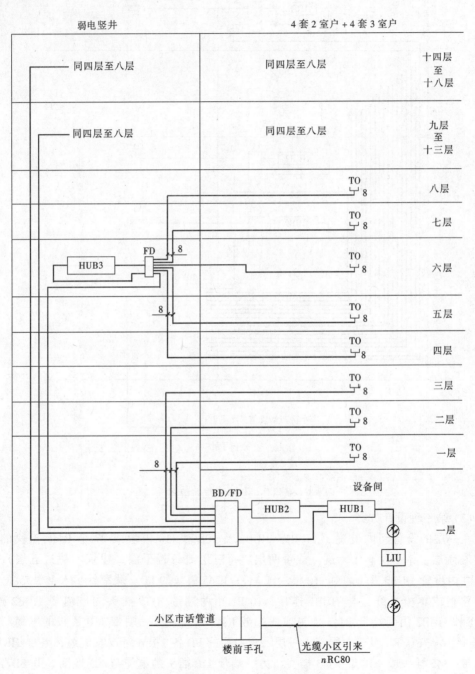

图 6-10 高层住宅综合布线系统图(三)

(4) 第四种设计方案

本设计方案为光缆到住户的全光缆系统，是超前的综合布线系统。在一层的设备间内设置了 HUB 群 1、HUB 群 2 及 288 芯或 576 芯（考虑冗余，为每个住户提供 2 芯备用）的光纤配线架。HUB 群 1 由 HUB1、HUB2 和 HUB3 组成，HUB 群 2 由 HUB4、HUB5 和 HUB6 组成。从室外引入 1 根光缆（8～12 芯多模或单模光纤）与 HUB1 和 HUB4 连接，HUB1 用两端带连接器的光纤跳线与 HUB2、HUB3 连接，HUB4 用两端带连接器的光纤跳线与

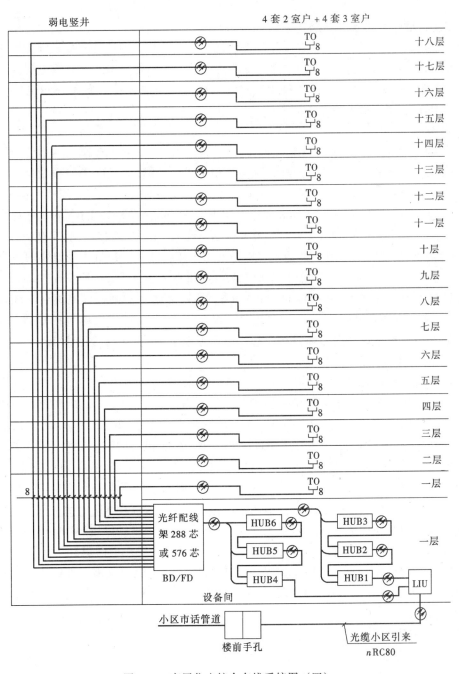

图 6-11　高层住宅综合布线系统图（四）

HUB5、HUB6 连接，HUB1～HUB6 用两端带连接器的光纤跳线与光纤配线架连接。由光纤配线架引至每个住户各 1 根 2 芯或 4 芯光缆。HUB1～HUB6 总的端口数量要求大于等于 144 口（本建筑物的用户数量），HUB 群 1、HUB 群 2 可为多台 HUB 进行堆叠（如可各采用 3 台 24 端口的 HUB 或各采用 2 台 24 端口的 HUB 和 2 台 12 端口的 HUB）。支持数据的高层住宅综合布线系统第四种设计方案见图 6-11 中的做法，图中光缆旁边的数字为 2 芯或 4 芯光缆的根数，$n = 2～6$（准确数字由工程设计根据所需进线光缆数量及备用管数量确定）。

2. 支持数据和语音的高层住宅综合布线系统

支持数据和语音的高层住宅综合布线系统设计方案有三种，这三种设计方案中小区光缆从室外引入楼内方式相同，并且均为每套住宅的电话配备 2 根 4 对双绞电缆，为每套住宅的计算机（数据网络）配备 1 根 4 对双绞电缆，只是由设备间至各住户电话、计算机（数据网络）插座线路的路径不同。

（1）第一种设计方案

在一层的设备间内设置了 HUB 群 1、HUB 群 2 及 1440 对 110 模块（用于语音）、144 个 RJ45 模块（用于数据）的 BD/FD。从室外引入 1 根光缆（8～12 芯多模或单模光纤）与 HUB1 和 HUB4 连接，HUB1 用两端带 RJ45 插头的电缆与 HUB2、HUB3 连接，HUB4 用两端带 RJ45 插头的电缆与 HUB5、HUB6 连接。HUB1～HUB6 用两端带 RJ45 插头的电缆与 BD/FD 连接；从室外引入的 HYV-400×2×0.5 电话电缆与 BD/FD 连接。由 BD/FD 引至每个住户各 3 根 4 对双绞电缆。HUB 总的端口数量要求大于等于 144 口（本建筑物的用户数量），HUB 群 1、HUB 群 2 可为多台 HUB 进行堆叠（如可各采用 3 台 24 端口的 HUB 或各采用 2 台 24 端口的 HUB 和 2 台 12 端口的 HUB）。支持数据和语音的高层住宅综合布线系统第一种设计方案见图 6-12 中的做法，图中电缆旁边的数字为 4 对双绞电缆的根数，$n = 2～6$（准确数字由工程设计根据所需进线光缆、电话电缆数量及备用管数量确定）。

（2）第二种设计方案

在一层的设备间内设置了 HUB1 及 576 对 110 模块（用于语音）、18 个 RJ45 模块（用于数据）的 BD，在一层至十八层的各层弱电竖井内设置了 HUB2 及 80 对 110 模块（用于语音）、9 个 RJ45 模块（用于数据）的 FD。从室外引入 1 根光缆（8～12 芯多模或单模光纤）与 HUB1 连接，HUB1 用两端带 RJ45 插头的电缆与 BD 连接；从室外引入的 HYV-400×2×0.5 电话电缆与 BD 连接。从 BD 引至一层至十八层各层 FD 各 1 根三类 25 对双绞电缆（用于语音）、1 根五类 4 对双绞电缆（用于数据），FD 用两端带 RJ45 插头的电缆与 HUB2 连接，HUB2 再用两端带 RJ45 插头的电缆与 FD 连接。由 FD 引至本层每个住户各 3 根 4 对双绞电缆。HUB2 的端口数量要求大于等于 8（本层的用户数量），HUB1 的端口数量应大于等于 HUB2 的数量。在一层至十八层的各层弱电竖井内需设置 220V、10A 带保护接地的单相电源插座。支持数据和语音的高层住宅综合布线系统第二种设计方案见图 6-13 中的做法，图中的 $n = 2～6$（准确数字由工程设计根据所需进线光缆、电话电缆数量及备用管数量确定）。

（3）第三种设计方案

在一层的设备间内设置了 HUB1 及 576 对 110 模块（用于语音）、6 个 RJ45 模块（用于数据）的 BD/FD，在二层、五层、八层、十一层、十四层、十七层（或每两层、每三

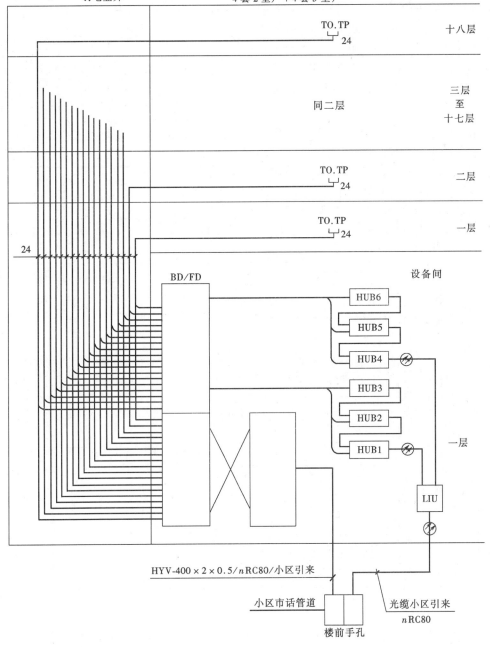

图 6-12　高层住宅综合布线系统图（五）

层或每若干层，建议不超过五层）的弱电竖井内设置了 HUB2 及 240 对 110 模块（用于语音）、25 个 RJ45 模块（用于数据）的 FD。从室外引入 1 根光缆（8～12 芯多模或单模光纤）与 HUB1 连接，HUB1 用两端带 RJ45 插头的电缆与 BD/FD 连接；从室外引入的 HYV-400×2×0.5 电话电缆与 BD/FD 连接。从 BD/FD 引至二层、五层、八层、十一层、十四层、十七层的 FD 各 2 根三类 25 对双绞电缆、1 根五类 4 对双绞电缆，FD 用两端带 RJ45

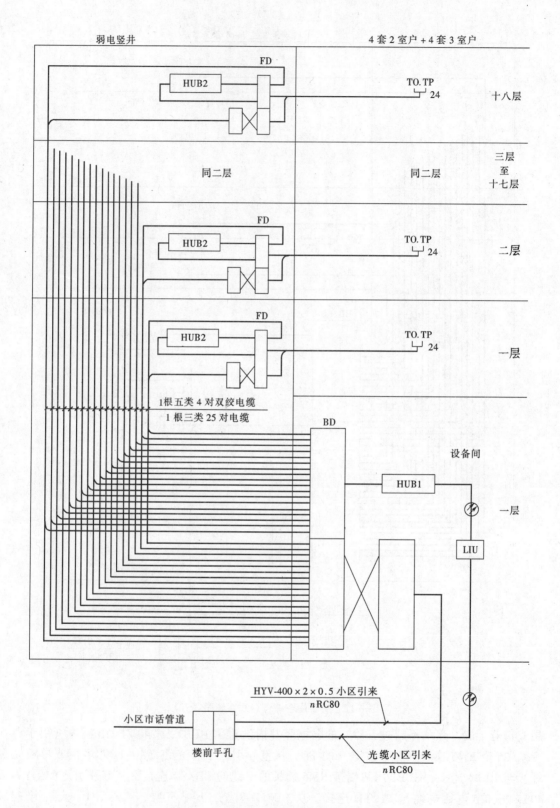

图 6-13　高层住宅综合布线系统图（六）

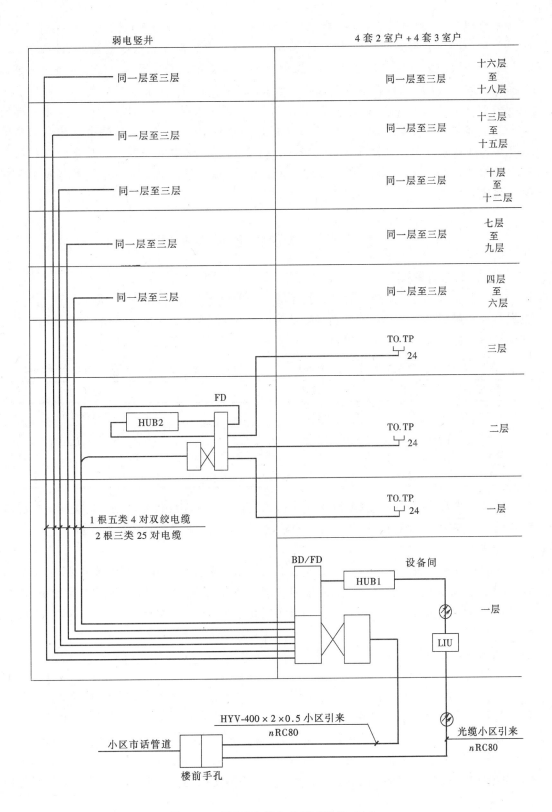

图 6-14　高层住宅综合布线系统图（七）

插头的电缆与 HUB2 连接，HUB2 再用两端带 RJ45 插头的电缆与 FD 连接。由二层、五层、八层、十一层、十四层、十七层的 FD 引至各层各住户 3 根 4 对双绞电缆。二层、五层、八层、十一层、十四层、十七层的 HUB2 的端口数量要求大于等于 24（三层的用户数量），设备间内的 HUB1 的端口数量要求大于等于 6。二层、五层、八层、十一层、十四层、十七层的 HUB 可为多台 HUB 进行堆叠。在二层、五层、八层、十一层、十四层、十七层的各层弱电竖井内需设置 220V、10A 带保护接地的单相电源插座。支持数据和语音的高层住宅综合布线系统第三种设计方案见图 6-14 中的做法，图中电缆旁边的数字为 4 对双绞电缆的根数，$n = 2 \sim 6$（准确数字由工程设计根据所需进线光缆、电话电缆数量及备用管数量确定）。

第二节　家居综合布线系统

一、家居布线等级

建立家居布线等级系统，旨在根据不同家居的特点提出不同的布线系统方案。使用户根据自身的需要，选择相应的布线基础结构。表 6-1 和表 6-2 列出了可供选择的家居布线基础结构，主要满足家居自动化要求，为智能化家居提供安全可靠的布线系统。

各等级支持的典型家庭服务　表 6-1

服务	一级	二级
电话	支持	支持
电视	支持	支持
数据	支持	支持
多媒体	不支持	支持

各等级认可的家居传输介质　表 6-2

布线	一级	二级
4 对非屏蔽双绞线	3 类，建议使用五类电缆	五类
75Ω 同轴电缆	支持	支持
光缆	不支持	可选择

家居布线系统的等级选择实际上是家居布线的功能和布线设备类别（三类 4 对非屏蔽双绞线、五类 4 对非屏蔽双绞线、75Ω 同轴电缆、光缆、信息插座等）的选择。

1. 等级一

等级一可提供满足通信服务最低要求的通用布线系统，该等级可提供电话、CATV 和数据服务。等级一主要使用双绞线并采用星型拓扑方法连接。等级一布线的最低要求为：一根 4 对非屏蔽双绞线（UTP），并必须满足或超过 ANSI/EIA/TIA-568A 规定的三类电缆传输特性要求；一根 75Ω 同轴电缆（Coaxial），且必须满足和超过 SCTE（通信线缆工程师协会）IPS-SP-001 的要求；建议安装五类非屏蔽双绞线（UTP）方便系统向等级二升级。

2. 等级二

等级二可提供满足基本、高级和多媒体通信服务的通用布线系统。该等级可提供当前和正在发展及今后的通信应用，包括电话、CATV、数据和网络服务。等级二布线的最低要求为：一根或两根 4 对非屏蔽双绞线（UTP），必须满足或超过 ANSI/EIA/TIA-568A 规定的五类电缆传输特性要求；一根或两根 75Ω 同轴电缆（Coaxial），必须满足和超过 SCTE IPS-SP-001 的要求；另外可选用光缆，但光缆必须满足或超过 ANSI/ICEA S-87-640 的传输特性要求。

3. 家居布线系统的组成

家居布线系统由四个部分组成，即分界点、辅助分离信息插座、辅助分离线缆、一个配线箱 DD、线缆和每个房间的信息插座等。家居布线系统的组成参见图 6-15 所示。图中 ADO 表示辅助分离信息插座；DD 表示配线箱。

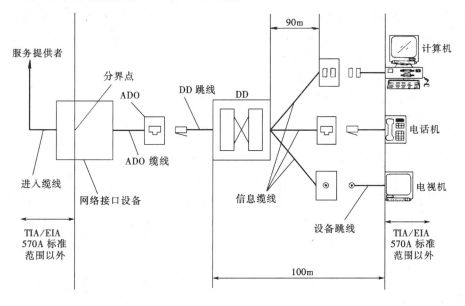

图 6-15　单一典型家居布线系统部件连接图

二、分界点

分界点是住户设备和服务提供者中间的接口分界点。对于单个户住宅来说，分界点通常位于该建筑物墙的外部，服务提供者应能够易于接近分界点的位置。对于住宅楼来说，分界点通常位于住宅楼的入口或位于设备间内。分界点的设备即网络接口设备。

三、辅助分离信息插座

辅助分离信息插座是将住户和服务提供者分开的一种方式。对于单个户住宅来说，辅助分离信息插座应安装在合适的位置，否则住户不易接近分离点。最好把辅助分离信息插座的功能设于配线箱 DD 内，即辅助分离信息插座和配线箱 DD 设置在室内容易接近的地方。

四、辅助分离缆线

辅助分离缆线把各种服务从分界点延伸至辅助分离信息插座。当单个户住宅是多住宅楼的一部分时，辅助分离缆线可把楼层服务接线盒延伸到辅助分离信息插座。

五、家居布线系统的配线箱 DD

EIA/TIA-570A 标准要求每个家庭里必须安装一个配线箱 DD，配线箱 DD 亦可称之为分布装置、家庭控制器、指令中心等。配线箱 DD 是一个交叉连接的配线设备，它主要用来连接所有的电缆、跳线、信息插座及设备连线等。配线箱 DD 内的配线设备主要为用户提供增加、改动或更改服务，并为不同的应用系统提供连接端口。

1. 配线箱 DD 的分配和管理功能

配线箱是家居布线系统的核心，由它统一分配和管理家居的各个房间的传输介质，以此为整个家居提供视听、家居自动化、Internet 访问、家庭办公等服务。针对用户的不同需要，可以选择不同形式的配线箱。

2．配线箱 DD 可以支持多种连接的功能

配线箱采用模块化设计，可方便地进行安装、移动、增加、改变与维护。配线箱 DD 内可根据用户需要安装语音（电话）及数据配线架、以太网集线器、光缆模块、电视模块、电源变换器等设备，用以支持电话、计算机、以太网集线器、ISDN、ADSL、电视等的连接，配线箱 DD 符合 UL 实验室关于弱电配线中心的规定和要求。

3．配线箱 DD 内部设备的功能

配线箱 DD 内根据用户需要安装 RJ45 系列或 110 系列配线架、以太网集线器（HUB）、光缆模块、电视模块、电源变换器等设备。

（1）RJ45 系列配线架

语音（电话）及数据配线架选用 RJ45 系列或 110 系列配线架，它可为电话、计算机网络及其他跳线提供服务。RJ45 系列或 110 系列配线架可以进行电路高速测试，三类（或五类）RJ45 系列或 110 系列配线架用于接语音（电话）线路，五类 RJ45 系列或 110 系列配线架用于接高速计算机（数据）网络（包括 ISDN、ATM 等）。根据各住户对桥接（并接）的需要，可选用具有桥接（并接）功能的 RJ45 系列模块或 110 系列端子对户内电话或计算机（数据）网络进行配线。

通常情况下，多层和高层住宅的语音（电话）配线架设置两组 RJ45 系列模块或 110 系列端子。第一组为 2 个桥接（并接）RJ45 系列模块或 2 个桥接（并接）4 对 110 系列端

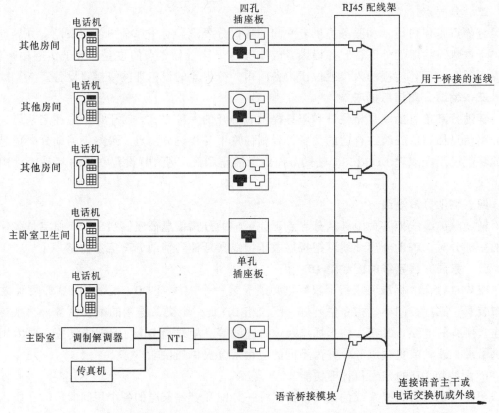

图 6-16　RJ45 系列配线架语音服务示意图（一）

210

子，用于连接主卧室和主卧室卫生间的电话插座。主卧室电话插座经 NT1（网络终端）与电话机、传真机和调制解调器（计算机）连接，经 NT1 连接后电话机、传真机和调制解调器（计算机）可同时工作。第二组为若干个（个数为主卧室和主卧室卫生间以外其他房间的电话插座数量）桥接（并接）RJ45 系列模块或桥接（并接）4 对 110 系列端子，用于连接其他房间的电话插座。多层和高层住宅 RJ45 系列配线架的语音服务见图 6-16 所示。

别墅的语音（电话）配线架设置五组 RJ45 系列模块或 110 系列端子，第一组为 2 个桥接（并接）RJ45 系列模块或 2 个桥接（并接）4 对 110 系列端子，用于连接主卧室和主卧室卫生间的电话插座。第二组 1 个 RJ45 系列模块或 1 个 4 对 110 系列端子，用于连接一层的电话插座。第三组为 3 个桥接（并接）RJ45 系列模块或 3 个桥接（并接）4 对 110 系列端子，用于连接二层的电话插座。第四组为 4 个桥接（并接）RJ45 系列模块或 4 个桥接（并接）4 对 110 系列端子，用于连接三层主卧室和主卧室卫生间以外其他房间的电话插座。第五组为 3 个桥接（并接）RJ45 系列模块或 3 个桥接（并接）4 对 110 系列端子，用于连接别墅内所有传真机插座（只能使用 1 台传真机）。别墅的家居布线平面图见图 6-21

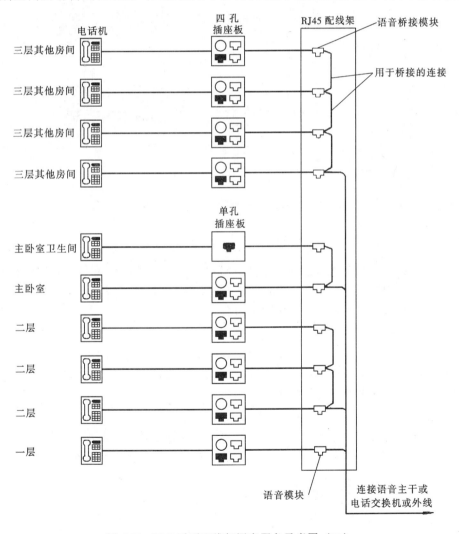

图 6-17　RJ45 系列配线架语音服务示意图（二）

~图6-23所示,别墅RJ45系列配线架的语音服务见图6-17所示。

多层和高层住宅的数据配线架设置2个桥接(并接)RJ45系列模块或2个桥接(并接)4对110系列端子,用于连接主卧室和起居室的计算机插座(同时只能1台计算机上网),多层和高层住宅RJ45系列配线架的数据服务见图6-18所示。

别墅的数据配线架设置四组RJ45系列模块或110系列端子,第一组为1个RJ45系列模块或1个4对110系列端子,用于连接主卧室的计算机插座。第二组为1个RJ45系列模块或1个4对110系列端子,用于连接一层的计算机插座。第三组为3个桥接(并接)RJ45系列模块或3个桥接(并接)4对110系列端子,用于连接二层的计算机插座(同时只能1台计算机上网)。第四组为3个桥接(并接)RJ45系列模块或3个桥接(并接)4对110系列端子,用于连接三层的计算机插座(同时只能1台计算机上网)。别墅的家居布线平面图见图6-21~图6-23所示,别墅RJ45系列配线架的数据服务见图6-19所示。

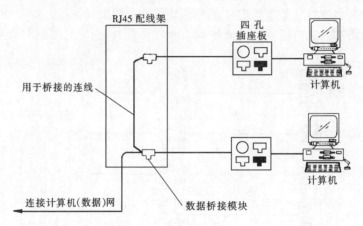

图6-18 RJ45系列配线架数据服务示意图(一)

(2)以太网集线器(HUB)

家居布线系统的以太网集线器通常为4个端口至8个端口的10Base-T集线器,它是一种具有电源指示灯、网络碰撞及每个端口活动状态显示功能的高质量微型集线器,这种集线器完全符合IEEE802.3的工业标准。它还附带有磁性的空白金背板,以便于在配线箱中的安装。以太网集线器主要为计算机提供服务。

(3)光缆模块

光缆模块为计算机提供服务,即光缆到以太网集线器或光缆到桌面。光缆模块的光纤插头选用ST或SC单头(双头)的多模或单模光纤连接器,光纤连接器的数量可根据以太网集线器及用户家居平面布置的光缆端口数量来确定。

(4)电视模块

电视模块是由若干个分配器组成的,它可以方便地连接整个家居内的电视机。电视模块的输出端口数量可根据用户家居平面布置的电视插座数量来确定。电视模块服务见图6-20所示。

(5)配线箱DD的安装功能

配线箱DD具有合理的线缆整理器,可以在安装时向安装者提供周到的线缆保护。配线箱内提供的指示条可以提供各项服务或各个房间的明确标识,配线箱内还为各种类型的

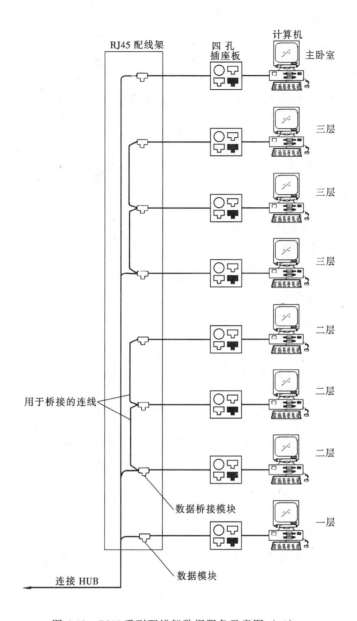

图 6-19　RJ45 系列配线架数据服务示意图（二）

配线架提供了连接端口。

（6）配线箱 DD 的灵活性

配线箱 DD 能为安装者和最终用户在配置其通信和其他电子服务时享有极大的灵活性，以便满足他们的特殊需要和产品的更新、升级。

（7）配线箱 DD 应具有一个无源交叉连接设备或一个有源交叉连接设备，配线箱也可同时具有无源交叉连接设备和有源交叉连接设备。

4. 配线箱 DD 的保护要求

为了便于向每根进出配线箱 DD 的线缆提供电脉冲保护设备，配线箱 DD 附近应留一定的空间，在配线箱 DD 1.5m 内应设有接地装置，并符合相应规范要求。

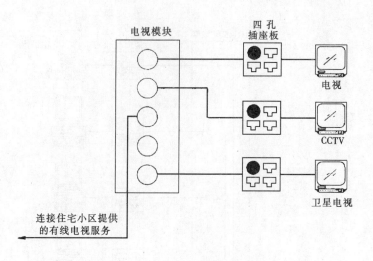

图 6-20　电视模块服务示意图

5.配线箱 DD 的选用

配线箱 DD 的选用取决于家居布线的等级和安装在家居中信息插座的数量,配线箱 DD 的大小可参见表 6-3 所示。

配线箱 DD 与家居布线等级、信息插座数量的关系表　　　　表 6-3

插座数量	配线箱尺寸		插座数量	配线箱尺寸	
	一　级	二　级		一　级	二　级
1 ~ 8	410mm(16in)宽 610mm(24in)高	815mm(32in)宽 915mm(36in)高	17 ~ 24	410mm(36in)宽 1220mm(48in)高	815mm(32in)宽 1220mm(48in)高
9 ~ 16	410mm(16in)宽 915mm(36in)高	815mm(32in)宽 915mm(36in)高	多于24	410m(36in)宽 1525mm(60in)高	815mm(32in)宽 1525mm(60in)高

六、家居布线系统的设计

家居布线系统(即智能住宅布线系统)的设计步骤如下:确定智能住宅的等级、家居布线的等级、选择缆线的类别、设计信息插座、设计配线箱 DD、设计配线系统、设计家居布线平面图、系统图和部件连接图。

(一)确定智能住宅的等级

了解智能住宅是一般性质的智能住宅,还是高级智能住宅或别墅,以确定智能住宅等级的高低。根据智能住宅的等级,可以确定住宅智能化的内容。

(二)确定家居布线的等级、选择缆线的类别

1.确定家居布线的等级

根据住宅智能化的内容,确定家居布线系统所支持的系统,如支持语音、数据、图像、电视、多媒体、家居自动系统、环境管理、保安、探测器、报警及对讲等服务。根据智能住宅的等级和家居布线系统所支持的系统,确定家居布线的等级(等级一或等级二)。

2.选择缆线的类别

根据家居布线的等级,确定所采用 4 对非屏蔽双绞线的类别(三类或五类)或选择采用光缆。

214

（三）设计信息插座

根据住宅内各个房间的性质，确定各个信息插座的种类、数量和位置，信息插座的类别。应与4对非屏蔽双绞线、光缆或同轴电缆等的类别相一致。

（四）设计配线箱DD

1．设计配线箱DD内部设备

根据家居布线系统所支持系统和信息插座的数量，确定配线箱DD内RJ45系列或110系列配线架、以太网集线器（HUB）、光缆模块、电视模块、电源适配器等设备的容量及数量，确定配线箱DD的种类及大小。

2．确定配线箱DD的位置

根据从配线箱DD到各个用户信息插座的电缆长度要小于或等于90m（如加上两端跳线和连接线的长度要小于或等于100m）的规定，配线箱DD安装的位置应选择便于安装和维修的地方等要求，来确定配线箱DD安装的位置。

3．配线箱DD的供电要求

为配线箱DD提供一个AC220V、15A独立回路的电源供电，给以太网集线器、电视模块（带放大器）等供电。

（五）设计配线系统

室内配线（布线）系统的拓扑结构必须采用星型拓扑结构形式。

室内缆线是从配线箱DD到信息插座的传输路径，一根传输缆线可能通过转接点连接到信息插座。三类和五类非屏蔽双绞线从配线箱DD到各信息插座的长度不可超过90m，如两端加上跳线及连线后的长度不可超过100m。

设备线将信息插座连接到终端或设备连接器上，快接式跳线用于配线设备中间连接或交叉连接。以信道为标准，设备线及快接式跳线的总长不可超过10m。

（六）家居布线平面图、系统图和部件连接图的设计

根据住宅的建筑形式，我们将住宅分成为别墅、多层住宅及高层住宅。在下面的举例中我们将别墅定为三层，多层住宅定为6层，高层住宅定为18层。

在下面图中涉及一些图例，如TP表示电话插座；TV表示电视插座；TO表示计算机（数据网络）插座；FX表示传真机插座；OL表示插座缆线。至插座TP、TO、FX的线路为一根三类（或五类）4对非屏蔽双绞线（UTP）穿SC20钢管在楼板内或墙内暗敷，至插座TV的线路为75Ω同轴电缆穿SC20钢管在楼板内或墙内暗敷。

1．别墅家居布线平面图、系统图和部件连接图设计

别墅共三层，一层有活动室、备用房、库房、车库等，二层有餐厅、客厅、客房、工人房、厨房等，三层有起居室、主卧室、卧室等。

（1）别墅家居布线平面图设计

分界点（网络接口设备）设置在室外、靠近库房的地方，安装高度要求在2.5m以上。辅助分离信息插座ADO（配线箱DD）设置在库房内。

在一层的活动室设置了三种信息插座，以满足电话、计算机、电视的需要。

在二层的门厅设置过路箱，从ADO/DD引出的缆线经过路箱分配到二层的各信息插座上，并将去三层的缆线经过路箱上引至三层。餐厅、客厅、客房均设置了三种信息插座，以满足电话、计算机、电视的需要。在餐厅、客厅均设置信息插座，主要是考虑用户

的使用不受家具布置的影响，这两组插座中的同一种类型的插座（如电话插座、计算机插座、电视插座）只考虑使用1个。

在三层起居室、主卧室均设置了四种信息插座，以满足电话、计算机、电视、传真的需要。在另两个卧室均设置了三种或四种信息插座，以满足电话、计算机、电视、传真的需要。在卫生间设置了电话插座。

别墅家居布线平面图设计见图6-21～图6-23所示。

（2）别墅家居布线系统图设计

别墅家居布线系统图设计是对整个别墅内的布线系统进行描述，包括进入电缆、分界点（网络接口设备）、辅助分离信息插座ADO（配线箱DD）、过路箱、各种信息插座之间的关系及连接。别墅家居布线系统图的做法见图6-24。

（3）别墅家居布线系统部件连接图设计

别墅家居布线系统部件连接图设计是对整个别墅内的布线系统部件进行描述，包括进入电缆（服务提供者）、分界点（网络接口设备）、辅助分离（ADO）电缆和插座、配线箱

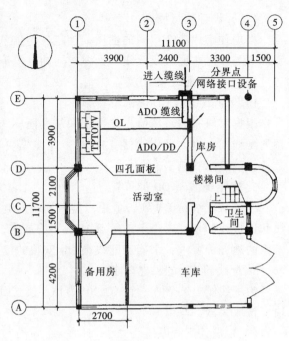

图6-21　别墅一层家居布线平面图

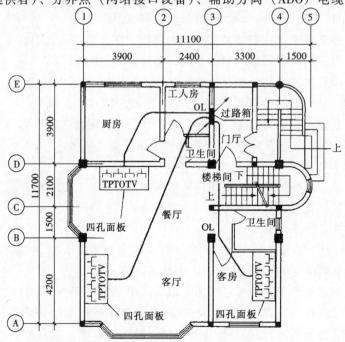

图6-22　别墅二层家居布线平面图

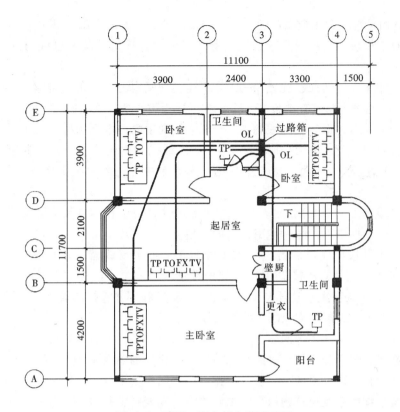

图 6-23　别墅三层家居布线平面图

DD 和 DD 跳线、各种信息电缆和插座、终端设备和设备跳线之间的关系及连接。别墅家居布线系统部件连接图的做法见图 6-15。

　　别墅内共设置了 8 个计算机插座，如果考虑 7 个计算机插座所连接的计算机可同时上网，则需在配线箱 DD 内设置一台 8 个端口的 10Base-T 集线器、6 个五类 RJ45 模块和 2 个五类桥接式 RJ45 模块；如果只考虑主卧室及一至三层各有一个计算机可同时上网，则需

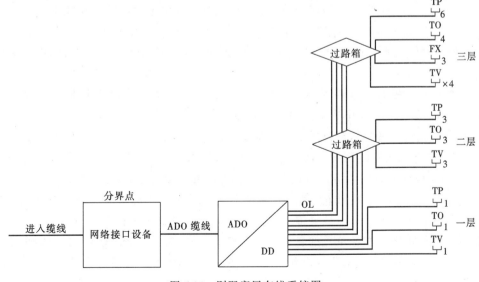

图 6-24　别墅家居布线系统图

在配线箱 DD 内设置一台 4 个端口的 10Base-T 集线器、2 个五类 RJ45 模块和 6 个五类桥接（并接）式 RJ45 模块，主卧室及一至三层所需上网的计算机插座的电缆与这些五类 RJ45 模块连接。

从室外引来 1 对电话线经配线箱 DD 分别连接别墅内的传真机，别墅内共设置了 3 个传真插座，则需在配线箱 DD 内设置 3 个三类（或五类）桥接式 RJ45 模块。

从室外引来 4 对电话线经配线箱 DD 分别连接别墅内的电话插座，第 1 对电话线连接主卧室和主卧室卫生间的电话插座，第 2～4 对电话线分别连接一至三层的电话插座。需在配线箱 DD 内设置 1 个三类（或五类）RJ45 模块和 9 个三类（或五类）桥接式 RJ45 模块。

别墅内共设置了 8 个电视插座，则需在配线箱 DD 内设置端口数为 8 个或 7 个（考虑到其中有 2 个电视插座不能同时使用）的电视模块。

此外，还可以根据住户的特殊要求来配置 10Base-T 集线器的端口数、五类（三类）RJ45 模块和五类（三类）桥接式 RJ45 模块的数量。

2. 多层住宅、高层住宅家居布线平面图、系统图和部件连接图设计

（1）多层住宅、高层住宅家居布线平面图设计

在多层住宅楼一层的楼梯间隔出一块地方作为设备间，安装网络接口设备和主配线设备。楼层配线箱、单元配线箱、过路箱均暗装在楼梯间的墙内。

在高层住宅楼一层（或地下一层）安排一间房间作为设备间，安装网络接口设备和主配线设备。楼层配线箱及建筑物内干线电缆均安装在弱电竖井内。

在各住户的起居室、主卧室均设置了三种信息插座，以满足电话（传真）、计算机、电视的需要；在卧室均设置了两种信息插座，以满足电话、电视的需要；在餐厅设置了两种信息插座，以满足电话、电视的需要；在卫生间设置了电话插座。

从户外引来 1 根计算机（网络）电缆，经配线箱 DD 内的 2 个五类桥接式 RJ45 模块桥接后分别接至起居室、主卧室的计算机插座上，与这 2 个计算机插座连接的计算机不能同时上网。

从户外引来 2 对电话线，经配线箱 DD 分别连接户内的电话插座，第 1 对电话线连接主卧室和主卧室卫生间的电话插座，第 2 对电话线分别连接户内其他的电话插座。在配线箱 DD 内设置两组三类（或五类）桥接式 RJ45 模块，模块数量应根据户内电话插座的数量确定。

从户外引来 1 根有线电视电缆，经配线箱 DD 分别连接户内的电视插座。在配线箱 DD 内设置端口数等于户内电视插座数的电视模块。

（2）多层住宅、高层住宅家居布线系统图设计

1）多层住宅家居布线系统图设计。多层住宅楼家居布线系统设计方案有四种（见图 6-25），这四种设计方案的网络接口设备和主配线设备设置相同，只是由主配线设备至各辅助分离信息插座 ADO（配线箱 DD）的路径不同。图 6-25 中的 $n = 2\sim6$（准确数字由工程设计根据所需进线光缆和电话电缆、电视同轴电缆数量及备用管数量确定）。

第一种设计方案，在各单元的各层均设置楼层配线箱，从主配线设备引至每个楼层配线箱一组电缆，经楼层配线箱将电缆分配给各住户的辅助分离信息插座 ADO（配线箱 DD）。多层住宅楼家居布线系统的第一种设计方案见图 6-25 中的 1 单元做法。

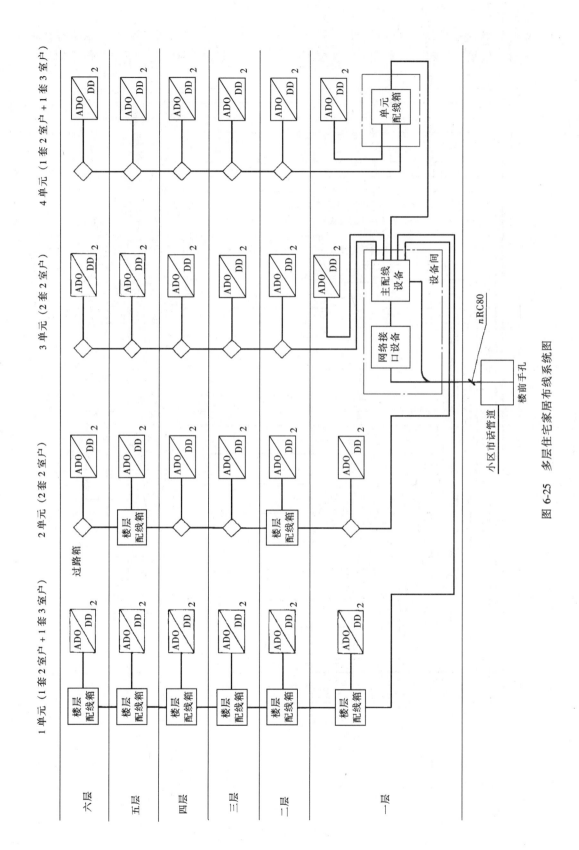

图 6-25 多层住宅家居布线系统图

219

第二种设计方案，在各单元的每三层（或每两层）设置一个楼层配线箱，从主配线设备引至每个楼层配线箱一组电缆，经楼层配线箱将缆线分配给本层及上下层各住户的辅助

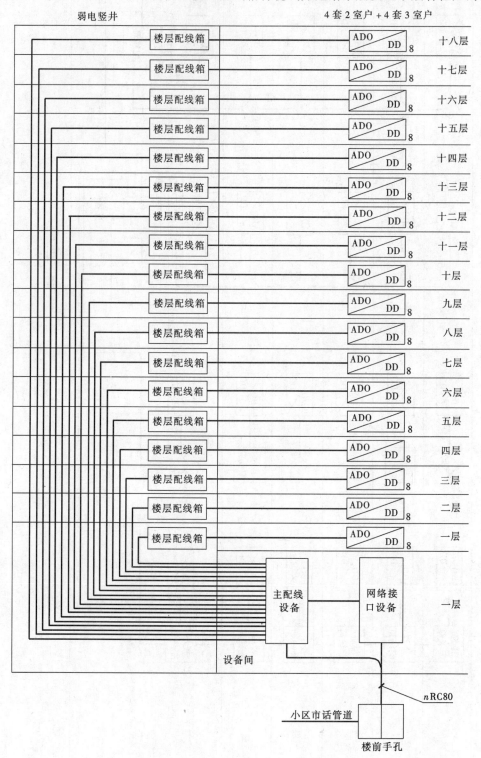

图 6-26 高层住宅家居布线系统图（一）

220

分离信息插座 ADO（配线箱 DD）。多层住宅楼家居布线系统的第二种设计方案见图 6-25 中的 2 单元做法。

第三种设计方案，不设置楼层配线箱，从主配线设备直接引至各单元各住户的辅助分离信息插座 ADO（配线箱 DD）一组电缆。多层住宅楼家居布线系统的第三种设计方案见图 6-25 中的 3 单元做法。

第四种设计方案，在各单元的一层设置一个单元配线箱，该单元配线箱的作用与楼层配线箱相同，它负责每个单元的配线。从主配线设备引至每个单元配线箱一组电缆，经单元配线箱将缆线分配给各住户的辅助分离信息插座 ADO（配线箱 DD）。多层住宅楼家居布线系统的第四种设计方案见图 6-25 中的 4 单元做法。

2）高层住宅家居布线系统图设计。高层住宅楼家居布线系统设计方案有两种，这两种设计方案的网络接口设备和主配线设备设置相同，只是楼层配线箱所负责的区域不同。

第一种设计方案，在各层均设置楼层配线箱，从主配线设备引至每个楼层配线箱一组电缆，经楼层配线箱将缆线分配给各住户的辅助分离信息插座 ADO（配线箱 DD）。高层住宅楼家居布线系统的第一种设计方案见图 6-26 的做法，图中的 $n = 2 \sim 6$（准确数字由工程设计根据所需进线光缆和电话电缆、电视同轴数量及备用管数量确定）。

第二种设计方案，在每三层（或每两层或每若干层，建议不超过五层）设置一个楼层配线箱，从主配线设备引至每个楼层配线箱一组电缆，经楼层配线箱将缆线分配给本层及上下层各住户的辅助分离信息插座 ADO（配线箱 DD）。高层住宅楼家居布线系统的第二种设计方案见图 6-27 的做法，图中的 $n = 2 \sim 6$（准确数字由工程设计根据所需进线光缆和电话电缆、电视同轴数量及备用管数量确定）。

（3）多层、高层家居布线系统部件连接图设计

多层、高层家居布线系统部件连接图设计的做法见图 6-28 所示。

（七）家居配线系统暗配线要求

（1）配线箱 DD 通常安装在各住户的储藏室（间）或库房、备用房、住户入口大门后等地方。

（2）配线箱 DD 的安装方式有两种，一种是嵌入墙内安装，另一种是挂墙安装。当配线箱 DD 嵌入墙内安装时，其安装高度为底边距地面 0.5 ~ 1.4m。当配线箱 DD 挂墙安装时，其安装高度为底边距地面 1.4 ~ 1.8m。

（3）由配线箱 DD 至电话、传真机、计算机、电视插座间暗敷缆线的保护管，可采用钢管（SC 或 RC）或电线管（TC）、硬质聚氯乙烯管（PVC）。电话、传真机和计算机的电线可同穿一根保护管进线敷设，根据所穿电话、传真机和计算机电线根数，保护管内径要求在 20 ~ 25mm 之间。电视电缆（同轴电缆）必须单独穿保护管进线敷设，保护管内径要求不小于 20mm。

对特殊屏蔽要求的电话、传真机、计算机、电视缆线应采用钢管作为保护管，且应将钢管接地。

（4）信息插座的面板有单孔、双孔、三孔、四孔等多种形式。当电话、传真机、计算机、电视插座等设置在房间的同一地方时，可将这些插座的缆线引到同一出线盒，根据插座的数量选择面板形式，将这些插座安装在同一面板上。

（5）根据所安装的场所不同，电话、传真机、计算机、电视插座类型可选择防尘型或

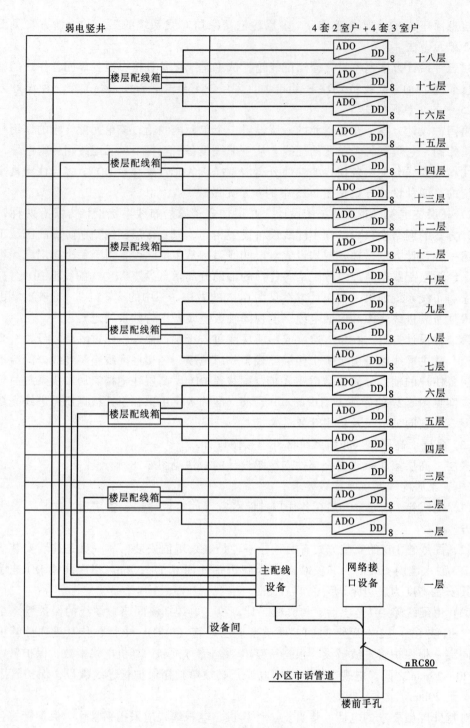

图 6-27　高层住宅家居布线系统图（二）

防水型。

（6）电话、传真机、计算机、电视插座的出线盒安装高度为底边距地面 0.3m，厨房、卫生间内的电话插座出线盒安装高度为底边距地面 1.0～1.4m。

（八）家居布线系统设计中应注意事项

222

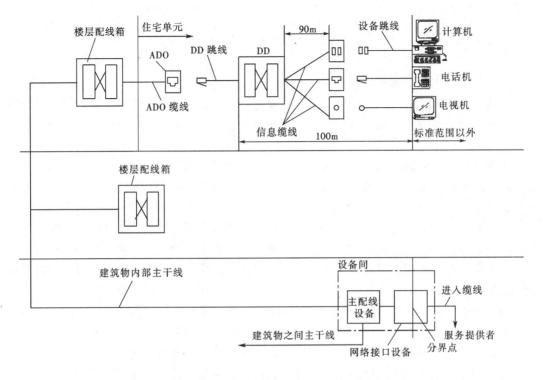

图 6-28　多层住宅家居布线系统部件连接图

家居布线系统（即智能住宅布线系统）的发展方兴未艾，它是 21 世纪住宅科技发展的重要标志，虽然家居布线对于我国大多数人来讲还是一个新的概念，但很快会被人们所了解和接受，这一技术也将在我国广泛应用。

家居布线技术日新月异，规划和设计时选用先进、成熟的技术，经过从规划、设计到设备安装这段时间后，原来选用的设备有可能在技术上已经落后或有了新的发展。所以在规划、设计时要考虑技术发展这一因素，一定要做到超前，即在技术方面和预留接口方面超前、在设置信息插座和敷设管线方面超前。

（1）在技术方面和预留接口方面超前

在规划和设计时应预测住宅智能化若干年后的发展趋势，会增加哪些新系统、扩展哪些系统、增加哪些新设备等。在规划和设计中应予考虑和体现出来，在分布装置 DD 内应具有一定数量标准型的接口以满足今后发展的需要。另外还应预留光缆进入接口，为今后的光纤到桌面做准备。

（2）在设置信息插座和敷设管线方面超前

在规划和设计中多预留一些信息插座和管线，以保证今后发展时的需要。如以后增加某个系统或增加某个设备时，不需要因重新设置信息插座和敷设各种管线，而破坏装修和建筑物的墙体、地面或顶棚等。

如果在规划和设计中能考虑到今后发展的各种因素，采取了相应的技术措施，就可以保证建筑物建成后其布线系统的使用功能方面 10 年或 20 年不落后。

第三节 综合布线设计应用实例

一、某金融大厦综合布线系统设计

某金融大楼 41 层（地下 3 层，地上 38 层），整个建筑包括主楼和群楼，是一座集办公、商业、酒店服务于一体的现代化多功能建筑。

1. 设计原则

依据结构化布线的特点及业主的要求，布线设计应遵循如下原则：

（1）标准化。布线系统遵循 EIA/TIA-568A、ISO 11801 等国际标准，并符合国内现行通用的通信电气标准。

（2）开放性和兼容性。整个布线系统的接口全部采用国际标准，能连接各厂家不同型号的电脑、交换机、传真机及其他电子设备终端，并且能支持不同的网络结构及应用。

（3）灵活性。系统采用先进的跳线管理，终端的改位、移位只需在配线架上进行简单的跳线即可实现。

（4）先进性。设计中的一次性布线工程施工符合未来数十年设备变换的要求，保证整个系统的应用在 15~20 年内不落伍，并可获公司 15 年应用保证。

（5）经济性。采用一次性投资，大大地减少了传统布线的重复预留。模块化、开放式的产品结构，降低了日常维护的人力、物力及财力，节省了运行费用。

2. 工程方案

业主对综合布线系统进行了多厂家、多方案的现场考察和比较，最终选定朗讯科技的 SYSTIMAX SCS 系列产品，为该工程提供语音及数据方面的支持。根据建筑物功能及业务的分布情况，施工时采用了开放办公环境解决方案（Zone-Wiring）、光纤到桌面技术、SYSTIMAX Giga SPEED 六类系列产品、SYSTIMAX PowerSUM 超五类系列产品、全机柜式即插即用配置。整个建筑物共设置信息点 5000 多个。

（1）工作区。工作区为用户提供一个满足高速数据传输的标准信息出口，并实现了信息出口与设备终端的匹配、连接。该部分主要包括跳线、软线及适配器等非有源器件，其数据部分采用 D8SA-7B（RJ45-RJ45）超五类高速跳线、D8GS-7B（RJ45-RJ45）六类高速跳线；语音部分采用电话机自带的 RJll 连线，光纤到桌面（FITD）采用 F 系列跳线。

（2）配线子系统。主要是指由分配线架到信息插座的连线。在一般情况下，配线子系统由管理间至各个工作区之间的水平电缆（4 对 UTP）、信息模块（RJ45 方式）、面板或表面安装盒等构成。根据 EIA/TIA-568A 标准规定，从配线架到信息插座间的距离应小于或等于 90m。

1）水平电缆。超五类铜缆数据信息点选用 1061C + 超五类非屏蔽双绞线，可提供 622Mbps 的传输速率。六类铜缆数据信息点选用 1071 六类非屏蔽双绞线，可方便地支持 1.2Gbps 的传输速率。光纤选用 LGBC2 芯室内多模光纤，FTTD 可提供高达 2.5Gbps 的传输速率，能够满足日后网络发展的需求。

2）信息模块。铜缆信息模块与信息口一一对应，五类、六类铜缆信息插座采用 MPS100 超五类模块和 MGS200 六类模块，光纤信息模块配置 M81ST。

3）面板。铜缆信息点面板配置 M12A 和 M10A，此面板符合中国 86 标准制式。光纤信息点面板配置 M12A。

（3）干线子系统。干线子系统主要是将一个建筑物内的各分配线架与主配线架连接起来。考虑最佳性能价格比，语音主干部分的配置全部采用三类大对数电缆。考虑到数字话机、ISDN 等功能的应用及未来语音部分的扩展需求，语音部分垂直主干至少每个信息点配置 1~2 对垂直主干线。

数据主干部分的配置采用 LGBC 室内多模 6 芯光纤，从四楼计算机中心机房主配线架（MDF）各引一条 6 芯光纤到各层分配线架，LGBC6 芯光纤作为垂直主干可支持 1Gbps 的传输速率，足以适应办公自动化、通信自动化等高速网络传输发展的需求。

（4）设备间。主要由设备间的跳线电缆及相关硬件组成，它把各个公共系统的设备互联起来，如 PBX、网络设备等与主配线架之间的连接。通常该子系统的设计与网络具体应用相关。所有水平线、主干线端接于此，用户可以很方便地根据需要跳通相应的信息口，满足增加设备终端的需求。五类铜缆配线架全部采用 110 型快接式配线架和 1100 型模块式配线架，六类铜缆配线架采用 PM 型配线架。配线管理系统均为机柜式配置，美观实用，便于安装、使用及管理。光缆部分采用 600B2 机柜式光纤配线架，光纤主配线架采用 LST1U-072/7。话音主配线架配置 8 个 110PB2-900FT 快接式配线架。针对大厦综合布线的实际情况，数据部分各分配线架采用 D8SA-4B 和 D8GS-4B 快接式高速跳线和 2 芯光纤跳线，用于数据部分与网络设备相连跳接。语音部分采用 CCW 系列简易跳线。

（5）管理。整个系统采用计算机进行管理。

3．应用效果

朗讯科技的 SYSTIMAX SCS 为建筑物注入了一系列国际上先进的技术和产品，它们不但为未来建筑物采用各种先进的通信、信息系统和管理设备提供了强有力的支持，方便这些系统及服务的不断升级和换代，而且在一个标准、开放、兼容和高性能的布线平台基础上，通过对信号提供良好的传输，全面促进了整个建筑物的结构、系统、服务管理及它们之间内在的优化，使大厦成为一个投资合理、高效、舒适、便利的环境，为客户和管理工作提供了最大的便利，同时也使投资者得到了巨大的回报。

它的系统图如图 6-29 所示。

二、某商业大楼结构化综合布线系统设计

某商业大楼地下 2 层，地上 32 层。电话总机设在 1 层，计算机房设在 2 层。

考虑纳入布线系统的设置有电话、传真机和计算机，设计如下：

（1）工作区。信息插座的配置按照实际需要，话音通信和数据通信用 5 类 RJ45 型标准信息插座，单孔或双孔。在信息插座附近，设单相带接地的电源插座。

（2）配线子系统。话音通信和数据通信全部用五类 4 对双绞线。

（3）干线子系统。话音通信用三类 25 对双绞线电缆，数据通信用 6 芯多模光纤电缆。

（4）配线架。每层一个分配线架，话音垂直干线用卡接式配线架，出线全部用 5 类 RJ45 型标准插座式模块；每层一个光纤配线箱；话音垂直干线对数为话音信息插座所需对数的 25%。

在 1 层设主配线架，跳线用 1 对及 2 对卡接式。

水平电缆和垂直干线电缆长度保证小于 90m。图 6-30 和图 6-31 是某商业大楼综合布

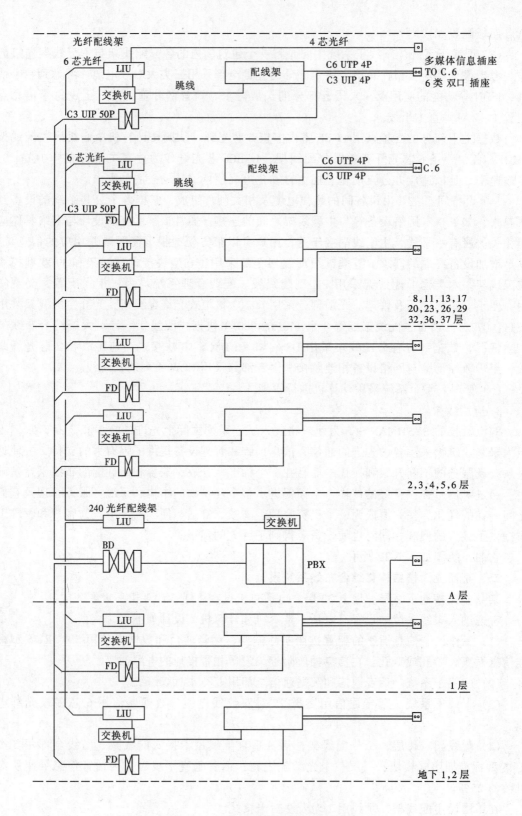

图 6-29　某金融大楼综合布线系统图

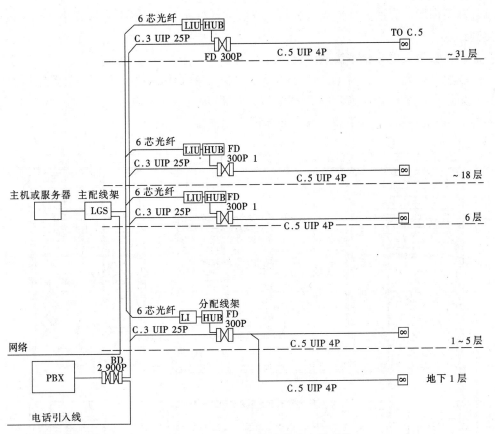

图 6-30 某商业大楼结构化综合布线系统

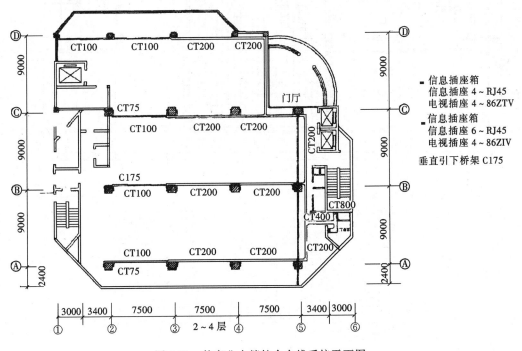

图 6-31 某商业大楼综合布线系统平面图

线系统和平面图。它的办公室尚未分隔，故信息点布置未定。暂时布置到集合点，以后再转接到终点。

三、某教学大楼综合布线系统设计

某教学大楼为五层，有60人、200人、300人等大小各种教室，采用多媒体教学手段。它的综合布线设计的四层平面图如图6-32所示，其中还包括有线电视和有线广播。图6-33是它的系统图，计算机系统和校园网络相连接。

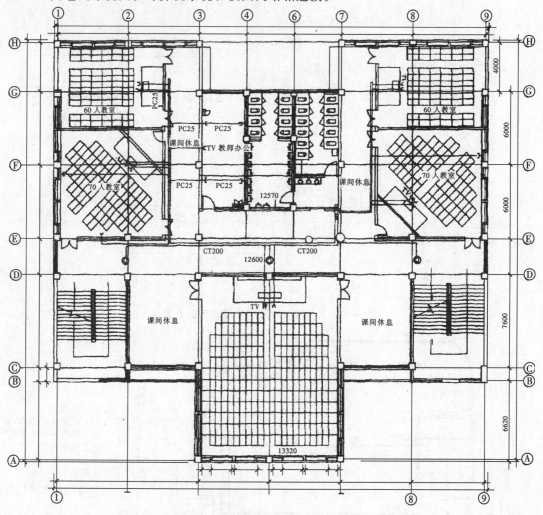

5	TV	电视插座	86ZFMTV	只	6	距地0.3m暗装
4		电视分支器	设备配套	只	1	距地1.3m明装
3		信息插座	RJ45	只	12	
2		吸顶式扬声器	厂家配套	只	3	吸顶
1		广播接线箱	厂家配套	只	1	底高1.3m明装
序号	符号	名称	型号	单位	数量	备注
主要设备材料表						

四层平面 1:100

图6-32 某教学楼综合布线平面图

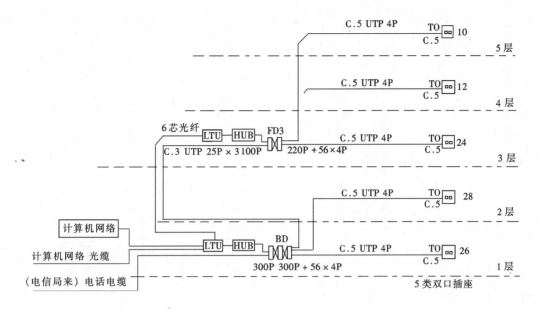

图 6-33　某教学楼综合布线系统图

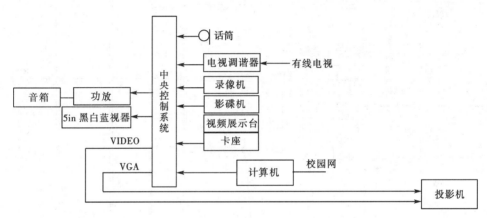

图 6-34　多媒体教学设备系统图

因为信息点不多,故在一、二层设一个配线架,三、四、五层共用一个配线架。全部水平电缆采用五类或六类双绞线电缆。电缆保护管采用塑料管。电缆桥梁架为金属的。因为有线电视电缆布置在同一电缆桥架,故桥架中设置金属隔板分隔开。

干线电缆对语音采用 3 类双绞线电缆,数据采用光缆。

多媒体教学设备的系统图如图 6-34 所示,其主要设备是投影机、音像设备等。

四、某住宅的家居综合布线系统设计

家居布线的要点是在每户中心点设置多媒体配线箱。在卧室、书房等可能需要信息服务的地方设置信息插座,在厨房、卫生间等只需要语音通信的地方设置电话插座。在卧室、客厅设置电视插座。多媒体配线箱引入线为 1～2 根五类 4P UTP 及 75Ω 同轴电缆,分别接计算机网络和有线电视。图 6-35 是某住宅的家居布线平面图。

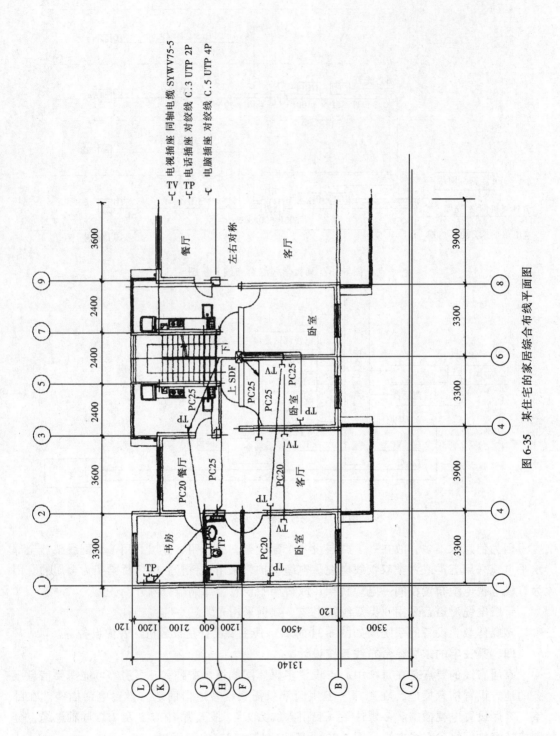

图 6-35 某住宅的家居综合布线平面图

附　　录

附录 A　规　范　及　标　准

一、国家标准及规范

1. 建筑设计防火规范（GBJ 16—87），中华人民共和国国家标准
2. 高层民用建筑设计防火规范（GB 50045—95），中华人民共和国国家标准
3. 消防设施图形符号（GB 4327—84），中华人民共和国国家标准
4. 采暖通风与空气调节设计规范（CBJ 19—87），中华人民共和国国家标准
5. 锅炉房设计规范（GB 50041—92），中华人民共和国国家标准
6. 火灾自动报警系统设计规范（GB 50116—98），中华人民共和国国家标准
7. 火灾自动报警系统施工及验收规范（GB 50166—98），中华人民共和国国家标准
8. 火灾自动报警系统专用名词术语（GB/T 4718—96），中华人民共和国国家标准
9. 火灾报警设备图形符号（ZBC 80001—84），中华人民共和国国家标准
10. 电子计算机房设计规范（GB 50174—93），中华人民共和国国家标准
11. 计算机场地技术条件（GB 2887—97），中华人民共和国国家标准
12. 工业企业通信设计规范（GBJ 42—81），中华人民共和国国家标准
13. 工业企业通信接地设计规范（GBJ 79—85），中华人民共和国国家标准
14. 工业企业共用天线电视系统设计规范（GBJ 120—88），中华人民共和国国家标准
15. 工业电视系统工程设计规范（GBJ 115—87），中华人民共和国国家标准
16. 民用闭路监视电视系统工程设计规范（GB 50198—94），中华人民共和国国家标准
17. 有线电视工程技术规范（GB 50200—94），中华人民共和国国家标准
18. 30MHz-1GHz 声音和电视信号的电缆分配系统机电配接值（GB 9025—88），中华人民共和国国家标准
19. 30MHz-1GHz 声音和电视信号的电缆分配系统（GB 1498—94），中华人民共和国国家标准
20. 会议系统电视及音频的性能要求（GB/T 15381—1994），中华人民共和国国家标准
21. 电视和声音信号的电缆分配系统（GB/T 6510—1996），中华人民共和国国家标准
22. 64～1920kbit/s 会议电视系统进网技术要求（GB/T 15839—1995），中华人民共和国国家标准
23. 厅堂扩声特性测量方法（GB 4959—85），中华人民共和国国家标准
24. 建筑与建筑群综合布线系统工程设计规范（GB/T 50311—2000），中华人民共和国国家标准
25. 建筑与建筑群综合布线系统工程验收规范（GB/T 50312—2000），中华人民共和国

国家标准

26．智能建筑设计标准（GB/T 50314—2000），中华人民共和国国家标准

27．文物系统博物馆安全防范工程设计规范（GB/T 16571—1996），中华人民共和国国家标准

28．银行营业场所安全防范工程设计规范（GB/T 16676—1996），中华人民共和国国家标准

29．电气装置工程施工及验收规范（GBJ 232—82），中华人民共和国国家标准

30．工业自动化仪表工程施工及验收规范（GBJ 93—86），中华人民共和国国家标准

31．建筑物防雷设计规范（GB 50007—94），中华人民共和国国家标准（2000 年版）

二、行业标准

1．民用建筑电气设计规范（JGJ/T 16—92），中华人民共和国行业标准

2．工业企业程控用户小交换机工程设计规范（CECS 09：89），中国工程建设标准化协会

3．工业企业调度电话和会议电话工程设计规范（CECS 36：91），中国工程建设标准化协会

4．工业企业通信工程设计图形及文字符号标准（CECS 37：91），中国工程建设标准化协会

5．厅堂扩声系统声学特性指标（BYJ 25—86），中华人民共和国广播电视部

6．歌舞厅扩声系统的声学特性指标与测量方法（WH 0301—93），中华人民共和国文化行业标准

7．大楼通信综合布线系统（YD/T 926—1997），中华人民共和国通信行业标准

8．城市住宅和办公楼电话通信设施设计标准（YD/T 2008—93），中华人民共和国通信行业标准

9．用户交换机标准（YD 344—90），中华人民共和国通信行业标准

10．电信专用房屋设计规范（YD 5003—94），中华人民共和国通信行业标准

11．有线电视广播系统技术规范（GY/T 106—1999），中华人民共和国行业标准

12．安全防范工程程序与要求（GA/T 75—1994），中华人民共和国公安部

13．安全防范通用图形符号（GA/T 74—1994），中华人民共和国公安部

三、地方标准

1．智能建筑设计标准（DBJ 08—47—95），上海市标准

2．住宅建筑共用天线电视系统设计规范（DBJ 08—21—91），上海市标准

3．住宅建筑电话通信设计规范（DBJ 08—8—93），上海市标准

四、国外标准

1．Residential Telecommunications CablingStandard，ANSI/EIA/TIA-570A 家居电信布线标准，美国国家标准委员会/电子工业协会/通信工业协会

2．Commercial Building Telecommunications Pathways and Spaces，ANSI/EIA/TIA 569-A，CSATS30，商业建筑电信通道及空间标准，美国国家标准委员会/电子工业协会/通信工业协会

3．Commercial Building Telecommunications Cabling Standard，ANSI/EIA/TIA 568-A，

SAT529-95，ANSI/EIA/TIA 568-B1，ANSI/EIA/TIA 568-B2，ANSI/EIA/TIA 568-B3，商业建筑电信布线标准，美国电子工业协会/通信工业协会

4.Administration Standard for the Telecommunication Infrastructure，EIA/TIA-606，商业建筑电信基础结构管理规范，美国电子工业协会/通信工业协会

5.Earthing of Commercial Building Telecommunications，EIA/TIA-607 商业建筑电信接地，美国电子工业协会/通信工业协会

6.Information Technology-Generic Cabling for Customer Premises，ISO/IEC IS11801，信息技术-客户房屋通用布线，国际标准化组织/国际电工学会

7.Digita lCommunication Cable，IEC 1156，多芯和对称二/四芯数字通信电缆，国际电工学会

8.Information Technology-Generic Cabling System，CEI，ENEC EN 50173，信息技术-通用布线系统，电工技术标准化欧洲委员会

9.Horizontal Cable，CELENEC EN 50167，水平布线电缆，电工技术标准化欧洲委员会

10.Work Area Cable，CEI，ENEC EN 50168，工作区布线电缆，电工技术标准化欧洲委员会

11.Back Bone Cable，CEI，ENEC EN 50169，主干电缆，电工技术标准化欧洲委员会

12.Bacnet：A data Communication Protocol for Building Automation and Control Networks，ASHRAE Standards，No 135-1995 BACNET，建筑物自动化和控制网络数据通信协议，美国暖通空调学会标准

13.Local Area Network，IEEE 802，局域网络标准，美国电气及电子工程师学会标准

附录 B　常用的综合布线网站

1.美国 AVAYA（原朗迅科技企业网络集团，Lucent Fechnologoes）公司——结构化布线系统，计算机网络系统，电话系统

www.avaya.com

www.1ucent.com

2.美国 Molex 公司——结构化布线系统

www.molexpn.com

3.美国 MOD-TAP 公司（Molex 的子公司）——结构化布线系统

www.mod-tap.com

4.美国安普（AMP）公司（TYCO 的子公司）——结构化布线系统

www.amp.com

www.ampnetconnect.com.cn

5.美国泛达（Panduit）公司——结构化布线系统

www.panduit.com

6.美国西蒙公司（SIEMON）——结构化综合布线系统

www.siemon.com

7.美国奥仓利（ORTRONICS/BICC）公司（Legrand 的子公司）——结构化综合布线系

统

www. ortronics. com

www. nettools. com. cn

8. 美国 3M 公司通信系统产品分部——布线系统

www. 3M. com

9. 美国合宝集团（HUBBEL）综合布线部——结构化电线电缆

www. hubbell-premise. com

10. 美国通贝（Thomas & Betts）公司——结构化布线系统

www. tnb. com

11. 加拿大丽特网络科技公司（NORDX/CDT）——结构化布线系统

www. nordx. com

12. 德国科隆公司（KRONE）——结构化布线系统

www. krone. com. cn

13. 法国耐克森（NEXANS）公司（原阿尔卡特公司电缆及部件总部，ALCA-TEL）——结构化布线系统

www. nexans. com

www. alcatel. com

14. 法国罗格朗（Legrand）电器附件公司——结构化综合布线系统、电器附件

www. legrandelectric. com

15. 法国波叶特（POUYET）公司——结构化布线系统

www. pouyet. com

16. 瑞典德特威勒公司（Datawyler）——结构化布线系统

www. datawire. com

www. dtawyler-china. com

17. 英国 BICC 公司——结构化布线系统

www. bicccable-na. com

18. 英国奔瑞（Brand-Rex）公司——结构化布线系统

www. brand-rex. com

www. brand-rex. com. au

19. 澳大利亚奇胜（Clipsal）公司——电气产品、结构化综合布线系统

www. clipsal. com

20. 以色列 RiT 科技公司——结构化布线系统及其管理系统

www. RiTtech. com

21. 贝泰克（Berk-Tek）公司——结构化布线系统

www. berktek. com

22. 意大利 Pirelli Cavi e SistemiSPA——布线系统

www. pirelli. com

23. 台湾岳丰公司（YFC-BONEAGLE ELECTRIC CO. LTD）——结构化布线系统

www. cables. com. tw

24. 台湾致申公司（PRIMAX）——结构化布线系统

www.primax-ek.com

25. 南京普天通信股份有限公司——结构化布线系统

www.postel.com.cn

26. 香港乐庭（LTK）电线工业有限公司——双绞线

www.hkcable.com

27. 美国百通电线电缆公司（Beleden）——结构化电线电缆

www.belden.com

28. 美国普多利（Prstolite）电缆电线公司——电线电缆

www.prestohtewire.com

29. 美国福禄克（Fluke）公司——测试仪器

www.fluke.com.cn

30. 美国 Microtest 公司——测试仪器

www.microtest.com

31. 美国 SCOPE 公司——测试仪器

www.scope.com

32. 北京安恒信息技术公司——布线系统测试

www.anheng.com

附录 C 主要参考文献

1. 刘国林编. 综合布线设计与施工. 广州：华南理工大学出版社
2. 黎连业编著. 网络综合布线系统与施工技术. 北京：机械工业出版社
3. 王启斌等翻译. 网络布线从入门到精通. 北京：电子工业出版社
4. 宋建锋编著. 综合布线实用设计施工手册. 北京：中国建筑工业出版社